普通高等教育系列教材

有限元分析与 ANSYS 实践教程

刘 超 刘晓娟 编著

机械工业出版社

本书在基本理论的基础上结合典型实例，介绍 ANSYS 的有限元分析方法与应用技巧。主要内容包括有限元法的基本概念及概况；ANSYS 的基本结构、功能特点、参数设置、坐标体系，以及 ANSYS 有限元分析的一般步骤与基本操作；杆系结构的有限元分析；梁系结构的有限元分析；弹性力学平面问题的有限元分析；实体结构的有限元分析；结构模态的有限元分析；接触结构的有限元分析。每章均给出了有限元分析的实例详解。

本书适用于机械工程、制造工程、建筑工程、材料加工、机械制造及其自动化等相关专业的本科及研究生教学，也可作为相关专业的工程技术人员入门学习和参考用书。

本书配有电子教案，需要的教师可登录 www.cmpedu.com 免费注册，审核通过后下载，或联系编辑索取（微信：15910938545，电话：010-88379739）。

图书在版编目（CIP）数据

有限元分析与 ANSYS 实践教程 / 刘超, 刘晓娟编著 .—北京：机械工业出版社，2016.8（2025.1 重印）

普通高等教育系列教材

ISBN 978-7-111-54393-0

Ⅰ. ①有… Ⅱ. ①刘… ②刘… Ⅲ. ①有限元分析-应用软件-高等学校-教材 Ⅳ. ①O241.82

中国版本图书馆 CIP 数据核字（2016）第 172964 号

机械工业出版社（北京市百万庄大街 22 号　邮政编码　100037）
策划编辑：和庆娣　　　责任编辑：和庆娣
责任校对：张艳霞　　　责任印制：郜　敏

中煤（北京）印务有限公司印刷

2025 年 1 月第 1 版·第 9 次印刷
184mm×260mm · 16.75 印张 · 406 千字
标准书号：ISBN 978-7-111-54393-0
定价：59.00 元

电话服务　　　　　　　　　网络服务
客服电话：010-88361066　　机 工 官 网：www.cmpbook.com
　　　　　010-88379833　　机 工 官 博：weibo.com/cmp1952
　　　　　010-68326294　　金　书　网：www.golden-book.com
封底无防伪标均为盗版　　机工教育服务网：www.cmpedu.com

前　言

有限元的相关理论可追溯于20世纪50年代初，但由于有限元分析理论在应用时所涉及的运算量庞大，又缺乏有效的应用软件作支持，所以一直处于理论研究阶段，其应用不是很广泛。近年来，随着计算机辅助软件技术的快速发展，借助计算机辅助软件进行有限元分析与研究迅速成为应用领域的热点之一，因此有限元分析及其应用技术已逐渐成为相关专业本科生及研究生学习与掌握的重要内容之一。

随着大型建造业需求的迅速发展，对高风险及大型工程进行可行性预研、可靠性分析及总体可信度论证或评估等工作显得越来越重要，如大型飞机舰船、高架路桥、跨海大桥和超高建筑等高风险工程项目。近几年，对产品材料与结构进行有限元分析与计算机辅助研究已成为提高研究效率、降低研发成本、提高产品性能及降低风险投入的有效手段之一。目前，ANSYS是一种大型通用型有限元分析软件，不仅能实现对实体结构进行静态和动态问题的有限元分析，还能进行热传导、流体流动、电磁学和波谱等方面的研究，同时具有多物理场的耦合计算功能，如热-磁、热-电、流-固和结构-声学等耦合问题的分析与计算，而且具有很好的系统兼容性。目前，ANSYS已被广泛应用于航天工业、机械工程、车船制造、土木工程、能源石化、生物科技、地矿水利、核科学及日常家用设备等领域的设计与研究制造，已成为当前普遍采用的软件之一。目前可实现有限元的专用软件较多，如JIFEX、NASTRAN、ABAQUS及MATLAB等，功能大致相同（初始设置、前处理、求解和后处理），各有特色（处理方式与结果显示等）。无论选用哪种软件，掌握并使用好有限元软件，都离不开有限元的基础理论与基本分析方法。

学习有限元分析的基础理论，掌握有限元分析方法，并通过ANSYS等软件实现工程应用，是当今工业制造技术发展的方向之一，是培养应用型人才的现实需要。为适应社会发展和高校应用型培养模式转型的需要，将有限元分析从原来的研究生教学纳入本科教学是培养应用型人才的战略需要。因此编写适合于本科生教学与实践的，侧重应用型的有限元分析教学用书十分必要。

有限元理论的数学基础是连续函数的离散化描述及其矩阵方程求解。对于任意的一维函数曲线而言，对它进行离散化，可以建立局部的穿过离散点的函数方程（称为离散函数方程），通过离散函数方程可以近似求出离散点之间（单元）任意点上的近似值。进一步讲，如果将一维曲线上的所有（有限的）离散函数方程用矩阵理论构成总体方程，就可以求解出函数曲线上任意非离散点的近似值。这种一维方法可用于对线体物质的参数计算，如位置、受力或变形等参数。将上述思想推广到二维和三维函数的离散化处理，就可以得到平面体和空间体的参数计算。有限元法就是基于离散化方法（单元法），将研究对象（总体）分隔成有限项（有限元），并用矩阵的方法建立总体的近似模型（有限元模型），通过有限元模型分析对象的物理状态和相应的参数。显然，所得到的结果有两种：单元节点上的精确值和任意点上的近似值。因此，有限元法是一种数值解，其精度随着单元的变小而提高，但同时有限元模型的维数增加，计算的量增大。对于如水坝、桥梁、大型舰船或航天器等大型复杂结构体，其运算量将变得非常巨大。

由于有限元法的理论性强、适用范围广、针对性强、建模过程复杂以及结果关联性高，所以初学者不易掌握。本书的特点是理论基础与实例解析相结合，理论计算与 ANSYS 计算相结合。即先以有限元的基本理论做引导，建立必要的知识背景，以典型实例做讲解，提高理论理解与应用能力；再以实例详解 ANSYS 的实现方法和步骤，最终提高学生的上机实践能力。同时，内容的选择与编排做到理论基础知识的渐进性、理论与实际的关联性，且对于 ANSYS 软件中的难点，如单元类型的选择和约束设置等，进行了详细介绍，有利于学生自学和应用实践。另外，本书附有"ANSYS 常用菜单命令中英文对照说明"，以帮助读者尽快熟悉并掌握 ANSYS 软件的常用命令。

本书共 8 章，第 1 章、第 3~6 章由刘超编写，第 2 章、第 7 章、第 8 章及书中的习题由刘晓娟编写，全书由刘超统稿，图文校核和格式编排等工作由刘源溢完成。

由于作者水平有限，编写过程中难免出现疏漏之处，敬请专家学者和广大读者给予批评指正。

编 者

ANSYS 常用菜单命令中英文对照说明

1. File（文件）菜单

Clear & Start New：清除当前数据库并开始新的分析。

Change Jobname：修改工作文件名。

Change Directory：修改工作目录的路径。

Change Title：修改工作标题名。

Resume Jobnam.db：从默认文件中恢复数据库，其功能等同于工具栏中的 RESUNE_DB。

Resume from：从其他路径/工作文件名的文件中恢复数据。

Save as Jobname.db：以默认文件名存储当前数据库信息，其功能等同于工具栏中的 SAVE_DB。

Save as：以用户自定义的文件名存放当前数据库信息。

Write DB log file：输出数据库文件。

Read Imput from：读入命令文件，如 APDL 文件。

Switch Output to：输出结果文件。

List：显示文件内容。

File Operation：设置 ANSYS 文件的属性等。

Ansys File Operation：为文件指定不同文件名、扩展名以及目录。

Import：导入其他 CAD 软件生成的实体模型文件。

Export：导出 IGES 格式的文件。

Report Generator：完成有限元分析后生成一份完整的报告。

Exit：退出 ANSYS。

2. Select（选择）菜单

Entitles：选择对象。

Component Manager：组件管理。

Comp/Assembly：组件/部件。

Everything：选择所有模型。

Everytihing Below：选择模型中某些体（或面、线、关键点、单元）以下的所有对象。

3. List（列表）菜单

Files：列表显示文件内容。

Status：列表显示用户所选内容的状态。

Keypoint：列表显示关键点的属性和相关数据。

Lines：列表显示线的属性和相关数据。

Areas：列表显示面的属性和相关数据。

Volumes：列表显示体的属性和相关数据。

Nodes：列表显示节点的属性和相关数据。

Element：列表显示单元的属性和相关数据。

Component：列表显示组件的属性和相关数据。

Picked Entities：列表显示所选对象的属性和相关数据。

Properties：列表显示要查看对象的属性。

Loads：列表显示载荷的信息。

Other：列表显示模型中的其他信息。

4. Plot（图形显示）菜单

Replot：重新显示窗口中的模型。

Keypoints：显示关键点。

Lines：显示线。

Areas：显示面。

Volumes：显示体。

Specified Entities：显示特定对象。

Nodes：显示节点。

Elements：显示单元。

Layered Elements：显示分层的单元。

Materials：显示材料属性。

Data tables：显示数据表。

Array Parameters：显示数据参数。

Results：显示求解结果。

Multi-Plots：显示所有图元。

Component：显示组件。

Parts：显示零件。

5. Plotctrls（绘图控制）菜单

Pan zoom rotate：图形变换，包括移动、缩放、旋转，其功能类似于主界面中的"图形显示控制按钮集"。

View Settings：视角设置。

Numbering：编号设置。

Symbols：显示符号设置。

Style：模型显示风格设置。

Font Controls：字体设置。

Window controls：窗口设置。

Erase Options：擦除选项设置。

Animate：动画设置。

Annotation：注解设置。

Device Options：设备设置。
Redirect Plots：图形文件格式设置。
Hard Copy：打印机或输出图片格式设置。
Save Plot Ctrls：保存绘图控制。
Restore PlotCtrls：读取绘图控制。
Reset Plot Ctrls：恢复绘图控制默认设置。
Capture Image：快速截图。
Restore Image：显示截图得到的文件。
Write Metafile：输出图元文件。
Multi – Plot Controls：多图功能控制。
Multi – Window layout：多窗口显示设置。
Best Quality Image：图像质量设置。

6. WorkPlane（工作平面）菜单

Display working plane：显示工作平面。
Show WP status：显示工作平面状态。
WP setting：工作平面设置。
Offset WP by Increments：移动或旋转工作平面。
Offset WP to：移动工作平面到指定位置。
Align WP with：工作平面与指定方向平行。
Change Active CS to：更改当前激活的坐标系。
Change display CS to：更改当前显示的坐标系。
Local coordinate systems：局部坐标系设置。

7. Parameters（参数）菜单

Scalar parameters：标量参数。
Get Scalar Data：获取标量参数。
Array parameters：数组参数。
Array operations：数组运算。
Function：函数设置。
Angular Units：角度单位设置。
Save Parameters：保存参数。
Restore Parameters：恢复参数。

8. Macro（宏）菜单

Create Macro：创建宏。
Execute Macro：执行宏。
Macro Search Path：宏的搜索路径。
Execute Data Block：执行数据块。
Edit Abbreviation：编辑缩略语。

Save Abbreviation：保存缩略语。

9. MenuCtrls（菜单控制）菜单

Colour Selection：颜色选择。
Font Selection：字体选择。
Update Toolbar：更新工具栏。
Edit Toolbar：编辑工具栏。
Save Toolbar：保存工具栏。
RestoreToolbar：恢复工具栏。
Message Control：信息控制。
Save Menu Layout：保存更改后的菜单布局设置。

10. Ansys Main Menu（主菜单）

（1）Preprocessor（前处理器）菜单
Element Type：单元类型。
Real Constants：实参数。
Material Props：材料参数。
Sections：截面设置。
Modeling：创建模型。
Meshing：网格划分。
Checking Ctrls：检查控制。
Numbering Ctils：编号控制。
Archive Model：写入几何、载荷到文件中，或从文件中读入上述节点。
Couping/Ceqn：定义耦合约束。
FLOTRAN Set Up：设置 FLOTRAN 各参数。
Mutli-field Set Up：启用或关闭 Mutli-field 分析。
Loads：载荷选项。
Physic：读、写及列举所有元素。
Path Operation：路径操作。

（2）Solution（求解）菜单
Analysis Type：定义分析类型。
Define Loads：定义载荷。
Load Step Opts：载荷步选项。
Solve：求解。

（3）General Postproc（通用后处理器）菜单
Data&file Opts：数据和文件选项。
Resul Summary：结果概要显示。
Plot Result：绘制结果图形。
List Result：列表显示结果。

Query Result：查询结果。
Options for Outp：输出选项。
Element Table：单元表。
Path Operation：路径操作。
Result Viewer：查看结果。
（4）TimeHist Postproc（时间历程后处理器）菜单
Variable Viewer：观察变量。
Setting：设置时间历程相关属性。
Store Data：存储数据。
Define Variables：定义变量。
List Variables：列表显示变量。
Graph Variables：图形显示变量。
Math Operation：数学运算。

目　录

前言
ANSYS 常用菜单命令中英文对照说明
第1章　有限元法概述 ……………… 1
1.1　有限元法的引出 …………………… 1
1.2　有限元法的历史及应用 …………… 2
1.3　有限元法的基本概念 ……………… 3
  1.3.1　有限元法的实现过程 ………… 3
  1.3.2　建立有限元方程的方法 ……… 4
  1.3.3　有限元法与工程求解问题的关系 …………………………… 4
  1.3.4　有限元法中的变量 …………… 5
  1.3.5　有限元法的特点 ……………… 7

第2章　ANSYS 分析方法概述 ……… 8
2.1　ANSYS 简介 ………………………… 8
2.2　ANSYS 的启动及主界面的基本构成与操作 ……………………… 9
  2.2.1　ANSYS 的启动 ……………… 9
  2.2.2　ANSYS 主界面的基本构成 … 9
  2.2.3　ANSYS 有限元分析的基本内容与步骤 …………………… 10
2.3　ANSYS 坐标系 ……………………… 20
  2.3.1　总体坐标系、局部坐标系及自然坐标系的关系 ……………… 21
  2.3.2　总体坐标系的表示类型 ……… 22
  2.3.3　局部坐标系的作用 …………… 22
  2.3.4　工作平面 ……………………… 23
2.4　关于 ANSYS 的学习 ………………… 23

第3章　杆系结构的有限元分析 ……… 24
3.1　平面桁架有限元分析 ………………… 25
  3.1.1　平面桁架有限元的一般原理 …………………………… 25
  3.1.2　平面桁架的 ANSYS 分析 …… 32
3.2　自重作用下均匀截面直杆的有限元分析 ……………………………… 42
  3.2.1　自重作用下均匀截面直杆有限元分析的一般原理 …………… 42
  3.2.2　自重作用下均匀截面直杆的 ANSYS 分析 ………………… 45
3.3　杆系结构有限元分析和 ANSYS 分析的一般步骤 ………………… 55
  3.3.1　杆系结构有限元分析的一般步骤 ……………………… 55
  3.3.2　杆系结构 ANSYS 分析的一般步骤 ……………………… 56
3.4　习题 …………………………………… 56

第4章　梁系结构有限元分析 ………… 58
4.1　梁系结构有限元分析的一般原理 ………………………………… 59
  4.1.1　在局部坐标系中建立单元刚度矩阵 …………………… 59
  4.1.2　建立整体坐标系与局部坐标系节点力关系 ………………… 59
  4.1.3　建立整体坐标系单元刚度矩阵 ……………………………… 60
  4.1.4　边界条件及求解 ……………… 60
4.2　梁系结构的 ANSYS 分析 …………… 60
4.3　梁系结构有限元分析和 ANSYS 分析的一般步骤 ………………… 76
  4.3.1　梁系结构有限元分析的一般步骤 ……………………… 76
  4.3.2　梁系结构 ANSYS 分析的一般步骤 ……………………… 76
4.4　习题 …………………………………… 77

第5章　弹性力学平面问题的有限元分析 …………………………… 78
5.1　弹性力学平面问题有限元分析的基本步骤 ………………………… 78

  5.1.1 离散化 ·················· 78
  5.1.2 单元分析 ················ 79
  5.1.3 单元综合 ················ 79
 5.2 弹性力学平面问题的一般
    原理 ························ 80
  5.2.1 平面应力与应变问题简介 ··· 80
  5.2.2 单元位移函数 ············ 82
  5.2.3 单元载荷移置 ············ 86
  5.2.4 单元刚度矩阵 ············ 87
  5.2.5 单元刚度矩阵的物理意义
     与性质 ················· 90
  5.2.6 整体分析 ················ 90
  5.2.7 有约束时对刚度矩阵的修正 ··· 92
  5.2.8 平面问题的有限元分析的
     解题步骤 ··············· 94
 5.3 弹性力学平面问题的 ANSYS
    分析 ························ 95
 5.4 h 方法和 p 方法的结构分析 ··· 127
  5.4.1 h 方法的结构分析 ······· 127
  5.4.2 p 方法的结构分析 ······· 129
 5.5 习题 ······················ 133

第6章 实体结构的有限元分析 ········ 135
 6.1 实体结构等参单元法的一般
    原理 ······················· 135
  6.1.1 拉格朗日插值公式 ········ 135
  6.1.2 四节点矩形单元 ·········· 138
  6.1.3 等参单元的基本概念 ······ 140
  6.1.4 四边形八节点等参单元 ···· 142
  6.1.5 等参单元的单元分析 ······ 146
  6.1.6 高斯积分 ··············· 149
  6.1.7 六面体等参单元 ·········· 151
 6.2 实体结构的 ANSYS 分析 ······ 155
 6.3 弹性力学轴对称问题的
    ANSYS 分析 ················ 173
 6.4 实体结构有限元分析和
    ANSYS 分析的一般步骤 ······ 199
  6.4.1 实体结构有限元分析的

     一般步骤 ·············· 199
  6.4.2 实体结构 ANSYS 分析的
     一般步骤 ·············· 199
 6.5 习题 ······················ 199

第7章 结构模态分析 ················ 201
 7.1 结构模态分析的一般原理 ····· 201
  7.1.1 动力学分析的理论基础 ···· 201
  7.1.2 实体动力分析有限元法的基本
     步骤 ··················· 208
  7.1.3 模态分析的理论基础 ······ 209
 7.2 结构模态的 ANSYS 分析
    实例 ······················· 210
 7.3 结构模态分析和 ANSYS 分析
    的一般步骤 ················· 234
  7.3.1 结构模态分析的一般步骤 ··· 234
  7.3.2 结构模态 ANSYS 分析的
     一般步骤 ·············· 235
 7.4 习题 ······················ 235

第8章 接触结构的有限元分析 ······· 236
 8.1 接触结构有限元分析的
    一般原理 ··················· 237
  8.1.1 接触结构的基本概念 ······ 237
  8.1.2 接触结构有限元分析的
     基本思想 ·············· 238
  8.1.3 弹性接触问题的有限元基本方程
     和柔度法求解 ·········· 240
 8.2 接触结构的 ANSYS 分析
    实例 ······················· 243
 8.3 接触结构有限元分析和 ANSYS
    分析的一般步骤 ············· 254
  8.3.1 接触结构有限元分析的
     一般步骤 ·············· 254
  8.3.2 接触结构 ANSYS 分析的
     一般步骤 ·············· 254
 8.4 习题 ······················ 255

参考文献 ························ 256

第1章 有限元法概述

有限元法（Finite Element Method，FEM）是一种适用于大型或复杂物体结构的力学分析与计算的有效方法。本章简要介绍有限元法的含义、发展与实现等基本内容，在有限元基本概念中着重介绍有限元变量、坐标，以及变量之间的关系表示方法等。

1.1 有限元法的引出

有限元法是分析连续体的一种近似计算方法，简言之就是将连续体分割为有限个单元的离散体的数值方法。有限元分析方法（简称有限元分析）是计算机问世以后迅速发展起来的一种广泛用于工程实体建模、结构分析与计算的有效方法。

自然现象的背后都对应有相关的物理本质与事物规律，用数学方法对物理本质与事物规律进行描述可以得到普适性定律和特定性定理，以及各种形式的（如代数、微分或积分）数学方程，即数学模型。

对于一个实际的工程问题，建立数学模型时，不仅需要根据实际物理背景采用有效的数学方法，还要考虑求解的效率、结果的精度以及方法的适用性等因素，即分析方法。

例如，对力学等工程应用问题，通常涉及的变量有位移、应变和应力等；其涉及的数学模型通常有平衡方程、几何方程和物理方程（代数、微分或偏微方程）；在实际应用中可能涉及的边界和初始（约束）条件有力边界条件和位移边界条件等。

常用的分析方法如下。

1）对线性的和边界规则的简单问题，一般可以利用解析法，得到精确解。解析解在系统的任何点上都是精确的。例如在材料力学中，利用计算应力和位移的解析公式研究等截面杆、简支梁和轴等问题，在弹性力学中利用弹性力学公式解决压力集中、板弯曲和厚壁圆筒等问题。

2）对于许多实际的工程问题，由于研究系统的庞大，使得微分方程、边界和初始条件的复杂性大大增加，一般难以得到它的精确解。对非线性的和边界不规则等问题，一般得不到精确的解析解，只能利用数值法（如有限差分法、有限元法等）得到其近似解。值得注意的是，数值解只是在离散点（节点）上才等于或近似于解析解。

事物存在大小之分，也存在有限与无限之分。通常，一个连续体可以被看作由有限个被分割的元素近似组成。例如，古人在计算圆的周长或面积时，采用多等边形来逼近圆周或圆面积。等边形的边数越多，计算结果的精度也越高，但计算过程也会越复杂，同时，即便使用圆周率 π 计算，也永远得不到圆周长的精确值即真值。由此可见，在精度满足要求的情况下，用离散化或有限舍去等近似方法，可使复杂问题简单化。

有限元法是基于离散化法逼近原模型的思想，其中包括有限元分割（分段或离散化）、有限元模型和有限元求解。有限元分割是指将连续物体（无限自由度）分割成有限个数目的单元（称为有限自由度下连续物体的有限元）。有限元模型是指使用积分方法（而不是有限差分法的微分方法）对各有限元建立代数方程，再用这些有限的代数方程所构成的方程组来近似表示原系统模型，即用连续函数精确描述有限单元，用描述有限单元的函数方程组来近似描述整体系统。可见有限元分割在宏观上是离散的，而在微观（单元）上则是分段连续的。有限元求解是指对有限元模型的单元变量进行求解，并将其组合为整体系统的解。

1.2 有限元法的历史及应用

首先，有限元法在航空结构分析中取得过明显的成效。1941 年，Hrenikoff 利用框架分析法（Framework Method）分析平面弹性体，将平面弹性体描述为杆和梁的组合体；1943 年，Courant 在采用三角形单元及最小势能原理研究 St.Venant 扭转问题时，利用分片连续函数在子域中近似描述未知函数。

此后，有限元法在固体力学、温度场、温升应力、流体力学、流固耦合（水弹性）问题，以及航空、航天、建筑、水工、机械、核工程和生物医学等方面获得了应用，成为内容十分丰富的新兴分支。

在 20 世纪 60 年代中期，Argyris、Kelsey（1960 年）、Turner、Clough、Martin 和 Topp（1956 年）等人在计算力学的研究中做出了杰出贡献。

人们公认 Courant（1943 年）是有限元法的奠基人。然而，到了 20 世纪 60 年代，Clough 才使人们广为接受了"有限单元"（Finite Element）这一术语。之后，在许多数学家的共同努力下，有限元法摆脱了各种各样的工程应用背景而成为了一种具有普适意义的数学方法。

到 20 世纪 90 年代，有限元法的理论得到了不断的完善和发展。主要体现在：建立了严格的数学和工程学基础；应用范围扩展到结构力学以外的领域；收敛性得到进一步研究，形成了系统的误差估计理论；相应的有限元软件得到快速发展。目前，各种数值模拟软件公司出现强强联合，不断推出功能齐全、界面友好的系列软件，以满足解决复杂及大型装备产品的设计与制造难题。

有限元法已深入应用于许多领域，如静力分析、动力分析、破坏与寿命分析、电磁场分析、热传导分析、声场分析、耦合场分析和流体分析等。21 世纪后，随着计算机技术及计算机辅助设计软件的不断发展，有限元法的工程应用越来越广泛，如汽车的车架车身结构与零件强度设计、碰撞安全性分析，复合材料的力学分析，载荷物体的静力学与动力学分析，载荷材料的变形分析与受力计算，部件接触时的力学分析，电力场、热力场等流体力学分析，建筑结构的力学分析，高层剪力墙的塑性动力分析，道路桥梁的裂纹分析，手术计算机辅助模拟与应用，武器结构受力与精确打击的动态研究等。由此可见，有限元理论借助于计算机技术的发展，将在从微观的材料和医学技术到大型的车船建筑等各个领域发挥越来越重要的作用。

1.3 有限元法的基本概念

1.3.1 有限元法的实现过程

有限元法的实现过程主要是指有限元模型的建立与求解过程，主要包括5个步骤：对象离散化、单元分析、构造总体方程（单元方程综合或建模）、求解方程及输出结果。有限元法的实现过程如图1-1所示。

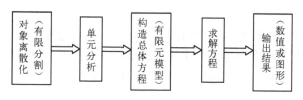

图1-1 有限元法的实现过程

1. 对象离散化

当研究对象为连续介质问题时，首先需要将所研究的对象进行合理的离散化分割，即根据预期精度或经验将连续问题进行有限元分割。对于连杆结构体，由于其结构本身存在着自然的节点连接关系，因此杆件结构本身可以作为一种自然的离散系统（除非连杆结构体的单连体也较大而需要对其内部进行细化分析）。由此可见，对于各种实体结构，通常需要根据实际情况将连续体进行适当的分割，得到有限单元，使对象的整体变为由一系列有限单元构成的组合体。

2. 单元分析

有限元法的核心工作之一是对各单元的分析。例如，通过分析各单元的节点力与节点位移之间的关系和边界条件，以便建立能够用于描述实体总体结构特征的单元刚度矩阵。通常，对于实体结构的单元刚度矩阵，需先确定其内部的位移插值函数及近似描述变量，再通过变分原理得到。对于简单的杆件结构的刚度矩阵则可通过直观的力学概念得到。

3. 构造总体方程

将单元刚度矩阵组成总体方程刚度矩阵，且总体方程应满足相邻单元在公共节点上的位移协调条件，即整个结构的所有节点载荷与节点位移之间应存在相互的变量关系。有限元的总体方程即为被研究对象的有限元模型。

4. 求解方程

在求解有限元模型时，应考虑总体刚度方程中所引入的边界条件，以便得到符合实际情况的唯一解。通过选择合适的线性代数方程组的数值求解方法，求得结构中各单元节点上的变量值，进而可以求出节点外任意点上的变量值。这些变量值可以是如位移、应变和应力等物理量。事实上，随着有限元划分的数量增多，使总体方程的维数增大，其求解过程将变得十分庞大和烦琐。

5. 输出结果

有限元模型求解结束后，可通过数值解序列或由其构成的图形显示结果，分析被研究对象的物理结构变形情况，以及各种物理量间的变化关系，如通过列表显示各种数据信息，用等值线分布图显示等受力点，或用动画显示各种量的变化过程。

现代有限元法是工程分析中一种处理偏微分方程边值问题的最有效数值方法之一，对于工程中的许多场变量的定解问题，通过有限元法可以得到满足工程要求的近似解。此外，有限元法的推广应用在很大程度上依赖于计算机及其软件技术的先进程度。

1.3.2 建立有限元方程的方法

有限元方程是建立有限元模型的基础，是进行有限元分析的前提。以下简要介绍建立有限元方程的常用方法。

1. 直接方法

直接方法是指直接从结构力学引申得到。直接方法具有过程简单、物理意义明确、易于理解等特点。由于其基本概念和建模方法的物理意义十分清晰，对理解有限元法的相关概念和具体应用十分有益。直接方法不适用于对复杂问题的研究。

2. 变分方法

变分方法是常用的方法之一，主要用于线性问题的模型建立。该方法要求被分析问题存在一个"能量泛函"，由泛函取驻值来建立有限元方程。对于线性弹性问题，常用最小势能原理、最小余能原理或其他形式的广义变分原理进行分析。某些非线性问题（弹塑性问题）的虚功方程也可归于此类。

3. 加权残值法

对于线性自共轭形式方程，加权残值法可得到和变分法相同的结果，如对称的刚度矩阵。对于那些"能量泛函"不存在的问题（主要是一些非线性问题和依赖于时间的问题），加权残值法是一种很有效的方法。例如，伽辽金 Galerkin 法（即选形函数为权函数的加权残值法）。

1.3.3 有限元法与工程求解问题的关系

有限元法与工程求解问题的关系可以用如图1-2所示的方框图表示。

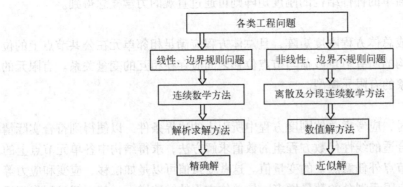

图1-2 有限元法与工程求解问题的关系

通常，实际工程问题可分为线性问题和非线性问题、边界规则与不规则问题等。对于简单的线性、边界规则问题，可采用常规的数学方法进行解析求解，得到问题的精确解。而对于非线性、边界不规则等复杂问题，在满足精度预期的条件下，可采用整体离散化、局部连续化方法建立有限元模型，通过数值解得到原问题的近似解。如图 1-2 所示，对于工程问题可采用一般数学方法得到其精确解或利用有限元法得到其近似解。

1.3.4 有限元法中的变量

在有限元分析中，所涉及的研究内容及变量非常多。为了便于总体了解以及后面的学习，下面对常见变量类型、变量含义及其关系做简要说明。

1. 有限元法的基本变量

有限元分析过程中的常用变量包括体力、面力、应力、位移和应变等。
- 体力是指分布在物体体积内部各个质点上的力，如重力、惯性力和电磁力等。
- 面力是指分布在物体表面上的力，如风力、接触力、流体力和阻力等。
- 应力是指在外力作用下其物体产生的内力。
- 位移是指节点的移动。在约束条件下的节点位移称作虚位移，是指可能发生的位移。
- 应变是指在外力作用下其物体发生的相对变形量，是无量纲的变量。线段单位长度的伸缩，称为正应变，用 ε 表示。例如，假设过 P 点的某一微小单元线的长度为 Δl，其变形后长度为 $\Delta l'$，则 P 点的应变为 $\varepsilon = \lim\limits_{\Delta l \to 0} \dfrac{\Delta l' - \Delta l}{\Delta l}$，如图 1-3a 所示。在直角坐标中所取单元体为正六面体时，单元体的两条相互垂直的棱边，在变形后直角改为变量定义为剪应变、角应变或切应变，如图 1-3b 所示。切应变以直角减少为正，反之为负。

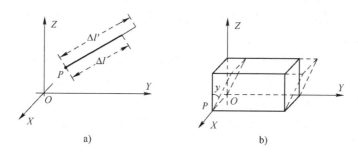

图 1-3 应变定义的图形表示
a）正应变的定义　b）剪应变的定义

2. 有限元法中的变量关系

在有限元分析中，对节点变量与坐标系之间以及各节点变量之间的关系分析，是建立有限元方程的关键。

（1）介质中的应力表示

图 1-4 所示为介质中任意一点的应力表示。对任意物体，可以通过任意两点 n、m 将其截为两部分：Ⅰ和Ⅱ。在截面 mn 内任取一点 P 并作一微小平面 ΔA。设 P 点上的内力为 $\Delta \boldsymbol{Q}$，则 $\lim\limits_{\Delta A \to 0} \dfrac{\Delta \boldsymbol{Q}}{\Delta A} = \boldsymbol{S} \triangleq \boldsymbol{\sigma}$ 为 P 点的应力，$\boldsymbol{\sigma}$ 在 ΔA 的法向量 $\boldsymbol{n}$ 上的投影 σ_n 为正应力，$\boldsymbol{\sigma}$ 在 ΔA 上的投影 $\boldsymbol{\tau}_n$ 为剪应力。P 点在任意平面上都会受到一个正应力和两个剪应力的作用。在空间中，应力和剪应力可各自分解为 3 个坐标力，分别与 3 个坐标轴平行。

（2）六面体的应力表示

在任意点附近取一个小六面体，按上述规则，六面体每个面都承受一个正应力和两个剪应力，由于平行面上承受的力大小相等、方向相反，由剪应力的互平衡原则，即 $\tau_{xy}=\tau_{yx}$，$\tau_{xz}=\tau_{zx}$，$\tau_{yz}=\tau_{zy}$，则物体内任意一点的应力状态可以用六个独立的应力分量来表示 σ_x，σ_y，σ_z，τ_{xy}，τ_{xz}，τ_{yz}，其应力状态如图 1-5 所示。

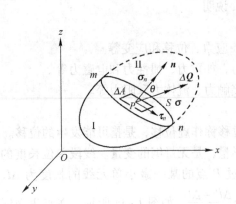
图 1-4 P 点在任意平面的受力表示

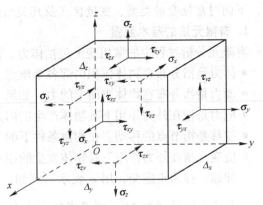
图 1-5 六面体表面应力状态的表示

1）应力分量的下标表示方法。对于上述符号，其第一个下标代表作用面的外法线方向，第二个下标代表作用力方向，如 τ_{xy}，τ_{xz} 代表面外法线为 x 方向、作用力分别为 y 方向和 z 方向的两个剪应力，τ_{yx}，τ_{yz} 代表面外法线为 y 方向、作用力分别为 x 方向和 z 方向的两个剪应力，τ_{zx}，τ_{zy} 代表面外法线为 z 方向作用力分别为 x 方向和 y 方向的两个剪应力，……而 $\sigma_x=\sigma_{xx}$，$\sigma_y=\sigma_{yy}$，$\sigma_z=\sigma_{zz}$，含义同上。

2）应力分量的正负表示。沿外法线方向的正应力取正号，反向取负号，即拉力为正，压力为负。因此，图 1-5 中所有的应力方向均为正（注意：与坐标方向无关）。

（3）任意四面体的应力表示

图 1-6 所示为任意四面体的应力的分布情况。用 6 个应力分量可以表示任意斜面上的应力情况。

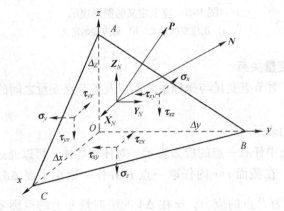
图 1-6 四面体斜面上任意点的应力

在图 1-6 中，P 为斜面上的面力，N 为斜面外法线向量，斜面上的面力沿直角坐标轴的

分量可分别表示为

$$X_N = l\sigma_x + m\tau_{yx} + n\tau_{zx}$$
$$Y_N = m\sigma_y + n\tau_{zy} + l\tau_{xy}$$
$$Z_N = n\sigma_z + l\tau_{xz} + m\tau_{yz}$$

其中，l，m，n 分别为斜面外法线方向的三个方向余弦，即

$$l = \cos(\boldsymbol{N}, x)$$
$$m = \cos(\boldsymbol{N}, y)$$
$$n = \cos(\boldsymbol{N}, z)$$
$$l^2 + m^2 + n^2 = 1$$

面力与分力有以下关系：

$$p^2 = X_N^2 + Y_N^2 + Z_N^2$$
$$\sigma_N^2 = X_N l + Y_N m + Z_N n$$
$$\sigma_N = l^2 \sigma_x + m^2 \sigma_y + n^2 \sigma_z + 2lm\tau_{xy} + 2mn\tau_{yz} + 2nl\tau_{zx}$$

1.3.5 有限元法的特点

有限元法已得到越来越广泛的应用，其特点主要体现在以下几个方面。

1）能解决规模庞大和结构复杂的工程问题，如桥梁和坝体等。
2）有限元理论与计算机技术相结合，可使复杂高维有限元模型实现快速求解与可视化。
3）可广泛应用于土木建筑、机械工程、航空航天工程及材料晶粒等领域。
4）能解决连续介质问题，如热传导和电磁场等问题。

第 2 章 ANSYS 分析方法概述

ANSYS 软件是集结构、流体、电磁场、声场和耦合场等分析于一体的大型通用有限元分析软件，可用于结构力学、流体力学、电学、电磁学、热力学、声学、化学及化工反应等理论仿真研究，已应用于航空航天、汽车工业、桥梁、建筑、电子产品、重型机械、微机电系统、生物医学及运动器械等设计过程中的结构与力学分析。ANSYS 功能专业，操作直观方便，已成为现代产品设计中重要的计算机辅助工程（Computer Aided Engineering，CAE）工具之一，也是目前国际上颇为流行的有限元分析软件。本章简要介绍 ANSYS 软件的一般结构与使用方法，为后续学习打下基础。

2.1 ANSYS 简介

ANSYS 软件由世界上最大的有限元分析软件公司之一的美国 ANSYS 公司开发。ANSYS 是一种大型、通用型有限元分析软件，不仅能对实体结构进行静态和动态问题的有限元分析，还能进行热传导、流体流动、电磁学和波谱等方面的研究，具有多物理场的耦合计算功能，如热－磁、热－电、流－固、结构－声学等，而且具有很好的系统兼容性和互联性，可与多数计算机辅助设计（Computer Aided Design，CAD）软件接口，实现数据的共享与交换，如 Creo、NASTRAN、Alogor、I－DEAS、AutoCAD 和 Pro/Engineer 等。目前，国内许多高等院校的理工类专业采用 ANSYS 软件进行有限元分析的教学与实践软件。

总体上，ANSYS 软件的使用主要包括 4 方面：初始设置、前处理、求解计算和后处理。

（1）初始设置

初始设置主要用于编程环境的设置，主要包括：①设置路径；②设置文件名；③设置标题名；④编辑窗口的图形背景设置；⑤确定研究类型（Preferences）与计算方法。其中，①~④项，用户可根据情况进行设置；第⑤项则需要根据研究对象及问题类型进行选择。

（2）前处理

前处理（Preprocessor）主要用于创建模型与施加约束，提供了一个强大的实体建模及网格划分工具，用户可以方便地构造有限元模型，主要包括：①单元类型选择；②定义材料参数；③建立几何模型；④划分单元网格；⑤设置约束条件和施加外载荷等。

（3）求解计算

求解运算（Solution）主要用于模型的结构力学方程的求解与结构分析，可实现线性、非线性和高度非线性分析，以及流体动力学分析、电磁场分析、声场分析、压电分析、多物理场的耦合分析，可模拟多种物理介质的相互作用，具有灵敏度分析及优化分析能力。求解运算一般包括：①选择求解对象；②求解运算。

（4）后处理

后处理（General Postproc）主要用于模型求解后的现实与保存，一般包括：①读取计算结果；②保存图形结果；③选择保存格式（保存编程结果、图形、数据、表格）；④保存与退出 ANSYS。

后处理可实现结果显示，如梯度显示、矢量显示、彩色等值线显示、粒子流迹显示、立体切片显示、透明及半透明显示等，也可将计算结果以图表、曲线形式显示或输出，其过程包括：①读取计算结果；②显示图形结果；③保存格式选择（保存编程结果、图形、数据、表格）；④保存与退出 ANSYS。

ANSYS 软件提供了上百种的单元类型，用来模拟工程中的各种结构和材料，使得实体建模过程变得快捷方便。ANSYS 软件有多种版本，不单适用于个人计算机，也可以在大型的计算机设备上运行。

2.2　ANSYS 的启动及主界面的基本构成与操作

本节主要介绍 ANSYS 的启动、ANSYS 主界面的基本构成、ANSYS 有限元分析的基本内容与步骤。

2.2.1　ANSYS 的启动

启动 ANSYS 操作：在桌面左下角单击"开始"→"所有程序"→ANSYS 12.1→Mechanical APDL（ANSYS），如图 2-1a 所示。启动 ANSYS 后，会弹出 ANSYS 主界面，如图 2-1b 所示。其中黑色部分为图形窗口，也称为模型编辑与图形显示窗口。另外，本书统一采用符号"→"来代表操作步骤前后顺序的衔接。

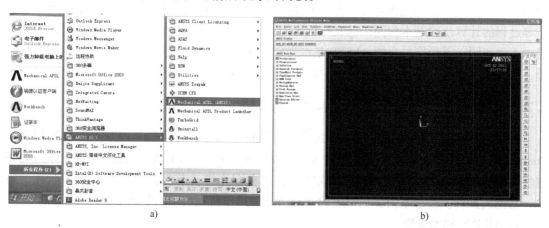

图 2-1　ANSYS 启动及主界面

2.2.2　ANSYS 主界面的基本构成

ANSYS 开机后的主界面（ANSYS Multiphysics Utility Menu）及其功能说明如图 2-2 所示。除了显示 ANSYS 功能外，该主界面与通常所接触到的其他软件的主界面布局基本类似。

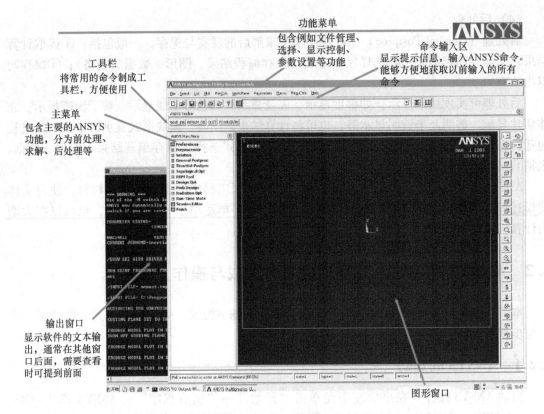

图2-2 ANSYS主界面

ANSYS主界面主要包括常用主菜单、工具栏、功能菜单（ANSYS Main Menu）和图形窗口（或称为模型编辑与图形显示窗口）等。ANSYS软件功能强大，静力学分析动力学分析等过程的计算步骤基本相同，但又有所不同，即使静力学分析，由于模型的不同，操作步骤也不尽相同。下面简单介绍ANSYS基本操作方法，作为后续有限元方法ANSYS分析的基础，而具体的操作方法将在后面章节中针对具体研究对象给出详细介绍。

2.2.3 ANSYS有限元分析的基本内容与步骤

利用ANSYS进行有限元分析，其内容主要包括3部分：建模前处理（对即前处理模块Preprocessor）、模型求解计算（即分析求解模块Solution）和求解结果的后处理（即后处理模块General Postproc）。由于ANSYS软件功能具有多样性，下面简要介绍具有一般性的概念、功能及操作。对于不同类型问题的特定功能与操作将在后续的章节中详细介绍。

1. ANSYS初始设置

（1）设置工作路径

工作路径是用来指定用户文件的存储渠道和位置。通过设置工作路径，将文件保存于ANSYS安装路径以外的其他位置，有利于文件的查找和调用。设定工作路径的步骤：在Utility Menu中选择File→Change Directory，在弹出的"浏览文件夹"对话框中选择要保存ANSYS文件的路径，这里选"本地磁盘（E:）"，单击"确定"按钮结束设置，如图2-3所示。

图 2-3 设置工作路径

（2）设置文件名

文件名（或称为工作文件名）是 ANSYS 为用户提供的一个功能选项，用来对图形窗口中用户所编辑的内容进行保存。如果用户不预先设置该项，那么在文件保存过程中，系统会自动生成默认文件名"file"，并将用户当前图形窗口中的结果保存在该文件名下。需要注意，如果重复使用默认，会造成文件的覆盖。如果用户设置了工作文件名，该文件名会在标题栏中显示。

文件名设置过程：在 Utility Menu 中选择 File→Change Jobname，随后弹出 Change Jobname 对话框，在 Enter new jobname 文本框中输入用户文件名，此处为"liucaoexap"，如图 2-4 所示。

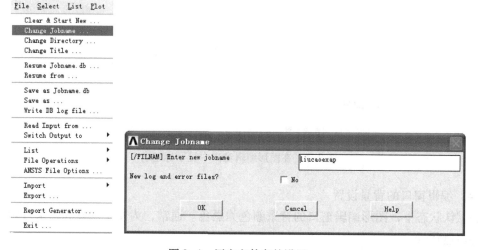

图 2-4 用户文件名的设置

命名后的工作文件名可在如图 2-5 所示的常用菜单 File 中，或单击工具栏的"打开"按钮，在弹出的对话框中找到。另外，ANSYS 不显示默认的工作文件名，且文件名中的空格会被自动忽略。

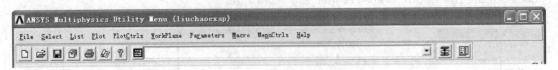

图 2-5　常用菜单及工具栏的工作文件名设置入口

（3）设置标题名

标题名是用来对编辑窗口进行命名的，就如同图纸的标题一样，其最直观的作用是说明图形编辑的内容或意义，一般可根据功能用途、特点、性质与目的等特征来命名。

标题名的设置：在 Utility Menu 中选择 File→Change Title，在弹出的 Change Title 对话框中，输入用户标题"this is a link 1"，单击 OK 按钮，如图 2-6 所示。命名后标题名会出现在图形显示窗口中的左下角，如图 2-7 所示。

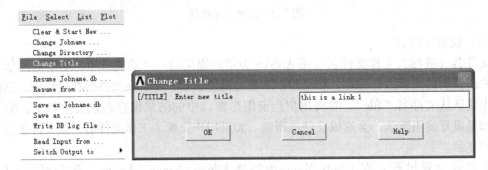

图 2-6　设置标题名

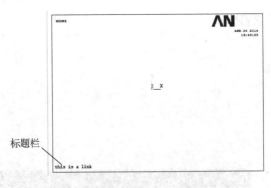

图 2-7　在图形编辑窗口中显示标题名

（4）编辑窗口的背景设置

在默认状态下，图形编辑窗口的背景颜色为黑色。通常，为便于观察和结果打印，常将其改为白色背景。

编辑窗口的背景设置过程：在 Utility Menu 中选择 PlotCtrls→Style→Colors→Reverse Video，图形编辑窗口背景变为白色。选择过程如图 2-8 所示。修改后的图形窗口背景会由图 2-1 所示的黑色变为图 2-9 所示的白色。

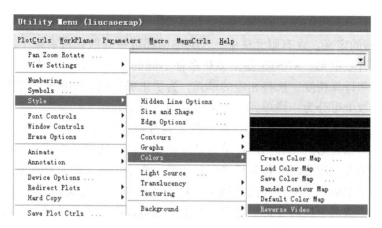

图2-8　图形编辑窗口背景设置选项

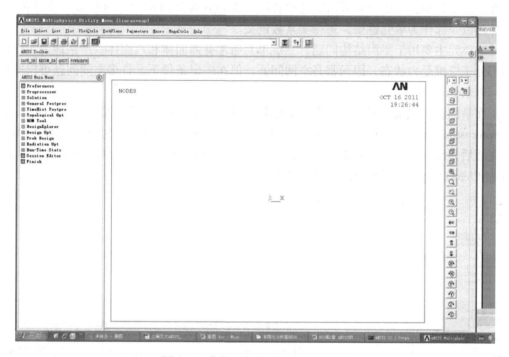

图2-9　背景为白色的图形编辑窗口

2. 前处理模块（Preprocessor）

进入前处理模块之前，需要选择主菜单（ANSYS Main Menu）中的 Preprocessor 选项。该模块主要包括3部分：材料属性定义、实体建模和网格划分。

（1）材料属性定义

在有限元模型的建立过程中，首先需要定义材料属性，包括单位制、单元类型、单元实常数、材料特性。

1）单位制的定义。ANSYS 软件中的单位一般无须定义。除磁场分析外，可以使用任意一种单位制，但一定要注意保证单位制的统一，如输入的数据单位是 m－kg－s－N，相应的应力单位则是 Pa，如果输入的数据单位是 mm－g－s－N，相应的应力单位则应是 MPa，

13

即 10^6 Pa。

2）单元类型的定义。在有限元法中，任何结构都可被离散化成有限个小的构件，这些有限小构件称为有限单元。ANSYS 提供 200 多种不同的单元。在计算求解之前，需要根据各单元承受的力和计算精度，选择相应的单元。为了正确识别这些单元，需要对单元进行分类。在单元的维数上可分为一维单元、二维单元和三维单元。

一维单元主要有杆单元和梁单元，都是基于构件截面尺寸远小于其长度尺寸的假设条件，其基本形状为细长形。相邻的两杆单元是互相铰接的，所以通常可认为杆受到的是轴向力作用。当两杆的夹角改变时，杆与杆之间只传递力而不传递力矩，杆能发生伸长与压缩变形。当相邻的两个梁单元是刚性连接（固接）的，则梁与梁之间既能传递力又能传递力矩，且可以发生弯曲、剪切、扭转变形。通常，桁架结构可以离散为杆单元，车架结构可以离散为梁单元。

在建模过程中，一维单元只需要建立长度，无须其他几何尺寸，而断面参数将和材料、温度等参数一起作为单元性质，进行实常数定义。

二维单元主要用于平面结构问题。三维单元通常有四面体和六面体。严格地说，任何弹性体都处于三维受力状态，因而都是空间问题，但在一定条件下，许多空间问题可以简化为平面问题来处理。

下面举例说明二维单元 Link1 的选择过程。如图 2-10 所示，在 ANSYS Main Menu 中选择 Preprocessor→Element Type→Add/Edit/Delete，弹出 Element Types 对话框，单击 Add 按钮，在随后弹出的双列选择列表框中选择 Link 和 2D spar 1 选项，单击 OK 按钮，再单击 Library of Element Types 对话框中的 Close 按钮。

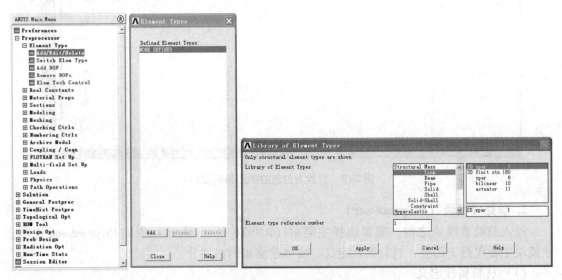

图 2-10　定义单元类型

3）单元实常数定义。实常数是有限元分析过程中需要用到单元类型的补充几何特性，如杆单元的横截面积、梁单元的横截面积和惯性矩、板壳单元的厚度等，都是计算求解的重要参数。

下面举例说明杆单元实常数（横截面积 A）的定义方法。如图 2-11 所示，在 ANSYS

Main Menu 中选择 Preprocessor→Real Constants→Add/Edit/Delete，弹出 Real Constants 对话框，单击 Add 按钮，随后单击弹出对话框中的 OK 按钮，在弹出 Real Constant Set Number 2，for LINK1 对话框的 AREA 文本框中输入"0.5e-4"，单击 OK 按钮，再单击 Real Constants 对话框的 Close 按钮。

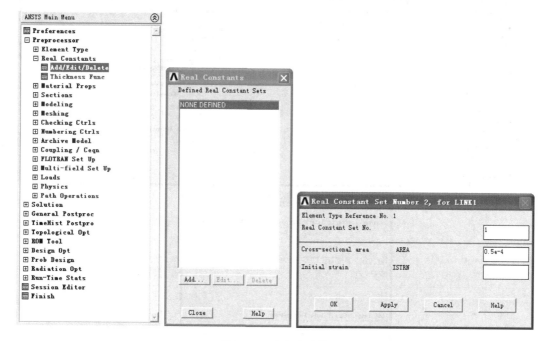

图 2-11　定义实常数

4）材料特性定义。所有的分析都要输入材料特性，结构分析需要输入材料的弹性模量 $E=\sigma/\varepsilon$（材料在单向受拉或受压时，纵向正应力 $\sigma=F/A$ 与线应变 $\varepsilon=\Delta l/l$ 的比值，其单位与应力的单位相同）和泊松比 $\mu=|\varepsilon'/\varepsilon|$（材料在单向受拉或受压时，横向正应变 $\varepsilon'=\Delta b/b$ 与纵向正应变 $\varepsilon=\Delta l/l$ 之比的绝对值）；动力学分析需要输入材料的密度；热结构耦合分析需要输入材料的导热系数、线膨胀系数。

弹性模量 E 和泊松比 μ，都是材料的弹性常数，对于不同的材料可通过实验测定，如 Q235 的弹性模量约为 210 GPa，泊松比为 0.3。表 2-1 中给出了工程中常用材料的 E 和 μ。

表 2-1　常用材料的 E 和 μ

材料名称	弹性模量 E/GPa	泊松比 μ
碳钢	200~220	0.25~0.33
16 锰钢	200~220	0.25~0.33
合金钢	190~220	0.24~0.33
灰口、白口铸铁	115~160	0.23~0.27

下面举例说明弹性模量 E 和泊松比 μ 的定义方法，在 ANSYS Main Menu 中选择 Preprocessor→Material Props→Material Models，弹出 Define Material Model Behavior 对话框，选择 Structural→Linear→Elastic→Isotopic 选项，在弹出的 Linear Isotopic Properties for Mater 对话框

中，设置弹性模量（EX）为"2e11"，泊松比（PRXY）为"0.3"，单击 OK 按钮，再关闭 Define Material Model Behavior 对话框，如图 2-12 所示。

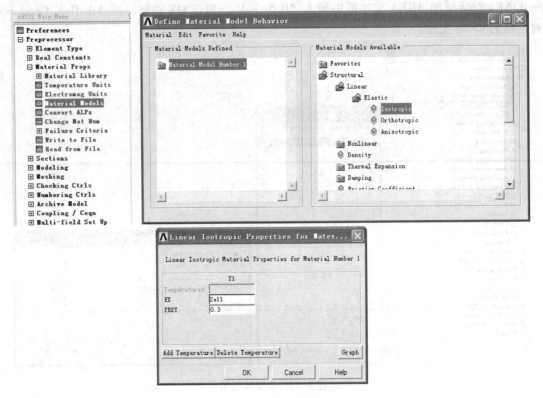

图 2-12 定义材料特性

(2) 实体建模

实体建模也称为几何建模，是指将实际的物理构件用数学方法、计算机程序或可视图形等形式来描述和表示。ANSYS 的实体建模形式有程序建模和图形建模两种，建模方法有三种：一是直接生成法建模，适用于杆结构，直接建立节点和单元，特点是不需要再进行网格划分；二是创建实体模型，基本过程是先创建由关键点、线、面和体构成的几何模型，再对其进行网格划分，自动生成所有的节点和单元；三是从 CAD 类软件中导入 IGES 等格式模型，再进行网格划分，但如果该模型不能划分网格，则需要在 ANSYS 软件中进行几何修改。如果按实体模型创建的顺序而言，又分为自下而上和自上而下两种方法。对于自下而上建模，需要先建立关键点，再由这些点建立线、面、体；对于自上而下建模，则需要先输入结构体，由此自动生成点、线、面，然后进行布尔运算、复制、对称生成等操作。本书介绍图形建模中的实体模型创建的一般方法。

下面举例说明从 CAD 类软件中导入 PARA 格式模型的操作，在 Utility Menu 中选择 File→Import→PARA，弹出 ANSYS Connection for Parasolid 对话框，选择 CAD 模型，如图 2-13 所示。

(3) 网格划分

在建立好几何模型的基础上，对模型进行单元网格划分，使其形成有限元模型，是进行有限元分析的重要内容之一。ANSYS 软件提供了一个强大的网格划分工具栏，包括单元属

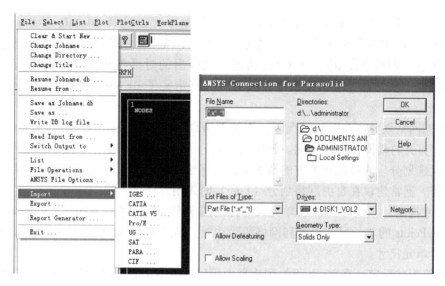

图 2-13 导入 CAD 模型

性设置、网格划分控制、单元尺寸控制、自由划分与映射划分等。网格工具栏（MeshTool）及其设置功能如图 2-14 所示。进行网格划分时，需要根据研究对象的结构、边界等特点以及受力情况，对网格类型与划分方式进行选择，所以网格划分具有灵活性和经验性等特点。下面简要介绍网格划分的一般概念与操作方法。

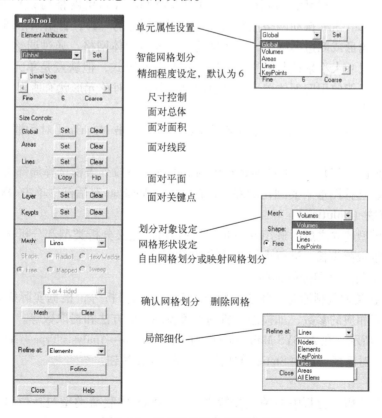

图 2-14 网格工具栏及其设置功能

1）单元属性。在 Element Attributes 下拉列表框中可以选择 Global、Volumes、Areas、Lines 或 KeyPoints 选项分别对整体、体图元、面图元、线图元或点图元进行属性设置，默认是 Globle 状态（即整个模型）。单击 Set 按钮，在弹出的对话框中选择已设置好的单元类型、材料特性、实常数、坐标系及单元截面（只有定义了 BEAM 或 SHELL 单元才会有单元截面）。

2）智能网格划分。在默认情况下，智能网格划分功能是关闭的。当勾选 Smart Size 复选框时，将打开自动网格划分功能。智能网格划分可以根据线的曲率、空洞接近程度及单元阶次进行优选划分。通过拖动下方的滑块来设置网格划分水平值的大小，水平值越小则网格划分越细密。通常建议在自由网格划分（Free）时采用。

3）尺寸控制。在 Size Control 单元尺寸控制选项中，提供了对 Global、Volumes、Areas、Lines 或 KeyPoints 的单元尺寸设置和网格清除功能，当选择 Smart Size 自动网格划分工具时，不需要设置单元尺寸。

4）网格形状设定。在 Mesh 下拉列表框中可以选择网格划分的对象类型。选择 Areas 选项时，Shape 选项组的内容将变为 Tri（三角形）和 Quad（四边形），可以选择三角形或四边形单元划分功能对平面结构进行划分。但用于平面结构分析的 PLANE2 本身是三角形单元，即使此处选用四边形单元，划分网格时仍为三角形单元；PLANE82 本身是四边形单元，即使选用三角形单元，划分网格时仍为四边形单元；PLANE42 具有三角形和四边形单元，此处选用三角形或四边形选项有效，但一般不推荐使用三角形单元。

5）网格划分器。选择网格划分器时，可以选择 Free（自由网格划分）或 Mapped（映射网格划分）。Smart Size 自动网格控制属于自由网格划分的一种，自由网格划分可以在面结构上自动生成三角形或四边形网格，在体结构上生成四面体网格。通过调整 Smart Size 水平值或设置网格的尺寸大小来控制网格的疏密程度与分布形式，但缺点是单元数量通常很大，计算效率低，且只能使用四面体单元。映射网格划分不但对单元形状有所限制，而且对单元排布模式也有要求。

6）改变网格。如果对划分后的网格不满意，可以单击 MeshTool 对话框中的 Clear 按钮清除网格。

7）局部细化。通过 MeshTool 对话框中的 Refine at 下拉列表框选择局部对象的类型，单击 Refine 按钮，选择图形中要细化的部位，在 Refine Mesh at 对话框中单击 OK 按钮。

3. 求解模块（Solution）

在有限元模型建立之后，选用 Solution 处理器可以定义分析类型和分析选项，然后通过施加载荷，指定载荷步长，进行求解。具体步骤如下。

（1）定义分析类型和分析选项

ANSYS 分析类型包括静态、模态、瞬态、调谐和谱分析等，根据实际需要选用相应的分析类型，设置相应的参数，如模态分析则设置模态提取方法和提取数等。选择静态分析的操作如图 2-15 所示，在 ANSYS Main Menu 中选择 Solution→Analysis Type→New Analysis，弹出 New Analysis 对话框，选中 Static 单选按钮，单击 OK 按钮。

（2）加载

施加载荷是有限元分析中的关键步骤之一，ANSYS 中载荷类型包括位移载荷、集中载荷、面载荷、体积载荷、惯性载荷和耦合场载荷。

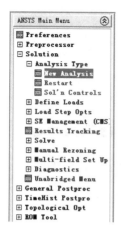 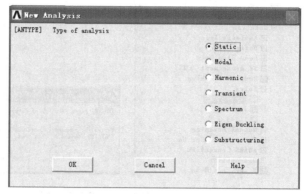

图 2-15　定义分析类型

- 位移载荷又称为 DOF 约束，是对模型空间自由度进行约束。在结构分析中，DOF 约束为位移和对称的边界条件；在热力学分析中，DOF 约束为温度和与热通量平行的边界条件。
- 集中载荷在结构分析中是施加于模型节点或关键点上的力和力矩，在热力学分析中是热流速度。
- 面载荷在结构分析中是施加的均布载荷或随线性变化的载荷，在热力学分析中是对流、热流量和无限表面。
- 体积载荷是体积或场载荷，结构分析中指温度载荷，热力学分析中指热生成速率。
- 惯性载荷是由物体惯性引起的载荷，如结构分析中的重力加速度、角速度和角加速度。
- 耦合场载荷是指将一种分析得到的结果作为另一种分析的载荷。具体的操作过程将在后面的相关章节中做具体介绍。

（3）指定载荷步选项

指定载荷步选项是对载荷步的修改和控制，载荷步可反映载荷发生突变或渐变的过程。载荷步选项用于表示控制载荷应用，如时间、子步数、时间步及载荷阶跃或逐渐递增等。

（4）求解

ANSYS 求解的过程是解方程组的过程。求解时，可根据需求，选择正向直接解法、稀疏矩阵直接解法、雅克比共轭梯度法和代数多栅求解器等。程序默认的求解器是直接解法。不同的求解器菜单可能会不同，如瞬态分析出现频率相关选项和阻尼选项等。

常用的求解操作过程：在 ANSYS Main Menu 中选择 Solution→Solve→Current LS，弹出 STATUS Command 状态窗口和 Solve Current Load Step 对话框，单击对话框的 OK 按钮，如图 2-16 所示。计算结束后单击"关闭"按钮，如图 2-17 所示。

4. 后处理模块（General Postproc）

对有限元模型进行求解之后，构件的应力多大、变形如何、温度随时间如何变化、是否可以安全应用于生产等，都需要通过后处理分析求解结果。结果是否能真实地反映实际工程情况是使用 ANSYS 软件进行计算的关键步骤之一。需要结合材料力学、弹性力学等学科知识和经验来验证该计算的正确性，如施加载荷是否正确、计算精度是否满足要求，进而采用

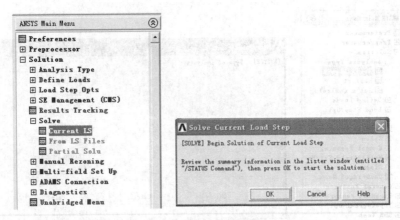

图 2-16 求解对话框

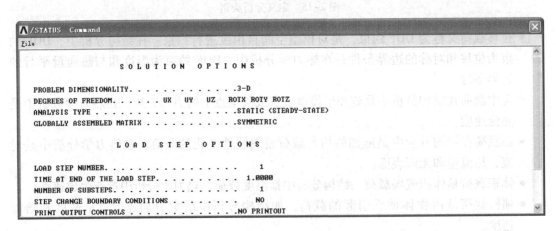

图 2-17 求解后的状态窗口

合适的观察形式来显示结果,最后确认分析结果是否符合安全要求。

ANSYS 后处理有两种处理器,一个是通用后处理器,另一个是时间历程后处理器。

通用后处理器可以用来进行图形显示、列表显示、路径操作、单元表定义和载荷工况输出等项目,可用图形显示各种变形、应力和应变等情况,如用路径图显示某路径上的变化情况,或显示结果随时间变化情况,适用于静态问题。

而时间历程后处理器可以进行图形显示和列表显示等项目,且集成了定义变量、保存显示、数学运算等功能。时间历程后处理器可以对定义的变量以列表和变化曲线图的形式显示出来,用于了解模型中指定点变量与时间、频率等相关的变化关系,显示结果随时间的变化情况,可用于动态问题的分析。

2.3 ANSYS 坐标系

ANSYS 提供了多种坐标系,以满足不同场合的需要。ANSYS 坐标系主要有总体坐标系、局部坐标系、自然坐标系、显示坐标系、节点坐标系、单元坐标系和结果坐标系。这些坐标系可用于不同场合的空间定位、参数描述和坐标变换等。

- 总体坐标系、局部坐标系及自然坐标可用于确定几何元素(节点、关键点等)在空间的相对位置关系。
- 显示坐标系可用于几何元素的列表及显示。
- 节点坐标系可用于定义每个节点的自由度方向和结果数据的方向。
- 单元坐标系可用于确定材料特性主轴和单元结果数据的方向。
- 结果坐标系可用于将后处理器中的节点或单元结果转换到一个特定的坐标系中。

以下简要介绍不同坐标系的基本概念和它们之间的联系和转换，为后面的有限元计算与分析建立基础。

2.3.1 总体坐标系、局部坐标系及自然坐标系的关系

总体坐标系是指被分析对象所设定的总体坐标系，局部坐标系是指单元节点的绝对坐标系，自然坐标是指以单元为对称点处的坐标系。

对于杆单元，总体坐标系、局部坐标系及自然坐标系之间的关系如图2-18和图2-19所示。

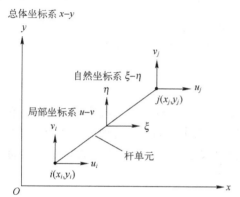

图 2-18 杆单元中各坐标系的关系

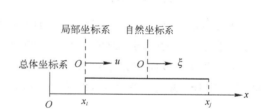

图 2-19 一维坐标中各坐标系的关系

对于平面单元，总体坐标、局部坐标及自然坐标之间的关系如图2-20所示，可以根据实际情况将总体坐标系原点设置在平面中的任意一点上。

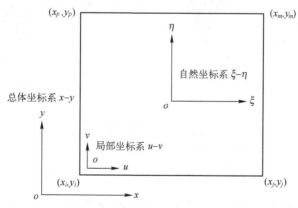

图 2-20 平面单元中各坐标系的关系

通常，为了函数形式或积分区间的一致性，将自然坐标系取为局部坐标系的无量纲形式，即将自然坐标值取为局部坐标值的相对值。

2.3.2 总体坐标系的表示类型

总体坐标系被认为是一个绝对参考系，ANSYS 程序提供了 3 种总体坐标系：笛卡儿坐标系、柱坐标系和球坐标系。所有坐标系都遵循右手法则。在笛卡儿坐标系中，(X,Y,Z) 分别代表 X,Y,Z；在柱坐标系中，(X,Y,Z) 分别代表 R,θ,Z 或 R,Y,θ；在球坐标系中，(X,Y,Z) 分别代表 R,θ,ϕ。总体坐标类型如图 2-21 所示，可见柱坐标系适用于柱类结构的纵向或横向描述，球坐标系适用于球类结构的对称描述。

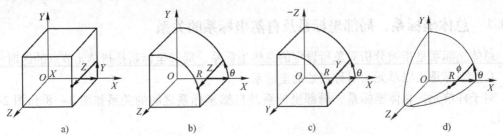

图 2-21 总体坐标系的主要类型
a）笛卡儿坐标系 b）柱坐标系（纵向） c）柱坐标系（横向） d）球坐标系

2.3.3 局部坐标系的作用

在许多情况下，用户有必要建立自己的坐标系作为局部坐标系，使其原点与总体坐标系的原点偏移一定的距离，或使其方位不同于先前定义的总体坐标系。这种情况多用于对结构进行坐标变换，以便用数学函数确定几何元素的相对关系。图 2-22 所示为自定义坐标系 $OX_1Y_1Z_1$ 相对于总体坐标系 $OXYZ$ 的面的欧拉旋转变换。

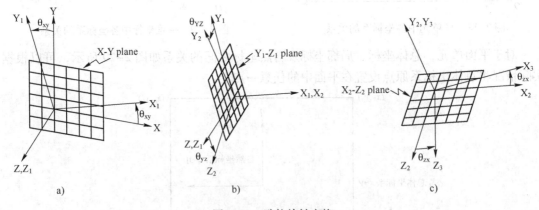

图 2-22 欧拉旋转变换

a) First rotation, θ_{xy}, in X-Y plane (X towards Y, about Z) b) Second rotation, θ_{yz}, in Y_1-Z_1 plane (Y_1 towards Z_1, about X_1) c) Third rotation, θ_{zx}, in X_2-Z_2 plane (Z_2 towards X_2, about Y_2)

其中，图 2-22a 表示绕 Z 轴相对于总体坐标系 $OXYZ$ 的 $X-Y$ 面逆时针旋转角度 θ_{xy}，生成一个自定义坐标系 $OX_1Y_1Z_1$。图 2-22b 表示绕 X_1 轴相对于坐标系 $OX_1Y_1Z_1$ 的 Y_1-Z_1 面逆时针旋转角度 θ_{yz}，生成一个新的自定义坐标系 $OX_2Y_2Z_2$。图 2-22c 表示绕 Y_2 轴相对于坐标系 $OX_2Y_2Z_2$ 的 X_2-Z_2 面逆时针旋转角度 θ_{zx}，生成一个新的自定义坐标系 $OX_3Y_3Z_3$。

2.3.4 工作平面

工作平面是创建几何模型的参考平面,在前处理器中用于实体的几何建模。工作平面是一个无限大的平面,包括原点、二维坐标系、捕捉增量和显示栅等。同一时刻只能定义一个工作平面。工作平面和坐标系是独立的,默认时的工作平面是总体笛卡儿坐标系的 $X-Y$ 平面。工作平面的 X,Y 轴分别是总体笛卡儿坐标系的 X 和 Y 轴,通过节点、关键点和现有的坐标系可以重新设置、移动工作平面。

2.4 关于 ANSYS 的学习

ANSYS 是一个内容丰富、功能强大、界面友好的大型软件,但由于有限元分析自身的理论性较强,求解过程较为烦琐费时,所以即使一个简单问题,也可能使 ANSYS 操作变得复杂,因此,和其他软件一样,要想学会用好 ANSYS 软件,应首先掌握有限元法及其相关的理论知识,其次加强与有限元法应用有关的专业知识,同时,还应当结合实际实例,多进行上机操作和实践。只有通过边学习边实践、理论联系实际,才能逐渐掌握,熟能生巧。

第 3 章 杆系结构的有限元分析

日常生活中经常遇到杆件的受力拉伸、压缩或变形等现象，如图 3-1a 所示的悬臂起重机中 BC 杆受力变形问题，如图 3-1b 所示的内燃机活塞连杆机构中连杆受力伸缩问题，如图 3-1c 所示的九江长江大桥的桁架结构的受力振动问题，以及汽车离合器踏板和千斤顶螺杆的受压变形问题等。

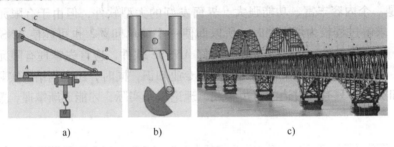

图 3-1 杆件结构实例

在有限元分析中，当杆件的长度尺寸远大于截面尺寸时，可认为杆件单元只发生轴线方向的拉伸与压缩变形，不计产生弯曲和扭转等变形。如图 3-2 所示，作用于杆件两端方向相反的两个外力，其作用线与杆件轴线重合，使杆件发生拉伸（虚框）。

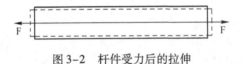

图 3-2 杆件受力后的拉伸

在杆系结构中，最常见的是桁架结构。桁架是由若干杆件彼此以端部连接，近似铰链约束而成的结构。杆件之间的汇交连接处称为节点。通常认为理想桁架的节点是光滑无摩擦的铰接点，承受所有载荷和支座反力，各杆的轴线都通过节点中心，杆件重量比桁架所受载荷小得多。桁架结构中的杆件主要承受轴力，杆上应力分布均匀，适用于大跨度结构，如铁路、桥梁和大跨度屋顶等。根据空间性，桁架结构可以分为平面桁架和空间桁架。全部杆件和载荷均处于同一平面之内的称为平面桁架，不处于同一平面之内的称为空间桁架。图 3-3 所示为一个平面桁架结构。

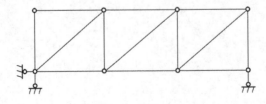

图 3-3 平面桁架结构

本章以平面桁架和均匀截面直杆为研究对象，介绍杆系结构的有限元法的基本原理及其 ANSYS 的分析方法与应用。

3.1 平面桁架有限元分析

在平面桁架的有限元分析中，通常将平面桁架结构中的各个杆件作为基本单元，将节点位移作为基本变量，固定节点作为边界约束。其分析过程：首先对杆件单元进行分析，建立单元杆件内力与位移的关系；然后结合边界约束条件对结构进行整体分析，根据各节点的变形协调条件和静力平衡条件建立结构上节点载荷和节点位移之间的关系，组成结构的总刚度矩阵和总刚度方程；最后由单元杆件内力与位移之间的关系求出杆件内力。

3.1.1 平面桁架有限元的一般原理

下面通过对简单平面桁架问题的传统力学分析与解析，引出平面桁架的有限元分析的一般原理和求解方法。

【例 3-1】设平面三角结构桁架 123 如图 3-4 所示。已知：各杆的弹性模量 $E=2.0\times10^5$ MPa，每个杆的截面积均为 $A=0.5\,\text{cm}^2$，杆 13 长为 100 cm，载荷 $P=2$ kN，试求平面桁架的内力和位移。

解： 为了便于理解，先介绍传统的力学分析方法，由此再引出有限元法的基本思路。

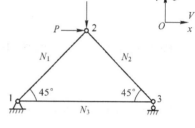

图 3-4 平面桁架 123

1. 传统分析方法

设杆 12、杆 23 和杆 13 的内力分别为 N_1、N_2 和 N_3。

在总体坐标系 O_{xy}（或 OUV）中，由力的平衡方程 $\sum F=0$ 可以得到节点的内力值。

对于节点 2，由 $\sum F_x=0$ 得

$$P - N_1\cos(45°) + N_2\cos(45°) = 0$$

由 $\sum F_y=0$ 得

$$-P - N_1\sin(45°) - N_2\sin(45°) = 0$$

求解上述方程组，可得 $N_1=0$ kN，$N_2=-2.828$ kN。

同理，对节点 3，在 x 方向的平衡方程为

$$N_2\cos(45°) + N_3 = 0$$

解得 $N_3=2$ kN。

2. 有限元分析方法

下面按照第 1.3.1 节介绍的有限元法，具体介绍该题有限元法的实现步骤。

（1）对象的离散化

根据本例的结构特点，将杆 12 作为单元 1、杆 23 作为单元 2、杆 13 作为单元 3，即离散为三个单元。先对各单元与节点进行编号，再将单元与节点的编号和单元的已知参数进行列表描述，见表 3-1。表中，第一列为单元编号，第二列为单元的起始端节点的编号，第三列为单元的结束端节点的编号，最后一列为单元长度。

表 3-1 图 3-4 平面三角桁架结构的有限元分割编号与参数表

单元编号	单元首节点编号	单元尾节点编号	单元长度/cm
1	1	2	70.71
2	2	3	70.71
3	1	3	100

（2）单元分析

在各单元上，沿杆的轴向建立笛卡儿（直角）坐标系，称为单元（或局部）坐标系。

1) 对水平杆单元 3，假设其受力与位移情况如图 3-5 所示。在单元坐标系 x 轴向上的外力 f_{ix} 和 f_{jx} 的共同作用下，节点 i 位移了 u_{ix}，节点 j 位移了 u_{jx}。

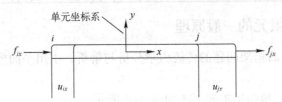

图 3-5　单元 3 的受力与位移

由物理定律可知，单元的平均应力为

$$\sigma = \frac{F}{A} \tag{3-1}$$

单元的平均正应变可表示为原始长度 l 与受力前后长度的净变化 Δl 的比值，即

$$\varepsilon = \frac{\Delta l}{l} \tag{3-2}$$

在弹性区域内，应力和应变服从胡克（Hooke）定律，即

$$\sigma = E\varepsilon \tag{3-3}$$

联立上述三个方程，求解并化简得到

$$F = \frac{EA}{l}\Delta l = k\Delta l \tag{3-4}$$

其中，$k = \frac{EA}{l}$，为弹性系数。

将图 3-5 中的相关参数代入式（3-4），即得到局部坐标系中节点力与节点位移的关系表达式。对于节点 j，在 x 方向的力与位移的关系式为

$$f_{jx} = \frac{EA}{l_{ij}}(u_{jx} - u_{ix}) = k(u_{jx} - u_{ix}) = -ku_{ix} + ku_{jx} \tag{3-5}$$

其中，$k = \frac{EA}{l_{ij}}$。由力的平衡关系，同理可得节点 i 在 x 方向的分力与位移的关系式为

$$f_{ix} = -f_{jx} = -\frac{EA}{l_{ij}}(u_{jx} - u_{ix}) = ku_{ix} - ku_{jx}$$

同样方法，得到单元节点在 y 方向的分力与位移的关系式。对于图 3-5 的受力情况，在垂直方向有 $f_{iy} = f_{jy} = 0$。

进一步将上述局部单元的节点力与节点位移关系表示为矩阵形式

$$\begin{Bmatrix} f_{ix} \\ f_{iy} \\ f_{jx} \\ f_{jy} \end{Bmatrix} = \begin{pmatrix} k & 0 & -k & 0 \\ 0 & 0 & 0 & 0 \\ -k & 0 & k & 0 \\ 0 & 0 & 0 & 0 \end{pmatrix} \begin{Bmatrix} u_{ix} \\ u_{iy} \\ u_{jx} \\ u_{jy} \end{Bmatrix} \tag{3-6}$$

将式（3-6）简写为

$$\boldsymbol{f} = \boldsymbol{k}\boldsymbol{u} \tag{3-7}$$

其中，$\boldsymbol{k}$ 称为单元节点位移与节点力之间的转换矩阵或单元转换矩阵。

2）对单元 1 和单元 2，可抽象为平面系中任意角度状态的杆单元。它的节点力、节点位移在整体坐标系（或总体坐标系，图中的 $U-V$ 平面）与局部坐标系中的表示关系可用如图 3-6 所示的情况描述。

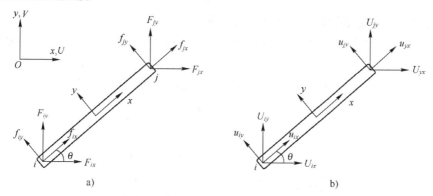

图 3-6 平面系中任意角度 θ 的杆单元力与位移的坐标关系
a）水平夹角为 θ 时的力坐标 b）水平夹角为 θ 时的位移坐标

其中，夹角 θ 的方向遵守右手法则（即拇指与四指垂直并指向 $x-y$ 平面，四指从 x 轴转向 y 轴）。由图可得到，对于节点 i，在整体坐标系中的位移分量与局部坐标系中的位移分量之间的关系为

$$\begin{cases} U_{ix} = u_{ix}\cos\theta - u_{iy}\sin\theta \\ U_{iy} = u_{ix}\sin\theta + u_{iy}\cos\theta \end{cases} \tag{3-8}$$

式（3-8）的矩阵形式为

$$\begin{pmatrix} U_{ix} \\ U_{iy} \end{pmatrix} = \begin{pmatrix} \cos\theta & -\sin\theta \\ \sin\theta & \cos\theta \end{pmatrix} \begin{pmatrix} u_{ix} \\ u_{iy} \end{pmatrix} \tag{3-9}$$

同理，对于节点 j，在整体坐标系中的位移分量与局部坐标系中的位移分量之间关系的矩阵表示为

$$\begin{pmatrix} U_{jx} \\ U_{jy} \end{pmatrix} = \begin{pmatrix} \cos\theta & -\sin\theta \\ \sin\theta & \cos\theta \end{pmatrix} \begin{pmatrix} u_{jx} \\ u_{jy} \end{pmatrix} \tag{3-10}$$

将上述两个矩阵方程式（3-9）和（3-10）合并为一个矩阵表示，得到

$$\begin{Bmatrix} U_{ix} \\ U_{iy} \\ U_{jx} \\ U_{jy} \end{Bmatrix} = \begin{pmatrix} \cos\theta & -\sin\theta & 0 & 0 \\ \sin\theta & \cos\theta & 0 & 0 \\ 0 & 0 & \cos\theta & -\sin\theta \\ 0 & 0 & \sin\theta & \cos\theta \end{pmatrix} \begin{Bmatrix} u_{ix} \\ u_{iy} \\ u_{jx} \\ u_{jy} \end{Bmatrix} \tag{3-11}$$

简写为
$$U = Tu \tag{3-12}$$

同理，对于节点 i、j，整体坐标系中的节点力分量与局部坐标系中的节点力分量之间关系的矩阵表示为

$$\begin{pmatrix} F_{ix} \\ F_{iy} \\ F_{jx} \\ F_{jy} \end{pmatrix} = \begin{pmatrix} \cos\theta & -\sin\theta & 0 & 0 \\ \sin\theta & \cos\theta & 0 & 0 \\ 0 & 0 & \cos\theta & -\sin\theta \\ 0 & 0 & \sin\theta & \cos\theta \end{pmatrix} \begin{pmatrix} f_{ix} \\ f_{iy} \\ f_{jx} \\ f_{jy} \end{pmatrix} \tag{3-13}$$

简写为
$$F = Tf \tag{3-14}$$

矩阵 T 称为单元节点变量的转移矩阵或关系矩阵。

3) 单元方程的建立。在总体坐标系中建立单元节点力分量与位移分量的关系矩阵，再将其合并为整体矩阵。

由式（3-12）得到 $T^{-1}U = u$，再将 $u = T^{-1}U$ 代入式（3-7）得到
$$f = kT^{-1}U \tag{3-15}$$

其中，矩阵 T 的逆矩阵 T^{-1} 由式（3-13）得到

$$T^{-1} = \begin{pmatrix} \cos\theta & \sin\theta & 0 & 0 \\ -\sin\theta & \cos\theta & 0 & 0 \\ 0 & 0 & \cos\theta & \sin\theta \\ 0 & 0 & -\sin\theta & \cos\theta \end{pmatrix} \tag{3-16}$$

将式（3-15）代入式（3-14），得到
$$F = TkT^{-1}U \tag{3-17}$$

记 $TkT^{-1} = K^{(e)}$，称 $K^{(e)}$ 为总体坐标系中第 e 个单元节点力分量与位移分量的单元刚度矩阵或单元关系矩阵方程，式（3-17）称为单元（刚度）方程。对本例有

$$K^{(e)} = k \begin{pmatrix} \cos^2\theta & \sin\theta\cos\theta & -\cos^2\theta & -\sin\theta\cos\theta \\ \sin\theta\cos\theta & \sin^2\theta & -\sin\theta\cos\theta & -\sin^2\theta \\ -\cos^2\theta & -\sin\theta\cos\theta & \cos^2\theta & \sin\theta\cos\theta \\ -\sin\theta\cos\theta & -\sin^2\theta & \sin\theta\cos\theta & \sin^2\theta \end{pmatrix} \tag{3-18}$$

由上述分析可以看出：如果将一个系统中所有的单元刚度矩阵组合在一起，可以得到整个系统的整体刚度矩阵，从而能够得到整个系统的有限元模型。它的解就是系统节点的数值解，即系统模型的近似解。

4) 求解单元方程。结合本例对平面桁架的总体刚度矩阵进行计算与分析，首先计算各单元刚度矩阵 $K^{(e)}$。

由已知可得到杆的刚度为
$$EA = 2.0 \times 10^5 \text{ MPa} \times 0.5 \text{ cm}^2 = 2 \times 10^{11} \text{ Pa} \times 0.5 \times 10^{-4} \text{ m}^2 = 10^7 \text{ N}$$

对于单元 1（杆 12），局部坐标与总体坐标的关系如图 3-7a 所示，$\theta = 45°$。$k = EA/l_{12} = 10^7/0.07071 = 141.42 \times 10^6$ N/m。由式（3-18）得

$$K^{(1)} = 141.42 \times 10^6 \begin{pmatrix} 1 & 1 & -1 & -1 \\ 1 & 1 & -1 & -1 \\ -1 & -1 & 1 & 1 \\ -1 & -1 & 1 & 1 \end{pmatrix} \begin{matrix} U_1 \\ V_1 \\ U_2 \\ V_2 \end{matrix}$$

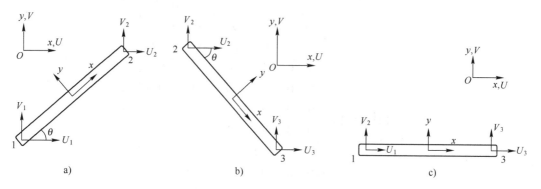

图 3-7 单元 1、2、3 的坐标关系

对于单元 2（杆 23），局部坐标与总体坐标的关系如图 3-7b 所示，$\theta = -45°$。$k = EA/l_{23} = 10^7/0.07071 = 141.42 \times 10^6$ N/m。由式（3-18）得

$$K^{(2)} = 141.42 \times 10^6 \begin{pmatrix} 1 & -1 & -1 & 1 \\ -1 & 1 & 1 & -1 \\ -1 & 1 & 1 & -1 \\ 1 & -1 & -1 & 1 \end{pmatrix} \begin{matrix} U_2 \\ V_2 \\ U_3 \\ V_3 \end{matrix}$$

对于单元 3（杆 13），局部坐标与总体坐标的关系如图 3-7c 所示，$\theta = 0°$。$k = EA/l_{13} = 10^7/0.1 = 1 \times 10^8$ N/m。由式（3-18）得

$$K^{(3)} = 1 \times 10^8 \begin{pmatrix} 1 & 0 & -1 & 0 \\ 0 & 0 & 0 & 0 \\ -1 & 0 & 1 & 0 \\ 0 & 0 & 0 & 0 \end{pmatrix} \begin{matrix} U_1 \\ V_1 \\ U_3 \\ V_3 \end{matrix}$$

(3) 构造总体方程

1) 总体刚度矩阵 K。首先对单元节点的局部自由度和整体桁架的总体自由度进行编号，再建立两者的变换关系，最后得到总体刚度矩阵。具体编号见表 3-2。

表 3-2 单元与总体坐标关系编号

节点（3 个）	1		2		3	
	U_1	V_1	U_2	V_2	U_3	V_4
总体自由度（6 个）顺序编号	1	2	3	4	5	6
单元 1 局部自由度（4 个）顺序编号	1	2	3	4		
单元 2 局部自由度（4 个）顺序编号			1	2	3	4
单元 3 局部自由度（4 个）顺序编号	1	2			3	4

再将单元刚度矩阵 $\boldsymbol{K}^{(1)}$、$\boldsymbol{K}^{(2)}$ 及 $\boldsymbol{K}^{(3)}$ 按总体自由度编号进行矩阵扩充，得到

$$\boldsymbol{K}^{(1)} = 141.42 \times 10^6 \begin{pmatrix} 1 & 1 & -1 & -1 & 0 & 0 \\ 1 & 1 & -1 & -1 & 0 & 0 \\ -1 & -1 & 1 & 1 & 0 & 0 \\ -1 & -1 & 1 & 1 & 0 & 0 \\ 0 & 0 & 0 & 0 & 0 & 0 \\ 0 & 0 & 0 & 0 & 0 & 0 \end{pmatrix} \begin{matrix} U_1 \\ V_1 \\ U_2 \\ V_2 \\ U_3 \\ V_3 \end{matrix}$$

$$\boldsymbol{K}^{(2)} = 141.42 \times 10^6 \begin{pmatrix} 0 & 0 & 0 & 0 & 0 & 0 \\ 0 & 0 & 0 & 0 & 0 & 0 \\ 0 & 0 & 1 & -1 & -1 & 1 \\ 0 & 0 & -1 & 1 & 1 & -1 \\ 0 & 0 & -1 & 1 & 1 & -1 \\ 0 & 0 & 1 & -1 & -1 & 1 \end{pmatrix} \begin{matrix} U_1 \\ V_1 \\ U_2 \\ V_2 \\ U_3 \\ V_3 \end{matrix}$$

$$\boldsymbol{K}^{(3)} = 100 \times 10^6 \begin{pmatrix} 1 & 0 & 0 & 0 & -1 & 0 \\ 0 & 0 & 0 & 0 & 0 & 0 \\ 0 & 0 & 0 & 0 & 0 & 0 \\ 0 & 0 & 0 & 0 & 0 & 0 \\ -1 & 0 & 0 & 0 & 1 & 0 \\ 0 & 0 & 0 & 0 & 0 & 0 \end{pmatrix} \begin{matrix} U_1 \\ V_1 \\ U_2 \\ V_2 \\ U_3 \\ V_3 \end{matrix}$$

2）总体刚度矩阵。因为总体刚度矩阵应该包含所有单元的自由度分量，所以总体刚度矩阵 $\boldsymbol{K}$ 应该等于各扩充后的单元刚度矩阵之和，即

$$\boldsymbol{K} = \boldsymbol{K}^{(1)} + \boldsymbol{K}^{(2)} + \boldsymbol{K}^{(3)}$$

对于本例可以得到以下总体刚度矩阵的一般表达式，即

$$\boldsymbol{K} = 1 \times 10^6 \begin{pmatrix} 141.42+100 & 141.42 & -141.42 & -141.42 & -100 & 0 \\ 141.42 & 141.42 & -141.42 & -141.42 & 0 & 0 \\ -141.42 & -141.42 & 141.42+141.42 & 141.42-141.42 & -141.42 & 141.42 \\ -141.42 & -141.42 & 141.42-141.42 & 141.42+141.42 & 141.42 & -141.42 \\ -100 & 0 & -141.42 & 141.42 & 142.42+100 & -141.42 \\ 0 & 0 & 141.42 & -141.42 & -141.42 & 141.42 \end{pmatrix} \begin{matrix} U_1 \\ V_1 \\ U_2 \\ V_2 \\ U_3 \\ V_3 \end{matrix}$$

3）总体平面桁架受力后的位移和内力分析。

① 受力后的位移。由已知的边界条件可知 $U_1 = V_1 = V_3 = 0$，可以在总体刚度矩阵中去除对应 U_1、V_1 和 V_3 的所有的行与列项，参照式（3-17），由 $\sum \boldsymbol{F} = \boldsymbol{K}\boldsymbol{U}$ 得

$$\begin{pmatrix} P \\ P \\ 0 \end{pmatrix} = 1 \times 10^6 \begin{pmatrix} 282.84 & 0 & -141.42 \\ 0 & 282.84 & 141.42 \\ -141.42 & 141.42 & 241.42 \end{pmatrix} \begin{pmatrix} U_2 \\ V_2 \\ U_3 \end{pmatrix}$$

将 $P = 2 \text{ kN}$ 代入，解得

$$\begin{pmatrix} U_2 \\ V_2 \\ U_3 \end{pmatrix} = 1 \times 10^6 \begin{pmatrix} 14.1 \\ -14.1 \\ 0 \end{pmatrix}$$

上述结果说明，该桁架在已知的外力 P 和边界约束下，各节点的水平和垂直方向上位移情况：

节点 1$(U_1, V_1) = (0, 0)$；

节点 2$(U_2, V_2) = (14.1 \times 10^6, -14.1 \times 10^6)$；

节点 3$(U_3, V_3) = (0, 0)$；

② 单元节点的内力。由式（3-4）可得 $k = 141.42 \times 10^6$，由式（3-15）可得各单元节点的内力情况。

$$f = \begin{pmatrix} f_{ix} \\ f_{iy} \\ f_{jx} \\ f_{jy} \end{pmatrix} = \begin{pmatrix} \cos\theta & \sin\theta & -\cos\theta & -\sin\theta \\ 0 & 0 & 0 & 0 \\ -\cos\theta & -\sin\theta & \cos\theta & \sin\theta \\ 0 & 0 & 0 & 0 \end{pmatrix} \begin{pmatrix} U_{ix} \\ U_{iy} \\ U_{jx} \\ U_{jy} \end{pmatrix}$$

对单元 1，$\theta = 45°$，有

$$\begin{pmatrix} f_{1x} \\ f_{1y} \\ f_{2x} \\ f_{2y} \end{pmatrix} = k \begin{pmatrix} \cos\theta & \sin\theta & -\cos\theta & -\sin\theta \\ 0 & 0 & 0 & 0 \\ -\cos\theta & -\sin\theta & \cos\theta & \sin\theta \\ 0 & 0 & 0 & 0 \end{pmatrix} \begin{pmatrix} 0 \\ 0 \\ 14.1 \times 10^6 \\ -14.1 \times 10^6 \end{pmatrix} = \begin{pmatrix} 0 \\ 0 \\ 0 \\ 0 \end{pmatrix}$$

对单元 2，$\theta = -45°$，有

$$\begin{pmatrix} f_{2x} \\ f_{2y} \\ f_{3x} \\ f_{3y} \end{pmatrix} = k \begin{pmatrix} \cos\theta & \sin\theta & -\cos\theta & -\sin\theta \\ 0 & 0 & 0 & 0 \\ -\cos\theta & -\sin\theta & \cos\theta & \sin\theta \\ 0 & 0 & 0 & 0 \end{pmatrix} \begin{pmatrix} 14.1 \times 10^6 \\ -14.1 \times 10^6 \\ 0 \\ 0 \end{pmatrix} = \begin{pmatrix} 2.82 \times 10^3 \\ 0 \\ -2.82 \times 10^3 \\ 0 \end{pmatrix} (\text{N})$$

对单元 3，$\theta = 0°$，有

$$\begin{pmatrix} f_{1x} \\ f_{1y} \\ f_{3x} \\ f_{3y} \end{pmatrix} = k \begin{pmatrix} \cos\theta & \sin\theta & -\cos\theta & -\sin\theta \\ 0 & 0 & 0 & 0 \\ -\cos\theta & -\sin\theta & \cos\theta & \sin\theta \\ 0 & 0 & 0 & 0 \end{pmatrix} \begin{pmatrix} 0 \\ 0 \\ 0 \\ 0 \end{pmatrix} = \begin{pmatrix} -2 \times 10^3 \\ 0 \\ 2 \times 10^3 \\ 0 \end{pmatrix} (\text{N})$$

3. 有限元结果分析

通过上述解题与分析，可以得到以下结果。

1）杆 1 不受力，所以去掉后，整体仍维持不变。

2）杆 2、3 的内力不同，它们各自的节点力大小相等，方向相反。

3）通过将研究对象整体分割为有限单元和节点，得到单元刚度矩阵，再由单元刚度矩阵组合为总体刚度矩阵，建立其与各单元节点的关系矩阵。

在本例中，只是将平面桁架中的杆件作为单元进行了分割，并没有对每个杆件进行分割划分，所以得到的结果与传统的求解效果是一样的，而且传统的方法更为简便。但是，如果要对任意形状的杆件结构体上任意点的位移和受力情况等力学特性进行分析与计算的话，显然传统方法是很难做到的，而有限单元法则可以进一步细分节点数和单元数，因而可以对局域部分进行任意的微观分析。

本书所介绍的有限元分析就是指对研究对象进行分解研究、合成建模与计算分析，即由确定的单元节点特性得到总体上任意节点的特性。其中，分解研究是指将对象分割成有限部

分,如将三脚架分为三个直杆,这一过程称为离散化。再利用物理定律(如 Hooke 定律和力系平衡方程等)、整体坐标与单元局部坐标的转换关系,建立每个单元节点特性(如位移、应力和应变等)的矩阵数学表示,即单元数学模型。其中的转换矩阵称为单元刚度矩阵。合成建模是指利用分量的总体坐标系的位置关系(如每个单元分量或节点的编号等)将每个单元的转移矩阵扩展为整体(坐标系下的)转移矩阵,然后求和得到总体刚度矩阵。计算分析是指利用总体刚度矩阵(及其数学模型)求解总体结构的局部特性。

值得注意的是,当节点数增加时,有限元解析式会以矩阵结构增维,其运算量将会大大增加,所以利用计算机辅助技术实现有限元分析已成为有限元法研究与应用的重要途径之一。

3.1.2 平面桁架的 ANSYS 分析

同样以【例3-1】的平面桁架 123 为例,介绍平面桁架的 ANSYS 分析的基本方法与实现过程。

1. 初始设置

(1) 设置工作路径

在 Utility Menu 中选择 File→Change Directory,在弹出的"浏览文件夹"对话框中,输入用户的文件保存路径,单击"确定"按钮,如图 3-8 所示。

图 3-8 设置工作路径

(2) 设置工作文件名

在 Utility Menu 中选择 File→Change Jobname,在弹出的 Change Jobname 对话框中,输入用户文件名"plane truss",单击 OK 按钮,如图 3-9 所示。

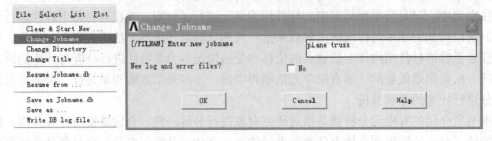

图 3-9 设置工作文件名

(3) 设置工作标题

在 Utility Menu 中选择 File→Change Title，在弹出的 Change Title 对话框中，输入用户标题 "this is a link 1"，单击 OK 按钮，如图 3-10 所示。

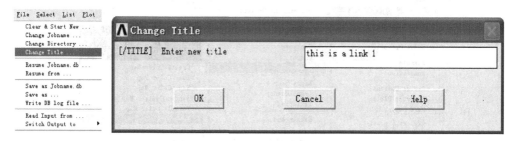

图 3-10　设置标题名

(4) 设定分析模块

在 ANSYS Main Menu 中选择 Preferences，在弹出的 Preferences for GUI Filtering 对话框中，选中 Structural 复选框，单击 OK 按钮，如图 3-11 所示。

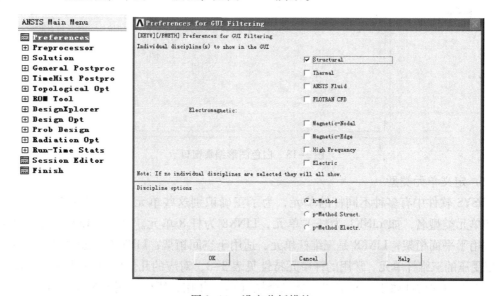

图 3-11　设定分析模块

(5) 改变图形编辑窗口的背景颜色

默认图形编辑窗口的背景颜色为黑色，用户可以将其改为白色。在 Utility Menu 中选择 PlotCtrls→Style→Colors→Reverse Video，图形编辑窗口背景变为白色，如图 3-12 和图 3-13 所示。

2. 前处理

(1) 定义单位

从第 2 章可知，ANSYS 中单位可以不定义，但建模时一定要保证单位的一致，如采用单位 m-kg-s-N，则建模过程中的所有参数都选用 m-kg-s-N，相应的计算结果中应力的单位为 Pa。

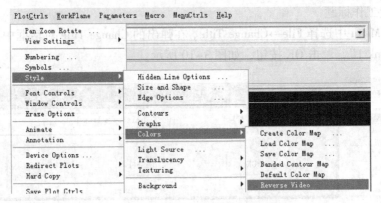

图 3-12　改变图形编辑窗口的背景颜色

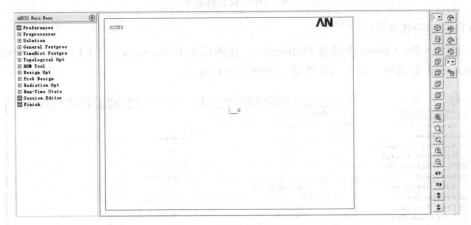

图 3-13　白色图形编辑窗口

(2) 定义单元类型

ANSYS 软件中有多种不同杆的单元,为了正确识别这些单元,每一种都有自己特定的编号和单元类型名,如 LINK1 为杆 1 单元,LINK8 为杆 8 单元。其中,LINK1 是二维杆单元,适用于平面桁架;LINK8 是三维杆单元,适用于空间桁架;LINK10 是适用于悬索的仅受拉或仅受压的三维杆单元。常用的杆单元特性见表 3-3,对应的几何模型如图 3-14 ~ 图 3-18 所示。本例中的构件属于平面桁架,受二维拉(压)作用,所以选用 LINK1 单元。

表 3-3　常用的杆单元特性

单元类型	特点	节点数	节点自由度	适用
LINK1	二维杆单元,只承受轴向的拉压力,不考虑弯矩		U_x, U_y	平面桁架、杆件和弹簧等结构
LINK8	三维杆单元,具有塑性、蠕变、膨胀、应力刚化、大变形和大应变等功能	$2(I,J)$		空间桁架、悬索、杆件和弹簧等结构
LINK10	仅受拉或受压的三维杆单元,具有应力刚化和大变形功能		U_x, U_y, U_z	模拟缆索或链条的松弛(使用受拉选项,若单元受压,刚度会消失)或间隙
LINK11	三维线性调节器			模拟液压缸和大转动
LINK180	三维有限应变杆			可考虑弹塑性

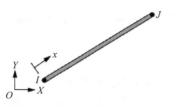
图 3-14 LINK1 的几何模型

图 3-15 LINK8 的几何模型

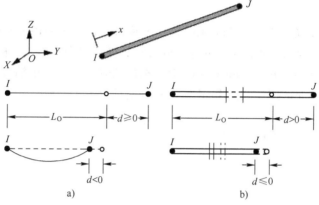

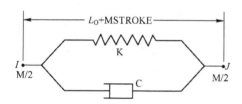

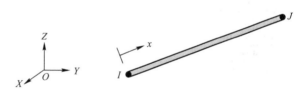

图 3-16 LINK10 的几何模型
a)仅受拉（缆）选项 b)仅受压（间隙）选项

图 3-17 LINK11 的几何模型

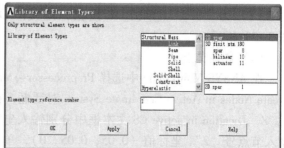

图 3-18 LINK180 的几何模型

如图 3-19 所示，在 ANSYS Main Menu 中选择 Preprocessor→Element Type→Add/Edit/Delete，弹出 Element Types 对话框，单击 Add 按钮，在随后弹出的 Library of Element Types

图 3-19 定义单元类型

对话框的双列列表框中选择 Link 和 2D spar 1 选项,单击 OK 按钮,再单击 Element Types 对话框中的 Close 按钮。

(3) 定义实常数

由材料力学可知,计算拉(压)杆的应力和变形时,需要用到横截面的面积 A,在计算杆扭转应力或梁弯曲应力时,需要用到横截面的惯性矩 I_z。在平面桁架建模过程中,截面参数通过定义实常数来实现,该平面桁架为仅受拉(压)变形的杆件,故只需定义截面的面积 A。

如图 3-20 所示,在 ANSYS Main Menu 中选择 Preprocessor→Real Constants→Add/Edit/Delete,弹出 Real Constants 对话框,单击 Add 按钮,随后单击弹出对话框中的 OK 按钮,在弹出 Real Constant Set Number2,for LINK1 对话框的 AREA 文本框中输入"0.5e-4",单击 OK 按钮,再次单击 Close 按钮关闭 Real Constants 对话框。

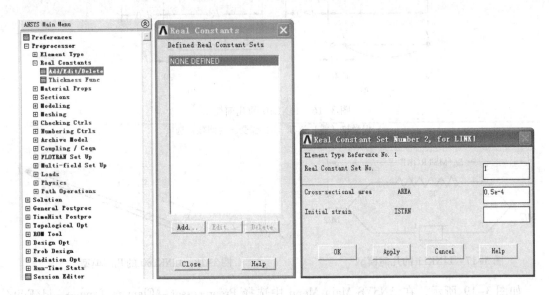

图 3-20 定义实常数

(4) 定义材料属性

在 ANSYS Main Menu 中选择 Preprocessor→Material Props→Material Models,弹出 Define Material Model Behavior 对话框,选择 Structural→Linear→Elastic→Isotropic,在弹出的 Linear Isotopic Properties for Mater 对话框中,设置弹性模量(EX)为"2e11",泊松比(PRXY)为"0.3",单击 OK 按钮,再关闭 Define Material Model Behavior 对话框,如图 3-21 所示。

(5) 创建节点

在 ANSYS Main Menu 中选择 Preprocessor→Modeling→Create→Nodes→In Active CS,弹出 Create Nodes in Active Coordinate System 对话框,在 NODE 文本框中输入节点号"1",在 X,Y,Z Location in active CS 文本框中分别输入坐标值(0,0,0),单击 Apply 按钮;继续输入节点号"2",坐标值(0.05,0.05,0),单击 Apply 按钮;输入节点号"3",坐标值(0.1,0,0),单击 OK 按钮,如图 3-22 所示。

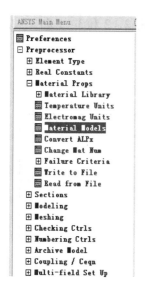
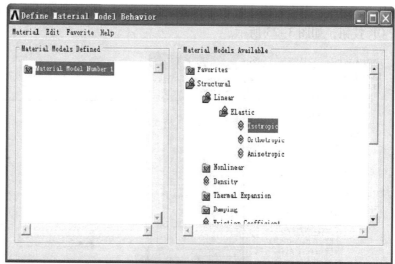
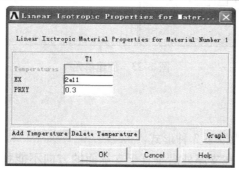

图 3-21 定义材料特性

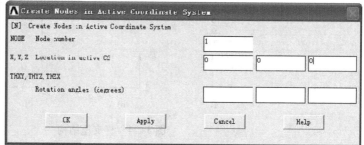

图 3-22 创建节点

（6）创建单元

在 ANSYS Main Menu 中选择 Preprocessor→Modeling→Create→Elements→Auto Numbered

→Thru Nodes，弹出 Elements from Nodes 拾取窗口，依次选择节点1和2、2和3、1和3、单击 OK 按钮，如图 3-23 所示。

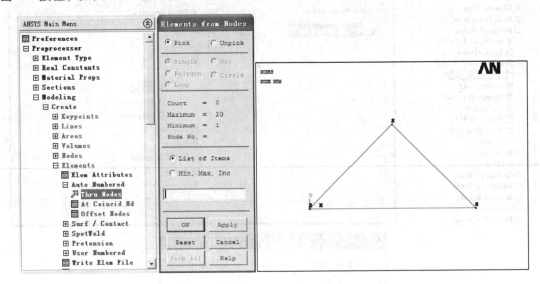

图 3-23 创建单元

3. 求解

（1）施加约束

常见的杆支座结构分为以下 3 种形式。

1）活动铰支座，如杆在支座处沿垂直于支承面的方向不能移动，但可以在垂直于支承面的方向转动，且在平行于支承面的方向移动和转动。在平面问题中，仅有一个垂直于支承面的支座反力，如图 3-24a 所示，约束垂直于支承面的位移方向，即约束 $\bar{y}$ 向位移。

2）固定铰支座，如杆在支承处只能转动，不能沿任何方向移动。在平面问题中，仅有杆沿轴线方向的反力和垂直于支承面的反力，如图 3-24b 所示，约束 $\bar{x}$、$\bar{y}$ 向位移。

3）固定端，如杆在支承处限制了任何方向的移动和转动，共 6 个支座反力。在平面问题中，仅有 3 个分量，沿轴线方向的反力、垂直于轴线的反力和反力偶，如图 3-24c 所示，约束 $\bar{x}$、$\bar{y}$、$\hat{z}$，即表示在 x 轴和 y 轴受位移约束，z 轴受旋转约束。

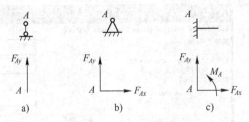

图 3-24 杆支座结构

在本平面桁架结构中，点 1 为固定铰支座，点 3 为活动铰支座。在 ANSYS Main Menu 中选择 Solution→Define Loads→Apply→Structural→Displacement→On Nodes，弹出 Apply U, ROT on N... 拾取窗口，选择节点 1，单击 OK 按钮，弹出 Apply U, ROT on Nodes 对话框，在列表中选择 UX、UY 选项，单击 Apply 按钮；继续选择节点 3，单击 OK 按钮，弹出

Apply U, ROT on Nodes 对话框，在列表中选择 UY 选项，单击 OK 按钮，如图 3-25 所示。

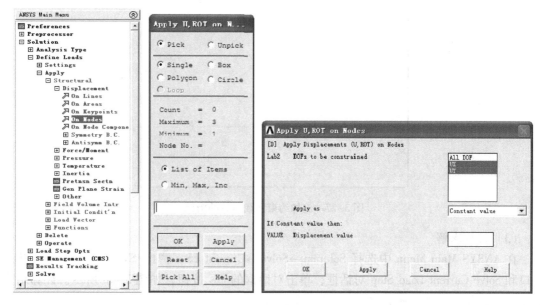

图 3-25　施加约束

（2）施加载荷

在该平面桁架中，节点 2 承受集中载荷。如图 3-26 所示，在 ANSYS Main Menu 中选择 Solution→Define Loads→Apply→Structural→Force/Moment→On Nodes，弹出 Apply F/M on Nodes 拾取窗口，选择节点 2，单击 OK 按钮，弹出 Apply F/M on Nodes 对话框，在 Lab 下拉列表框中选择 FX 选项，在 VALUE 文本框中输入"2000"，单击 Apply 按钮；选择节点 2，弹出 Apply F/M on Nodes 对话框，选择 FY 选项，在 VALUE 文本框中输入"－2000"，单击 OK 按钮。施加载荷后的结果如图 3-27 所示。

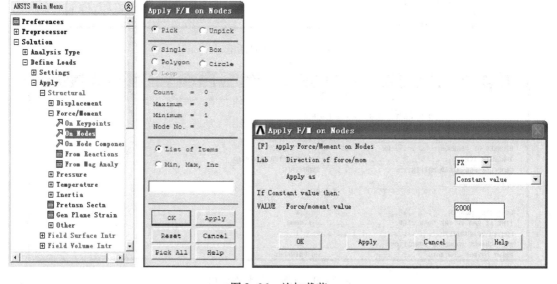

图 3-26　施加载荷

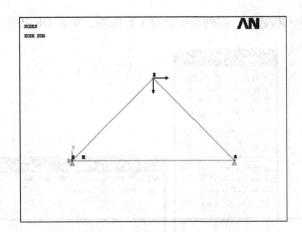

图 3-27 施加约束和载荷后的桁架

(3) 计算求解

在 ANSYS Main Menu 中选择 Solution→Solve→Current LS，弹出/STATUS Command 状态窗口和 Solve Current Load Step 对话框，单击对话框的 OK 按钮，如图 3-28 所示。计算结束后单击"关闭"按钮。图 3-29 所示为状态窗口。

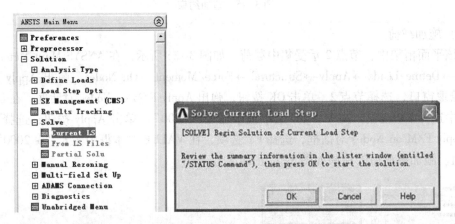

图 3-28 求解对话框

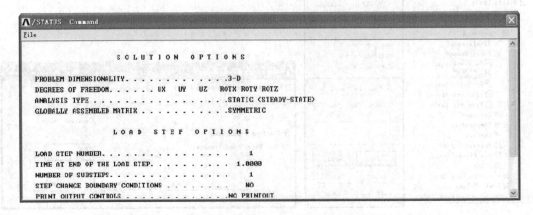

图 3-29 求解后的状态窗口

4. 后处理

（1）定义单元表

单元表是由一系列单元数据组成的数据集，每一行代表了一个单元，每一列代表了该单元的项目数据，如单元的体积、平均应力等。本例以单元轴向力（FA）和单元轴向应力（SA）组成的数据集建立单元表。在 ANSYS 软件中输出单元表，首先要结合单元 Link1 的输出参数，定义单元表，再输出单元表。在 Utility Menu 中选择 Help→Element Reference→Chapter 3 Element Characteristics→Link1，查阅资料可知，FA 的输出参数是 SMISC，1；SA 的输出参数是 LS，1。

定义单元表的具体操作：在 ANSYS Main Menu→General Postproc→Element Table→Define Table，弹出 Element Table Data 对话框，单击 Add 按钮，弹出 Define Additional Element Table Items 对话框，在 Lab 文本框中输入"FA"，在 Item，Comp 列表框中分别选择 By sequence num 和 SMISC 选项，在右侧列表的下方文本框中输入"SMISC，1"，单击 Apply 按钮，于是定义了单元表"FA"，保存了各单元的轴向力；继续在 Lab 文本框中输入"SA"，在 Item，Comp 列表中分别选择 By sequence num 和 LS 选项，在右侧列表的下方文本框中输入"LS，1"，单击 OK 按钮，于是定义了单元表"SA"，保存了各单元的轴向应力。关闭 Element Table Data 对话框，如图 3-30 所示。

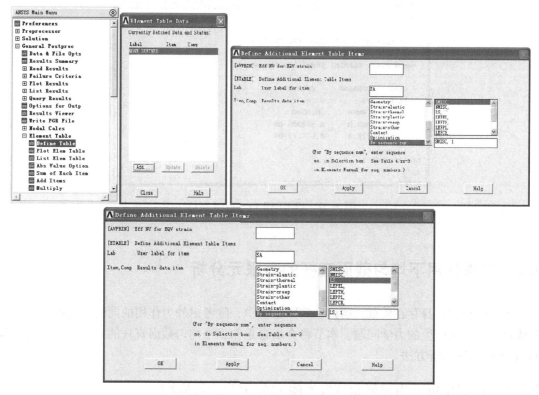

图 3-30　定义单元表

（2）输出单元表

在 ANSYS Main Menu 中选择 General Postproc→Element Table→List Elem Table，弹出 List Element Table Data 对话框，在列表中选择 FA 和 SA，单击 OK 按钮，如图 3-31 所示。运行

结果如图 3-32 所示。

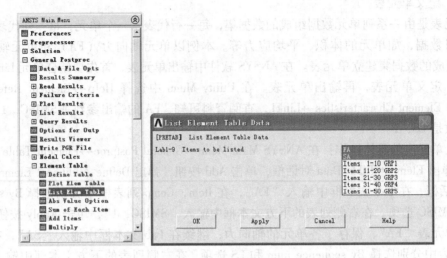

图 3-31 输出单元表

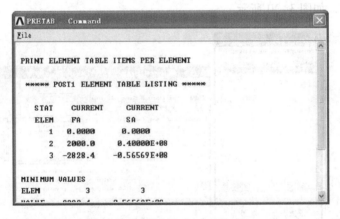

图 3-32 PRETAB Command 窗口

3.2 自重作用下均匀截面直杆的有限元分析

由于结构体自身存在质量，所以在实际工程中，除考虑外力作用的同时，应首先了解结构体自身重量所产生的力学问题。本节将介绍自重作用下均匀截面直杆的有限元分析的一般原理和 ANSYS 分析方法。

3.2.1 自重作用下均匀截面直杆有限元分析的一般原理

【例 3-2】图 3-33a 所示为一自重下垂均匀等截面直杆。已知直杆的杆长为 L，截面积为 A，弹性模量为 E，单位长度的重量为 q，内力为 N。下垂时，杆上不同的点会产生不同的位移和应力，试求杆在自重作用下的位移分布，沿 X 轴向的应变和横截面上的正应力。

解：为了便于理解，先介绍传统的分析方法，由此再引出有限元法的基本思路。

1. 利用传统力学方法（连续）

依题可得如下函数。

内力分布函数：

$$N(x) = q(L-x) \tag{3-19}$$

单位长度上的延伸：

$$\mathrm{d}u(x) = \frac{N(x)\,\mathrm{d}x}{EA} = \frac{q(L-x)\,\mathrm{d}x}{EA} \tag{3-20}$$

杆的位移分布函数的一般式：

$$u(x) = \int \frac{q(L-x)}{EA}\mathrm{d}x = \frac{q(2L-x)x}{2EA} + C \tag{3-21}$$

由边界约束条件 $x=0$ 时，$u(0)=0$，得到杆的位移分布函数：

$$u(x) = \frac{q(2L-x)x}{2EA} \tag{3-22}$$

应变函数：

$$\varepsilon(x) = \varepsilon_x = \frac{\mathrm{d}u}{\mathrm{d}x} = \frac{q}{EA}(L-x) \tag{3-23}$$

应力函数：

$$\sigma(x) = \sigma_x = E\varepsilon_x = \frac{q}{A}(L-x) \tag{3-24}$$

2. 利用有限元分析（离散）

（1）对研究对象离散化处理

将杆分割为 n 段，即产生 n 个有限元，$n+1$ 个节点，如图 3-33b 所示。

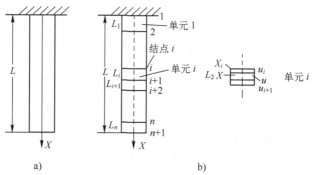

图 3-33　自重下垂均匀等截面直杆
a）下垂直杆　b）杆单元离散化

（2）节点位移与单元内部特性函数的线性处理

记 x_i 是节点 i 的坐标，u_i 是节点 i 的位移，则在第 i 个单元中的位移分布可以用包含其前后节点的位移线性函数来表示

$$u(x) = u_i + \frac{u_{i+1} - u_i}{L_i}(x - x_i) \tag{3-25}$$

显然满足单元边界条件：$x = x_i$ 时，$u(x_i) = u_i$；$x = x_{i+1}$ 时，$u(x_{i+1}) = u_{i+1}$。

同理，记第 i 个单元的应变为 ε_i，应力为 σ_i，内力为 N_i，则有

$$\varepsilon_i = \frac{\Delta l_i}{l_i} = \frac{u_{i+1} - u_i}{L_i} \tag{3-26}$$

$$\sigma_i = E\varepsilon_i = E\frac{u_{i+1} - u_i}{L_i} \tag{3-27}$$

$$N_i = A\sigma_i = EA\frac{u_{i+1} - u_i}{L_i} \tag{3-28}$$

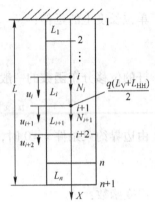

图 3-34 载荷的集中处理

以上函数就是将连续体进行离散化处理后的单元应力、应变和内力，由于 $\frac{u_{i+1} - u_i}{L_i}$ 是单元节点的线性插值，是局部常数，所以单元体的内部特性也为常数。

（3）载荷的集中处理及有限元计算

把载荷离散地集中于节点上，如图 3-34 所示。$\frac{q(L_i + L_{i+1})}{2}$ 表示将第 i 个单元和第 $i+1$ 个单元重量的一半集中到第 $i+1$ 个节点上，由静力平衡方程可知，在第 $i+1$ 个节点上有

$$N_i - N_{i+1} = \frac{q(L_i + L_{i+1})}{2} = \frac{q}{2}L_i\left(1 + \frac{L_{i+1}}{L_i}\right) = \frac{q}{2}\left(1 + \frac{1}{\lambda_i}\right)L_i \tag{3-29}$$

其中，$\lambda_i = \frac{L_i}{L_{i+1}}$，将式（3-28）代入式（3-29），整理得到

$$-u_i + (1 + \lambda_i)u_{i+1} - \lambda_i u_{i+2} = \frac{q}{2EA}\left(1 + \frac{1}{\lambda_i}\right)L_i^2 \tag{3-30}$$

当 $i = 1$ 时，由边界约束知 $u_1 = 0$，则在第 $n+1$ 个节点上有

$$N_n = \frac{q}{2}L_n = EA\frac{u_{n+1} - u_n}{L_n}$$

即

$$-u_n + u_{n+1} = \frac{q}{2EA}L_n^2 \tag{3-31}$$

由此可得 $n+1$ 个位移线性插值方程，式（3-30）中 $i = 1, 2, 3, \cdots, n$ 可以得到第 2，3，$\cdots$，n 个节点的 $n-1$ 个位移方程，再由 $u_1 = 0$ 和式（3-31）构成第 $n+1$ 个线性方程，所以由 $n+1$ 个方程构成的方程组可以求得 $n+1$ 个节点的位移量。

$$\begin{pmatrix} 1 & 0 & 0 & 0 & & \cdots & & 0 & 0 \\ -1 & 1+\lambda_1 & -\lambda_1 & 0 & 0 & & \cdots & & 0 \\ 0 & -1 & 1+\lambda_2 & -\lambda_2 & 0 & 0 & & \cdots & 0 \\ \vdots & \vdots & \vdots & \vdots & & \cdots & & \vdots & \vdots \\ 0 & \cdots & 0 & -1 & 1+\lambda_i & -\lambda_i & 0 & \cdots & 0 \\ \vdots & \vdots & & & & & & \vdots & \vdots \\ 0 & \cdots & & & 0 & -1 & 1+\lambda_n & -\lambda_n & 0 \\ 0 & & & \cdots & & & 0 & -1 & 1 \end{pmatrix} \begin{pmatrix} u_1 \\ u_2 \\ u_3 \\ \vdots \\ u_i \\ \vdots \\ u_n \\ u_{n+1} \end{pmatrix} = \begin{pmatrix} 0 \\ \dfrac{q}{2EA}\left(1 + \dfrac{1}{\lambda_1}\right)L_1^2 \\ \vdots \\ \dfrac{q}{2EA}\left(1 + \dfrac{1}{\lambda_i}\right)L_i^2 \\ \vdots \\ \dfrac{q}{2EA}L_n^2 \end{pmatrix}$$

即有

$$KU = Q \quad (3-32)$$

其中，系数矩阵 K 就是总体刚度矩阵。

将等截面直杆分为 3 个等长的单元，如图 3-35 所示，试求各节点的位移。

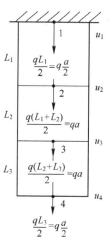

图 3-35 三等长单元

假设单元长度为 $a = L/3$，$\lambda_i = 1$（$i = 1, 2, 3$），$n = 3$。

对于节点 1，$u_1 = 0$（边界约束）；

对于节点 2，由式（1-30）可知，$i + 1 = 2$，有 $-u_1 + 2u_2 - u_3 = \dfrac{q}{EA}a^2$；

对于节点 3，由式（1-30）可知，$i + 1 = 3$，有 $-u_2 + 2u_3 - u_4 = \dfrac{q}{EA}a^2$；

对于节点 4，由式（1-31）可知，$n + 1 = 4$，有 $-u_3 + u_4 = \dfrac{q}{2EA}a^2$。

则矩阵形式为

$$\begin{pmatrix} 1 & 0 & 0 & 0 \\ -1 & 2 & -1 & 0 \\ 0 & -1 & 2 & -1 \\ 0 & 0 & -1 & 1 \end{pmatrix} \begin{pmatrix} u_1 \\ u_2 \\ u_3 \\ u_4 \end{pmatrix} = \begin{pmatrix} 0 \\ qa^2/EA \\ qa^2/EA \\ qa^2/2EA \end{pmatrix}$$

或

$$\begin{pmatrix} 2 & -1 & 0 \\ -1 & 2 & -1 \\ 0 & -1 & 1 \end{pmatrix} \begin{pmatrix} u_2 \\ u_3 \\ u_4 \end{pmatrix} = \begin{pmatrix} qa^2/EA \\ qa^2/EA \\ qa^2/2EA \end{pmatrix}$$

解得 $u_1 = 0$，$u_2 = \dfrac{5q}{2EA}a^2$，$u_3 = \dfrac{4q}{EA}a^2$，$u_4 = \dfrac{9q}{2EA}a^2$。

从上述对自重作用下均匀截面直杆的有限元分析中，可以归纳出有限元分析方法的基本思路，主要体现在以下几个方面。

1）根据研究对象划分单元，确定节点，并对单元及节点进行编号。
2）根据物理定律，将各单元的物理量分配在节点上，并建立单元的线性插值方程。
3）根据实际的物理或已知条件，确定边界约束方程。
4）建立所有节点变量的总体矩阵方程（有限元数学模型，总体刚度矩阵）。
5）求解总体矩阵方程。

3.2.2 自重作用下均匀截面直杆的 ANSYS 分析

以【例 3-2】中受自重作用的等截面下垂直杆为例，假设杆长 $L = 1\text{ m}$，横截面积 $A = 14.5\text{ cm}^2$，惯性矩 $I_{xx} = 245\text{ cm}^4$，密度为 7.85 g/cm^3，钢的弹性模量 $E = 2\text{e}11\text{ N/m}^2$，泊松比 $\mu = 0.3$，试利用 ANSYS 分析该杆的位移。

1. 初始设置

（1）设置工作路径

在 Utility Menu 中选择 File→Change Directory，在弹出的"浏览文件夹"（Change Working

Directory）对话框中，输入用户的文件保存路径，单击"确定"按钮，如图3-36所示。

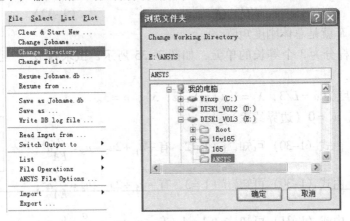

图3-36 设置工作路径

（2）设置工作文件名

在Utility Menu中选择File→Change Jobname，在弹出的Change Jobname对话框中，输入用户文件名"verticalrod"（注意：系统无法识别文件名中的空格），单击OK按钮，如图3-37所示。

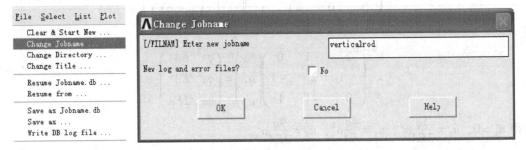

图3-37 设置工作文件名

（3）设置工作标题

在Utility Menu中选择File→Change Title，在弹出的Change Title对话框中，输入用户标题"this is a link 1"，单击OK按钮，如图3-38所示。

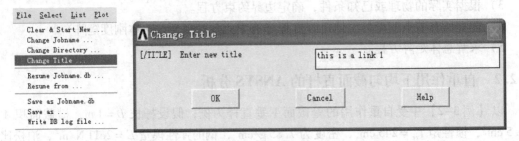

图3-38 设置标题名

（4）设定分析模块

在ANSYS Main Menu中选择Preferences，在弹出的Preferences for GUI Filtering对话框中，勾选Structural复选框，单击OK按钮，如图3-39所示。

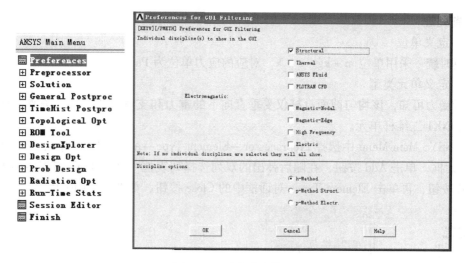

图 3-39 设定分析模块

（5）改变图形编辑窗口的背景颜色

默认图形编辑窗口的背景颜色为黑色，用户可以将其改为白色。在 Utility Menu 中选择 PlotCtrls→Style→Colors→Reverse Video，图形编辑窗口背景变为白色，如图 3-40 所示。

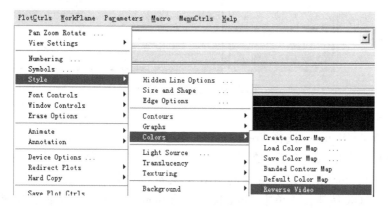

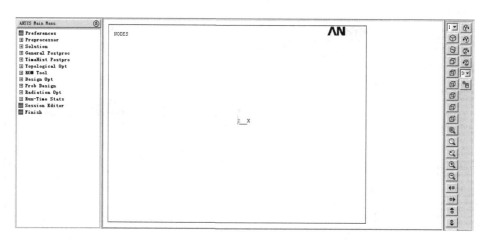

图 3-40 白色图形编辑窗口

2. 前处理

（1）定义单位

建模时统一采用单位 m-kg-s-N，对应的应力单位为 Pa。

（2）定义单元类型

分析受力可知，该均匀截面直杆仅受垂直向下的重力和支座反力，应该看作二维问题，故选用 LINK1 二维杆单元。

在 ANSYS Main Menu 中选择 Preprocessor→Element Type→Add/Edit/Delete，弹出 Element Types 对话框，单击 Add 按钮，在随后弹出的双列选择列表框中选择 Link 和 2D spar1 选项，单击 OK 按钮，再单击 Element Types 对话框中的 Close 按钮，如图 3-41 所示。

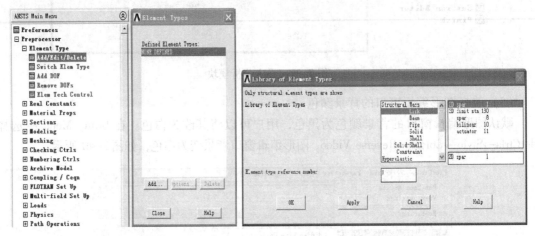

图 3-41 定义单元类型

（3）定义实常数

在 ANSYS Main Menu 中选择 Preprocessor→Real Constants→Add/Edit/Delete，弹出 Real Constants 对话框，单击 Add 按钮，在弹出的对话框中单击 OK 按钮，然后在弹出 Real Constant Set Number 1, for LINK1 对话框的 AREA 文本框中输入"0.00145"（或指数格式：14.5e-4），单击 OK 按钮，再单击 Close 按钮关闭 Real Constants 对话框，如图 3-42 所示。

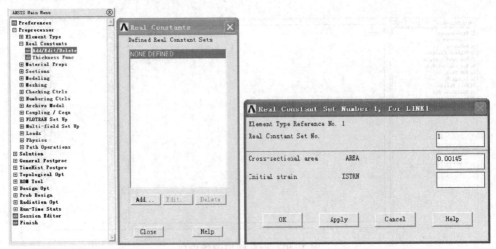

图 3-42 定义实常数

（4）定义材料属性

在 ANSYS Main Menu 中选择 Preprocessor→Material Props→Material Models，弹出 Define Material Model Behavior 对话框，选择 Structural→Linear→Elastic→Isotropic 选项，在弹出的 Linear Isotopic Properties for Mater 对话框中，设置弹性模量 EX 为"2e11"，泊松比 PRXY 为"0.3"，单击 OK 按钮，再关闭 Define Material Model Behavior 对话框，如图3-43所示。

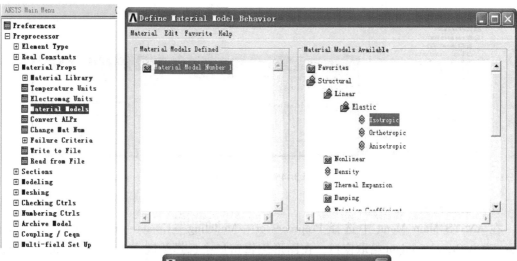

图3-43 定义材料特性

在 Define Material Model Behavior 对话框中，选择 Density 选项，弹出 Density for Material Number 1 对话框，在 DENS 文本框中输入"7850"，如图3-44所示。

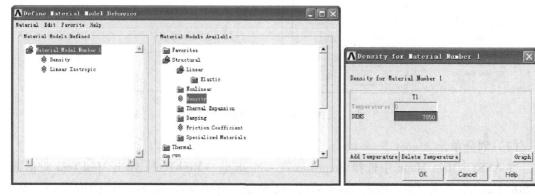

图3-44 定义材料密度

(5) 创建关键点

在 ANSYS Main Menu 中选择 Preprocessor→Modeling→Create→Keypoints→In Active CS，弹出 Create Keypoints in Active Coordinate System 对话框，在 NPT 文本框中输入"1"，在 X, Y, Z Location in active CS 文本框中输入坐标值（0，0，0），单击 Apply 按钮；然后在 NPT 文本框中输入"2"，输入坐标值（0，1，0），单击 OK 按钮，如图 3-45 所示。

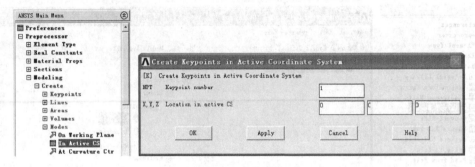

图 3-45 创建关键点

(6) 创建直线

在 ANSYS Main Menu 中选择 Preprocessor→Modeling→Create→Lines→Lines→Straight Line，弹出 Create Straight 拾取窗口，在图形编辑窗口中选择关键点 1 和 2，生成 1 条直线，单击 OK 按钮，如图 3-46 所示。

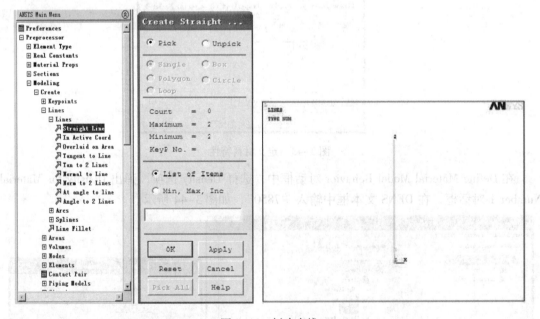

图 3-46 创建直线

(7) 划分单元

在 ANSYS Main Menu 中选择 Preprocessor→Meshing→MeshTool，弹出 MeshTool 对话框，在 Size Controls 选项组中，单击 Lines 后的 Set 按钮，弹出 Element Size on 拾取窗口，单击 Pick All 按钮，弹出 Element Sizes on Picked Lines 对话框，在 NDIV 文本框中输入"50"，单

击 OK 按钮，如图 3-47 所示。

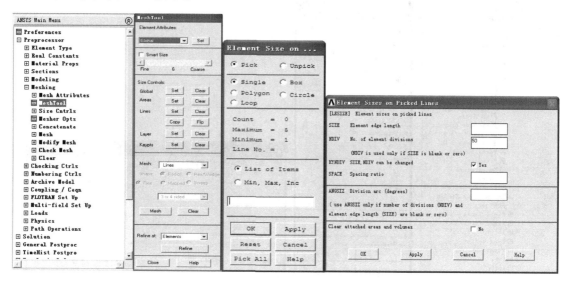

图 3-47　设置线单元长度

返回 MeshTool 对话框中，单击 Mesh 按钮，弹出 Mesh Lines 对话框，如图 3-48 所示，单击 Pick All 按钮，完成网格划分，再单击 MeshTool 对话框中的 Close 按钮。

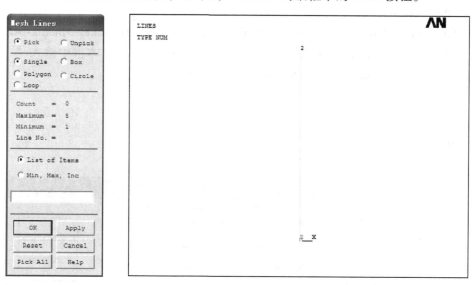

图 3-48　划分网格

3. 求解

（1）施加约束

在 ANSYS Main Menu 中选择 Solution→Define Loads→Apply→Structural > Displacement→On Keypoints，弹出 Apply U, ROT on KPs 拾取窗口，在图形编辑窗口中选择关键点 2，单击 OK 按钮，在弹出的 Apply U, ROT on KPs 对话框中，选择 UX 和 UY 选项，单击 OK 按钮，如图 3-49 所示。

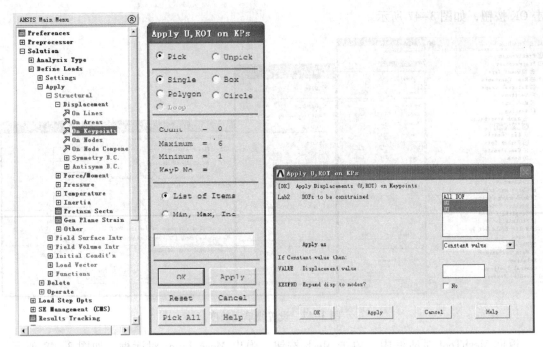

图 3-49 施加约束

(2) 施加载荷

在 ANSYS Main Menu 中选择 Solution→Define Loads→Apply→Structural→Inertia→Gravity→Global，弹出 Apply（Gravitational）Acceleration 对话框，在 ACELY 文本框中输入"-9.8"，单击 OK 按钮，如图 3-50 所示。设置结果如图 3-51 所示。

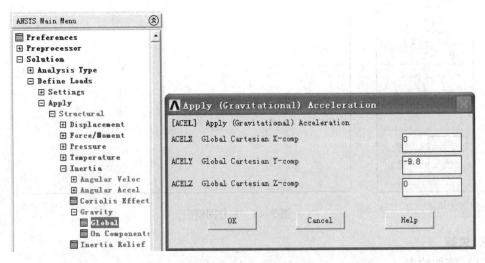

图 3-50 施加载荷

(3) 计算求解

在 ANSYS Main Menu 中选择 Solution→Solve→Current LS，弹出/STATUS Command 状态窗口和 Solve Current Load Step 对话框，单击对话框的 OK 按钮，计算结束后单击状态窗口中的

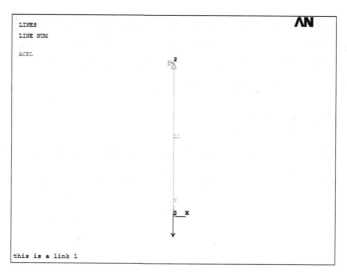

图 3-51　施加约束载荷后的自重杆

"关闭"按钮,如图 3-52 所示。图 3-53 所示为运算后的状态信息窗口。

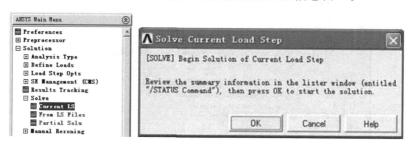

图 3-52　求解对话框

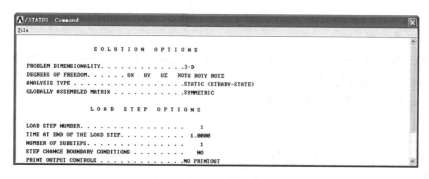

图 3-53　状态信息窗口

4. 后处理

（1）定义单元表

在 ANSYS Main Menu 中选择 General Postproc→Element Table→Define Table,弹出 Element Table Date 对话框,单击 Add 按钮,在弹出 Define Additional Element Table Items 对话框的 Lab 文本框中输入"FA",在 Item, Comp Results data item 列表中分别选择 By sequence num 和 SMISC 选项,在右侧列表的下方文本框中输入"SMISC,1",单击 Apply 按钮,则定

义了单元表"FA",保存了各单元的轴向力;继续在 Lab 文本框中输入"SA",在 Item、Comp 列表中分别选择 By sequence num 和 LS 选项,在右侧列表下方文本框中输入"LS,1",单击 OK 按钮,则定义了单元表"SA",保存了各单元的轴向应力,关闭 Element Table Date 对话框。定义单元表操作过程如图 3-54 所示。

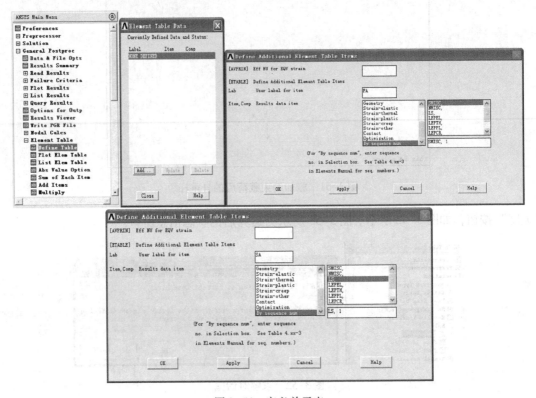

图 3-54 定义单元表

(2) 输出单元表

在 ANSYS Main Menu 中选择 General Postproc→Element Table→List Elem Table,弹出 List Element Table Data 对话框,在列表中选择 FA 和 SA,单击 OK 按钮,如图 3-55 所示。图 3-56 所示为各单元与对应值 FA 和 SA 的列表。

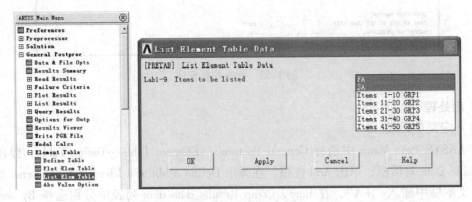

图 3-55 输出单元表

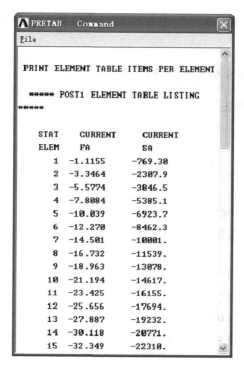

图 3-56 PRETAB Command 窗口

3.3 杆系结构有限元分析和 ANSYS 分析的一般步骤

前面通过有限元法的理论和实例，介绍了有限元法的基本原理和解析步骤，以及 ANSYS 实现的过程，由此可以对有限元分析的一般步骤和 ANSYS 分析方法的应用做一个归纳。

3.3.1 杆系结构有限元分析的一般步骤

1. 前处理（建模）

1）建立研究对象的求解域，并将之离散化（分割）为有限个单元，即在考虑对象的几何条件、材料特性、边界条件、研究目标和求解精度等因素情况下，使问题尽量简化，并将其分解为有限数量的点和单元。

2）建立各单元物理属性的形（Shape）函数，即用近似的连续函数描述每一个单元，便于计算求解。

3）利用相关定律和数学方法建立单元的刚度方程。

4）建立总体刚度矩阵，就是将各单元组成一个整体的近似系统。

5）将已知（要求）的边界、初始条件和外加载荷施加于系统。

2. 求解模型

用数值方法求解近似系统，如直接法、最小总势能法和加权余数法（配置法、子域法、迦辽法和最小二乘法）等，得到各节点上的近似值。

3. 后处理

获取相关信息和图标等分析结果，如变形、应力、扭转和热通量等属性的分布图。

求解有限元分析中，建立单元刚度方程和组建总体刚度矩阵，是建立有限元模型的关键。

3.3.2 杆系结构 ANSYS 分析的一般步骤

1. 启动 ANSYS 与初始设置

（1）启动 ANSYS

（2）初始设置

①路径；②文件名；③工作标题；④图形背景等设置；⑤研究类型（Preferences）与计算方法。

2. 前处理（Preprocessor）

①定义单位；②单元类型选择；③设置实常数；④定义材料属性；⑤建立几何模型；⑥划分单元网格。

3. 求解模型

①设置约束条件和施加载荷；②求解运算。

4. 后处理（General Postproc）

①读取计算结果；②图形结果；③保存（保存编程结果、图形、数据和表格）；④退出 ANSYS。

本章通过实例介绍了有限元法的基本原理，归纳了有限元法的分析思路和解析步骤，结合实例给出了 ANSYS 的实现过程和步骤。可见，了解有限元法的基本原理和解析过程有利于理解和掌握 ANSYS 有限元分析方法，也有助于灵活运用 ANSYS。

3.4 习题

习题 3-1　如图 3-57 所示的由 AB 和 CB 两杆组成的杆系，已知在 B 点承受水平力 $F = 2\,\text{kN}$，AB 和 CB 杆的横截面面积均为 $A = 100\,\text{mm}^2$，长度为 $L_1 = 1\,\text{m}$，$L_2 = 1.2\,\text{m}$，弹性模量为 $E_1 = E_2 = 210\,\text{GPa}$，求节点 B 的铅垂和水平位移。

习题 3-2　如图 3-58 所示的桁架结构，杆 1、2、3 的材料相同，其中，杆 2 长度为 1 m。$E = 200\,\text{GPa}$，横截面面积均为 $200\,\text{mm}^2$，若 $F = 30\,\text{kN}$，试计算各杆应力。

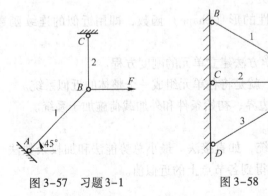

图 3-57　习题 3-1　　　　图 3-58　习题 3-2

习题 3-3　如图 3-59 所示的横杆（单位：mm），已知 $P_1 = 30\,\text{kN}$，$P_2 = 10\,\text{kN}$，AC 段的

横截面积 $A_{AC}=500\,\text{mm}^2$，CD 段的横截面 $A_{CD}=200\,\text{mm}^2$，弹性模量 $E=200\,\text{GPa}$。试求：

① 各段杆截面上的应力和最大应力。

② 杆件的总变形。

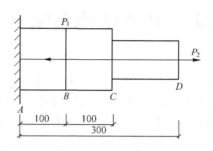

图 3-59　习题 3-3

习题 3-4　如图 3-60 所示的组合杆（单位：mm），由铝、铜和钢材组成。已知各段材料的弹性模量及横截面积：AB 段为铝，$E_{AB}=70\,\text{GPa}$，$A_{AB}=58.1\,\text{mm}^2$；BC 段为铜，$E_{BC}=120\,\text{GPa}$，$A_{BC}=77.4\,\text{mm}^2$；CD 段为钢，$E_{CD}=200\,\text{GPa}$，$A_{CD}=38.7\,\text{mm}^2$。求 A 端相对于 D 端的位移（凸缘尺寸的影响不计）。

提示：因为各段材质的不同，需定义 3 个材料特性和实常数。选择 A 点、B 点、C 点和 D 点为节点，D 点为被约束节点。

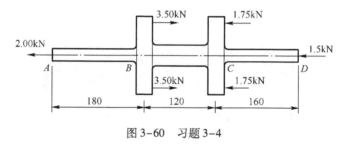

图 3-60　习题 3-4

第4章 梁系结构有限元分析

在实际工程中，梁系结构应用广泛。例如，图4-1a所示的吊车大梁，图4-1b所示的鸟巢运动场，图4-1c所示的桥梁，以及火车的轮轴、齿轮传动轴等。本章以典型的梁结构为研究对象来介绍梁系结构有限元分析方法的基本原理和ANSYS的实现问题。

图4-1 梁系结构的建筑实例

通常，梁系结构是由长度尺寸远大于截面尺寸的构件组成，与杆系结构不同的是，各构件连接的节点为刚节点，在刚节点上各构件之间的夹角保持不变，可以传递力矩。梁系结构不仅可以承受轴向力产生轴向变形（拉伸或压缩），还可以承受剪力和弯矩，产生横向位移和弯曲变形。这类结构的受力与变形特点：作用在梁上的外力与构件的轴线垂直，轴线由原来的直线变为曲线，如图4-2所示。

图4-2 梁变形

工程中常见梁的横截面最少具有一个对称轴，如图4-3所示的圆形、矩形、工字形和T字形等截面。这类梁有一个包含轴线在内的纵向对称面。当有外力作用在该对称平面时，称为平面梁结构，变形后其轴线变成该对称平面内的曲线。

本章介绍梁系结构有限元分析的一般理论和求解步骤，通过实例介绍ANSYS在梁系结构分析中的应用。

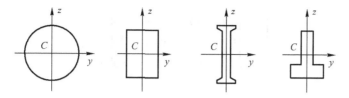

图 4-3 梁横截面的不同类型

4.1 梁系结构有限元法分析的一般原理

梁系结构的有限元分析过程与第 3 章杆系结构相似。首先在局部坐标系中建立单元刚度矩阵,即节点力与节点位移的关系,然后通过坐标变换建立整体坐标系与局部坐标系的节点力关系,再进行结构分析,建立总体刚度矩阵,最后引入边界条件并求解。

4.1.1 在局部坐标系中建立单元刚度矩阵

对于平面梁单元,每个节点有轴向位移、横向位移和弯曲转角 3 个位移分量,以及轴力、剪力和弯矩 3 个力(矩)分量。每个梁单元两端各有 1 个节点 i 和 j,在平面内共有 6 个节点位移分量,即 6 个自由度。由材料力学的相关知识可知,轴向位移 u_x 与轴向力 f_{ix} 有关,横向位移 u_y、弯曲转角 $o'x'y'z'$ 与切向力 f_{iy}、弯矩 m 有关。建立的局部单元节点力与节点位移关系表示成矩阵形式为

$$\begin{pmatrix} f_{ix} \\ f_{iy} \\ m_i \\ f_{jx} \\ f_{jy} \\ m_j \end{pmatrix} = \begin{pmatrix} \dfrac{EA}{l} & 0 & 0 & -\dfrac{EA}{l} & 0 & 0 \\ 0 & \dfrac{12EA}{l^3} & \dfrac{6EA}{l^2} & 0 & -\dfrac{12EA}{l^3} & \dfrac{6EA}{l^2} \\ 0 & \dfrac{6EA}{l^2} & \dfrac{4EA}{l} & 0 & -\dfrac{6EA}{l^2} & \dfrac{2EA}{l} \\ -\dfrac{EA}{l} & 0 & 0 & \dfrac{EA}{l} & 0 & 0 \\ 0 & -\dfrac{12EA}{l^3} & -\dfrac{6EA}{l^2} & 0 & \dfrac{12EA}{l^3} & -\dfrac{6EA}{l^2} \\ 0 & \dfrac{6EA}{l^2} & \dfrac{2EA}{l} & 0 & -\dfrac{6EA}{l^2} & \dfrac{4EA}{l} \end{pmatrix} \begin{pmatrix} u_{ix} \\ u_{iy} \\ \theta'_i \\ u_{jx} \\ u_{jy} \\ \theta'_j \end{pmatrix} \quad (4-1)$$

简写为

$$r = k\delta^e \quad (4-2)$$

其中,r 是单元节点力(矩)列阵,δ^e 是单元节点位移列阵,k 是单元刚度矩阵。

4.1.2 建立整体坐标系与局部坐标系节点力关系

局部坐标系中的位移分量 δ_i^e 与整体坐标系中的位移 δ_i 的几何变换关系可写成矩阵形式

$$\begin{pmatrix} u_{ix} \\ u_{iy} \\ \theta_i \end{pmatrix} = \begin{pmatrix} \cos\varphi & \sin\varphi & 0 \\ -\sin\varphi & \cos\varphi & 0 \\ 0 & 0 & 1 \end{pmatrix} \begin{pmatrix} U_{ix} \\ U_{iy} \\ \theta_i \end{pmatrix} \quad (4-3)$$

简写为

$$\boldsymbol{\delta}_i^e = \boldsymbol{\lambda}\boldsymbol{\delta}_i \quad (4-4)$$

一个梁单元有两个节点 i 和 j，将两个节点的位移关系写在一起，即

$$\begin{pmatrix} \delta_i^e \\ \delta_j^e \end{pmatrix} = \begin{pmatrix} \lambda & 0 \\ 0 & \lambda \end{pmatrix} \begin{pmatrix} \delta_i \\ \delta_j \end{pmatrix} \quad (4-5)$$

简写为

$$\boldsymbol{\delta}^e = \boldsymbol{T}\boldsymbol{\delta} \quad (4-6)$$

其中，T 为坐标变换矩阵。

同理，单元的节点力亦有相同的变换关系，即

$$\boldsymbol{r} = \boldsymbol{T}\boldsymbol{R} \quad (4-7)$$

将式（4-6）和式（4-7）代入式（4-2）中，同时将上式两端各左乘 T 的逆矩阵 T^{-1}，得

$$\boldsymbol{R} = \boldsymbol{T}^{-1}\boldsymbol{k}\boldsymbol{T}\boldsymbol{\delta} \quad (4-8)$$

4.1.3 建立整体坐标系单元刚度矩阵

根据变形协调条件和节点力的平衡条件，建立总刚度矩阵，其表达式为

$$\boldsymbol{K}\boldsymbol{\delta} = \boldsymbol{R} \quad (4-9)$$

其中，K 为总体刚度矩阵。

4.1.4 边界条件及求解

当总体刚度矩阵式奇异时，需引入边界条件来消除刚度位移，使总刚度矩阵为正定矩阵。在给定的边界条件下，求得各节点位移，进而计算各杆件的内力和应力。

4.2 梁系结构的 ANSYS 分析

【例 4-1】 如图 4-4 所示，已知跨度 $L = 50\text{ m}$；弹性模量 $E = 3.1 \times 10^{13}\text{ N/m}^2$；泊松比 $\mu = 0.3$；工字梁截面参数为 $w_1 = 0.1\text{ m}$，$w_2 = 0.1\text{ m}$，$w_3 = 0.2\text{ m}$，$t_1 = 0.0114\text{ m}$，$t_2 = 0.0114\text{ m}$，$t_3 = 0.0007\text{ m}$；集中载荷为 4 个集中力 $P_1 = P_2 = P_3 = P_4 = 1000\text{ N}$，各相距 $L_1 = L_2 = L_3 = 8\text{ m}$。

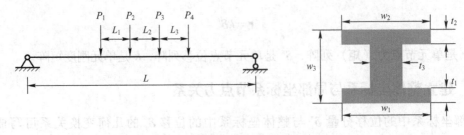

图 4-4 简支梁的受力图和截面图

1. 初始设置

（1）设置工作路径

在 Utility Menu 中选择 File→Change Directory，在弹出的"游览文件夹"（Change Working Directory）对话框中，选择文件的保存路径，单击"确定"按钮，如图 4-5 所示。

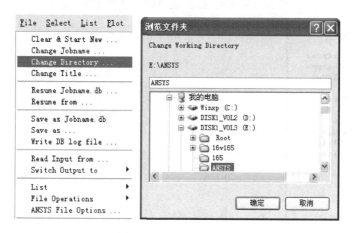

图 4-5　设置工作路径

（2）设置工作文件名

在 Utility Menu 中选择 File→Change Jobname，在弹出的 Change Jobname 对话框中，输入用户文件名"planebeam"，单击 OK 按钮，如图 4-6 所示。

图 4-6　设置工作文件名

（3）设置工作标题

在 Utility Menu 中选择 File→Change Title，在弹出的 Change Title 对话框中输入用户标题"this is a beam"，单击 OK 按钮，如图 4-7 所示。

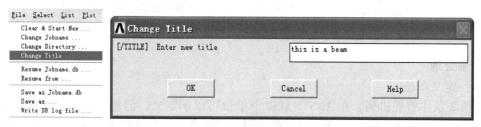

图 4-7　设置标题名

(4) 设定分析模块

在 ANSYS Main Menu 中选择 Preferences，在弹出的 Preferences for GUI Filtering 对话框中，勾选 Structural 复选框，单击 OK 按钮，如图 4-8 所示。

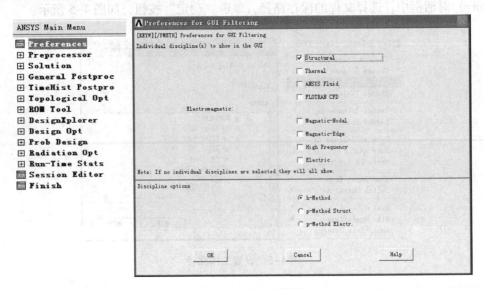

图 4-8　设定分析模块

(5) 改变图形编辑窗口的背景颜色

默认图形编辑窗口的背景颜色为黑色，用户可以将其改为白色。在 Utility Menu 中选择 PlotCtrls→Style→Colors→Reverse Video，图形编辑窗口的背景变为白色，如图 4-9 和图 4-10 所示。

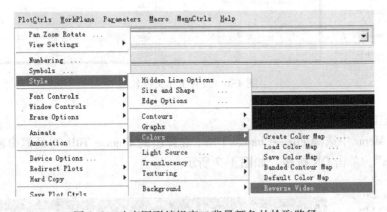

图 4-9　改变图形编辑窗口背景颜色的拾取路径

2. 前处理

(1) 定义单位

在第 2 章中曾经讲到，在 ANSYS 软件中单位可以不定义，但建模时一定要保证单位的一致，如采用单位 m-kg-s-N，则建模过程中的所有参数都选用单位 m-kg-s-N，相应计算结果的应力单位为 Pa。

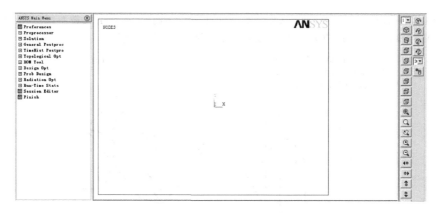

图 4-10 白色背景的图形编辑窗口

(2) 选择单元类型

ANSYS 软件中有多种不同的梁单元, 分别具有不同的特性, 是一类可以承受拉压、弯曲和扭转的二维/三维单元。其中, 常用的 BEAM3 单元是二维梁单元, 应用于平面梁结构; BEAM4 单元、BEAM188 单元和 BEAM189 是三维梁单元, 应用于空间梁结构。梁单元特性见表 4-1。

表 4-1 梁单元特性

单元类型	特 点	节 点 数	节点自由度	适 用
BEAM3	二维梁单元, 可承受拉压和弯曲变形	2(I,J)	U_x, U_y ROTZ	平面梁、平面刚架等平面梁结构
BEAM4	三维梁单元, 可承受拉压、弯曲和扭转变形	2(I,J)	U_x, U_y, U_z ROTX, ROTY, ROTZ	空间刚架、框架等空间梁结构
BEAM188	三维线性有限应变梁单元, 可承受拉压、弯曲、扭转及剪切变形, 具有截面数据定义功能和可视化特性	2(I,J)	U_x, U_y, U_z ROTX, ROTY, ROTZ, 或增加横截面翘曲 (warp)	适用于从细长到中等短粗的梁结构, 适合线性、大角度转动和非线性大应变
BEAM189	三维二次有限应变梁单元, 其他特性同 BEAM 188	3(I,J,K)		

注: 1) 梁单元的面积和长度不能为零, 二维梁单元必须位于 xOy 平面内。BEAM3 单元是二维单元, 本单元可以施加分布载荷, 如图 4-11 中①~④所示, 箭头指向为分布载荷的正向。

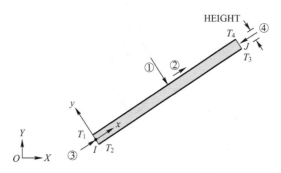

图 4-11 BEAM3 单元的几何模型

2) BEAM4 单元可以定义 θ 角或第 3 节点 K 作为第三个节点，用来控制单元的方向，如图 4-12 所示。如果只定义两个节点参数，X 方向是从节点 I 到节点 J 的方向，Y 方向平行于系统坐标下的 X - Y 平面。

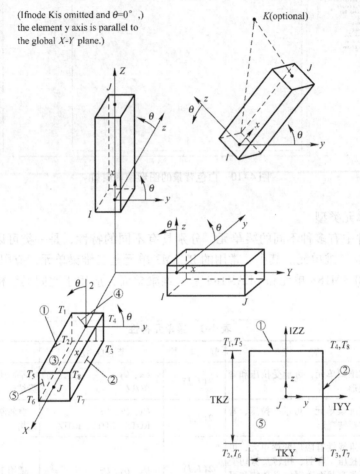

图 4-12　BEAM4 单元的几何模型

3) BEAM188/189 可以产生剪切变形，引起梁的附加挠度，并使原来垂直于中面的截面变形后不再和中面垂直，发生翘曲。

4) BEAM188 梁单元不同于其他梁单元，它基于线性多项式，施加分布载荷是无效的，如图 4-13 所示。

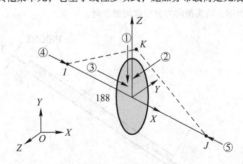

图 4-13　BEAM188 单元的几何模型

本例选用 BEAM188 单元，可以定义截面的类型和参数，自动计算截面面积、惯性矩和截面高度，BEAM188 单元只允许施加集中载荷，不允许施加分布载荷。

在 ANSYS Main Menu 中选择 Preprocessor→Element Type→Add/Edit/Delete，弹出 Element Types 对话框，单击 Add 按钮，弹出 Library of Element Types 对话框，选择 Beam 选项和 3D finite strain 选项下的 2 node 188，单击 OK 按钮，再单击 Element Types 对话框中的 Close 按钮，如图 4-14 所示。

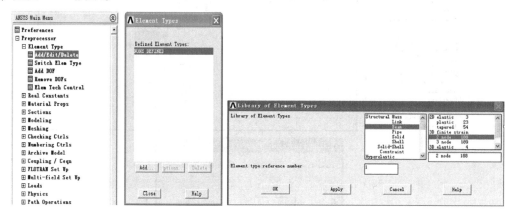

图 4-14　定义单元类型

（3）设置截面参数

在 ANSYS Main Menu 中选择 Preprocessor→Sections→Beam→Common Sections，在弹出的 Beam Tool 对话框中，ID 为默认单元号，在 Sub-Type 下拉列表框中选择截面类型，并设置相关参数，单击 OK 按钮，如图 4-15 所示。

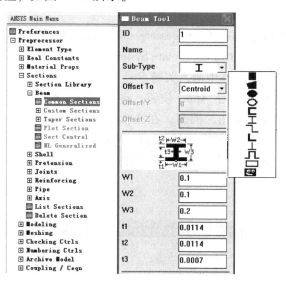

图 4-15　设置截面参数

（4）定义材料属性

对于本例，只需设定材料的弹性模量 EX = 3.1×10^{13} N/m^2 及泊松比 PRXY = 0.3。在 ANSYS Main Menu 中选择 Preprocessor→Material Props→Material Models，弹出 Define Material Model Behavior 对话框，选择 Structural→Linear→Elastic→Isotopic 选项，在弹出的 Linear Isotopic Properties for Mater 对话框中，设置弹性模量 EX 为 3.1e13，泊松比 PRXY 为 0.3，单击

OK 按钮，再关闭 Define Material Model Behavior 对话框，如图 4-16 所示。

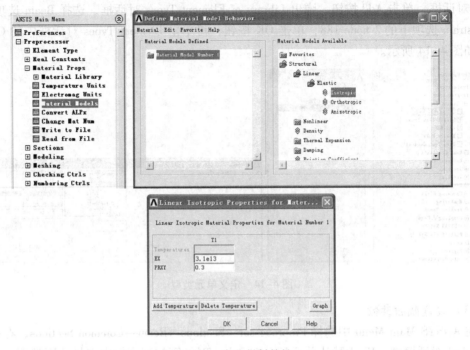

图 4-16 定义材料特性

(5) 创建关键点

在 ANSYS Main Menu 中选择 Preprocessor→Modeling→Create→Keypoints→In Active CS，在弹出的 Create Keypoints in Active Coordinate System 对话框中，输入关键点号和对应的坐标。先在 NPT Keypoint number 文本框中输入关键点号"1"，在 X，Y，Z Location in active CS 文本框中输入坐标 (0, 0, 0)，单击 Apply 按钮；再在对应文本框中输入关键点号"2"及坐标 (13, 0, 0)，单击 Apply 按钮。同理，在文本框中输入关键点号"3"及坐标 (21, 0, 0)，依次输入关键点号"4"及坐标 (29, 0, 0)，关键点号"5"及坐标 (37, 0, 0)，关键点号"6"及坐标 (50, 0, 0)，最后单击 OK 按钮，如图 4-17 所示。

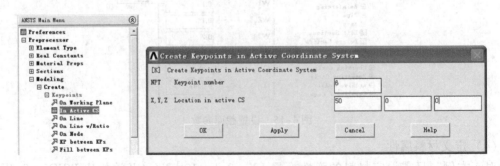

图 4-17 创建关键点

(6) 创建直线

在 ANSYS Main Menu 中选择 Preprocessor → Modeling → Create → Lines → Lines → Straight

Line，弹出 Create Straight 拾取窗口，在图形编辑窗口依次选择关键点 1 和 2，2 和 3，3 和 4，4 和 5，5 和 6，生成 5 条直线，然后单击 OK 按钮，如图 4-18 所示。

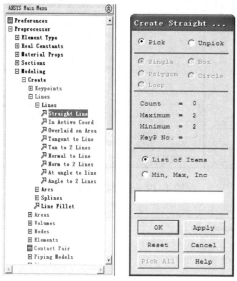

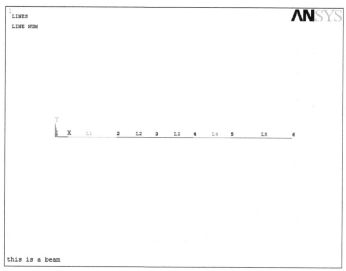

图 4-18　创建直线

（7）划分网格

在 ANSYS Main Menu 中选择 Preprocessor→Meshing→MeshTool，弹出 MeshTool 对话框，在 Size Controls 选项组中，单击 Lines 后的 Set 按钮，弹出 Element Size on 拾取窗口，单击 Pick All 按钮，弹出 Element Sizes on Picked Lines 对话框，在 Size Element edge length 文本框中输入"0.2"，单击 OK 按钮，如图 4-19 所示。

返回 MeshTool 对话框，单击 Mesh 按钮，弹出 Mesh Lines 拾取窗口，单击 Pick All 按钮，完成网格划分，再单击 MeshTool 对话框中的 Close 按钮，如图 4-20 所示。

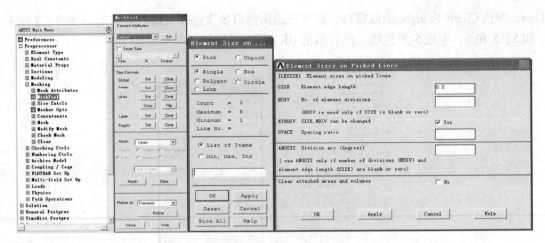

图 4-19 设置线单元长度

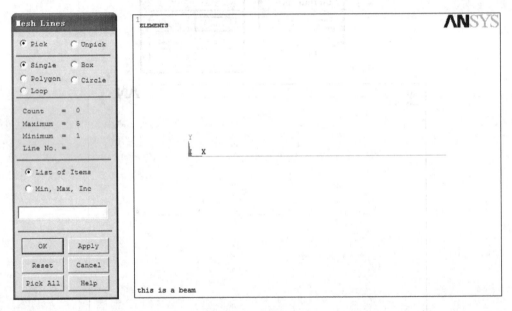

图 4-20 划分网格

3. 求解

（1）施加约束

对常见的梁支座结构，可分为活动铰支座、固定铰支座和固定端。本例中的平面梁左端是固定铰支座，右端是活动铰支座。固定铰支座只约束 $\vec{x}$、$\vec{y}$ 向位移，活动铰支座只约束 $\vec{y}$ 向位移，即垂直于支承面的位移方向。

在 ANSYS Main Menu 中选择 Solution→Define Loads→Apply→Structural→Displacement→OnKeypoints，弹出 Apply U, ROT on KPs 拾取窗口，在图形编辑窗口选择关键点 1，单击 OK 按钮，在弹出的 Apply U, ROT on KPs 对话框中选择 UX 和 UY 选项，单击 Apply 按钮，再选择关键点 6，选择 UY 选项，单击 OK 按钮，完成约束的施加，如图 4-21 和图 4-22 所示。

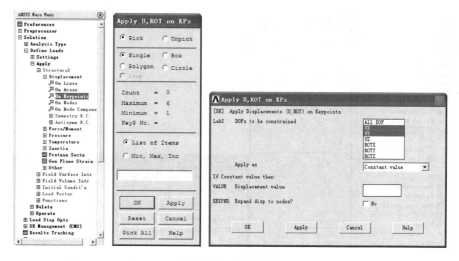

图 4-21　施加约束

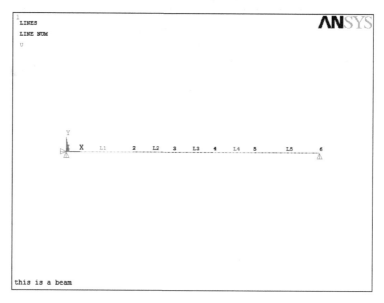

图 4-22　约束后的梁单元显示结果

(2) 施加载荷

梁单元是一种线单元,既可以承受集中载荷,又可以承受分布载荷。分布载荷是每单位长度上的力,大小可以沿长度线性变化。施加分布载荷的基本操作为在 ANSYS Main Menu 中选择 Solution→Define Loads→Apply→Structural→Pressure→On Beams, 本例中施加的载荷只有集中载荷。

在 ANSYS Main Menu 中选择 Solution→Define Loads→Apply→Structural→Force/Moment→On Keypoints, 弹出 Apply F/M on KPs 拾取窗口, 在图形编辑窗口中选择关键点 2, 单击 OK 按钮, 弹出 Apply F/M on KPs 对话框, 在 Lab 下拉列表框中选择 FY 项, 在 VALUE Force/moment value 文本框中输入 "−1000", 单击 Apply 按钮, 继续进行关键点 3、4、5 的加载, 最后单击 OK 按钮, 如图 4-23 和图 4-24 所示。

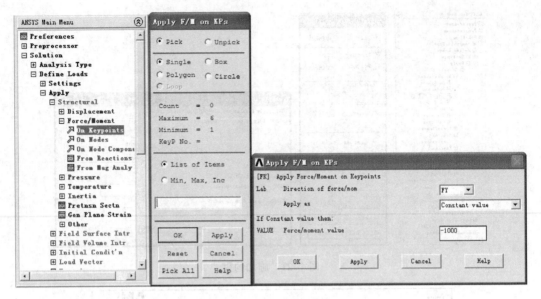

图 4-23 施加载荷选项

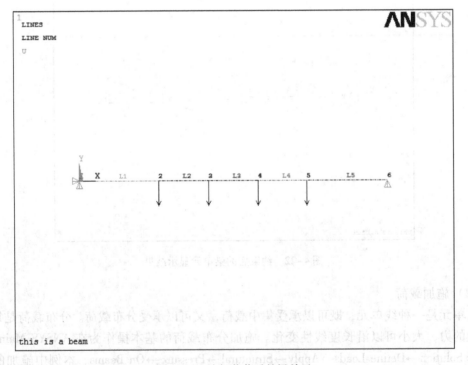

图 4-24 施加载荷后的梁单元

(3) 计算求解

在 ANSYS Main Menu Solution 中选择 Solve→Current LS, 弹出/STATUS Command 状态窗口和 Solve Current Load Step 对话框, 单击对话框的 OK 按钮, 如图 4-25 所示。计算结束后单击状态窗口中的"关闭"按钮, 如图 4-26 所示。

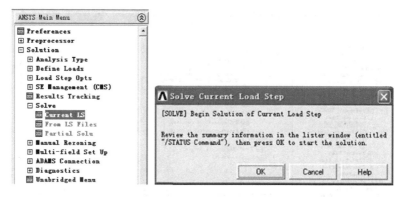

图 4-25　求解对话框

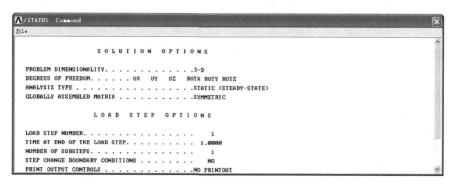

图 4-26　状态窗口

4. 后处理

（1）显示 Y 向变形云图

变形云图是等值线图中的一种，能直观地表现求解结果在不同位置的变形情况。等值线图中 Nodal Solu 命令用于显示节点上的基本数据，Element 命令用于显示单元解的等值线图，Elem Table 命令用于显示单元表数据的等值线图，Line Elem Res 命令用于显示线单元的等值线图。

Nodal Solu 命令中的 Item to be contoured 栏可以显示自由度解、应力、总机械应变、弹性应变、塑性应变、蠕动应变、热应变、总机械应变和热应变、膨胀应变、能量、失效准则、温度等。其中，DOF Solution 可以显示 X 向和 Y 向的位移和位移矢量和。

本例显示 Y 向变形云图的具体操作如下。在 ANSYS Main Menu 中选择 General Postproc→Plot Results→Contour Plot→Nodal Solu，弹出 Contour Nodal Solution Data 对话框，选择 Nodal Solution→DOF Sloution → Y - Component of displacement，以及 Undisplaced shape key 栏中的 Deformed shape with undeformed model 选项，单击 OK 按钮，如图 4-27 所示。结果如图 4-28 所示。

由图可知，Y 向绝对值最大的变形发生在梁中部，最大值为 0.02646 m，绝对值最小的变形位于梁两端约束处，最小值为 0 m，变形情况与应用材料力学求得的结果近似。

梁的变形云图可以改变显示形式，具体操作：在 Utility Menu 中选择 PlotCtrls→Window Controls→Window Options，弹出 Window Options 对话框，选择 legend on 选项，单击 OK 按钮，如图 4-29 和图 4-30 所示。

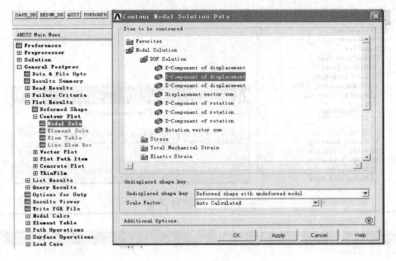

图 4-27 显示 Y 向变形云图操作

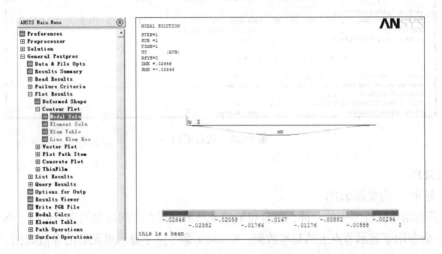

图 4-28 梁 Y 向变形云图

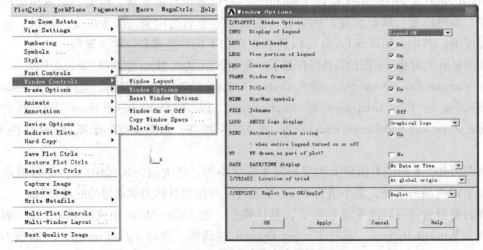

图 4-29 云图形式改变窗口设置

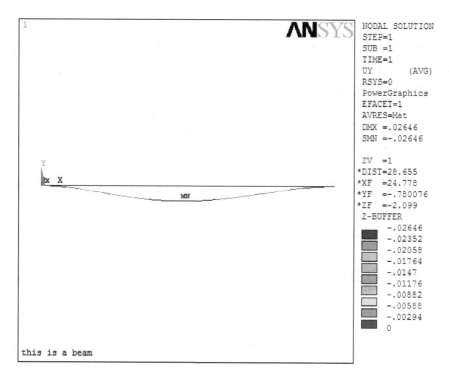

图 4-30　改变形式后的变形云图

(2) 显示向量图形

向量图形是用箭头显示模型中某个矢量的大小和方向变化,在 ANSYS Main Menu 中选择 General Postproc→Plot Results→Vector Plot→Predefined,弹出 Vector Plot of Predefined Vectors 对话框,在 Vector item to be plotted 列表框中选择 DOF solution 选项和 Translation U 选项,单击 OK 按钮,如图 4-31 所示,共显示 122 个节点向量,最大的数值为 0.02646 m。

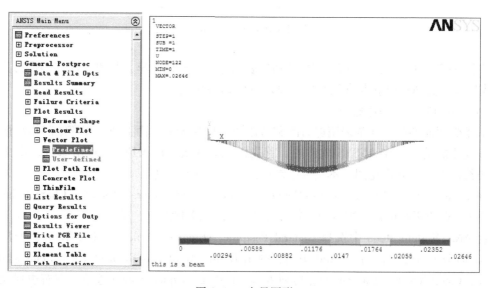

图 4-31　向量图形

(3) 查看支座反力

后处理器可以列表显示支座反力，在 ANSYS Main Menu 中选择 General Postproc→List Results→Reaction Solu，弹出 List Reaction Solution 对话框，选择 All items 选项，单击 OK 按钮，如图 4-32 和图 4-33 所示。

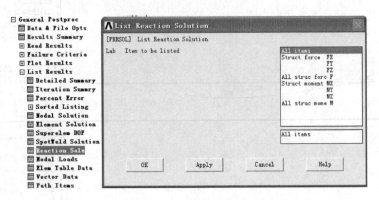

图 4-32　查看支座反力

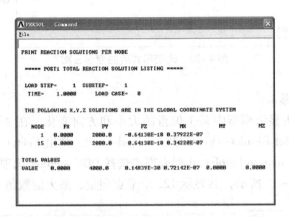

图 4-33　PRESOL Command 窗口显示

在图 4-33 中，节点 1 和节点 15 分别代表梁左、右端的支座。X 和 Z 向支座反力为 0N，Y 向支座反力为 2000 N，与利用材料力学求得的结果相同。

(4) 绘制剪力图和弯矩图

对于受弯曲的梁，通常采用剪力图和弯矩图来反映梁横截面上剪力和弯矩随横截面位置不同而变化的情况。在 ANSYS 软件中，首先需结合单元 BEAM188 的输出参数，定义单元表，再绘制剪力图和弯矩图，本例以绘制梁的 XY 弯矩图为例。

在 Utility Menu 中选择 Help→Element Reference→Chapter 3 Element Characteristics→Beam188，查阅资料可知，弯矩 MZ 在 I，J 点代号是 SMISC，3，16。

在 ANSYS Main Menu 中选择 General Postproc→Element Table→Define Table，弹出 Element Table Data 对话框，单击 Add 按钮，弹出 Define Additional Element Table Items 对话框，在 Item, Comp Results data item 的左边列表框中选择 By sequence num 选项，在右边列表框中选择 SMISC 选项，在下面的文本框中输入"SMISC，3"，单击 Apply 按钮。再在 Item，

Comp Results data item 的左边列表框中选择 By sequence num 选项,在右边列表框中选择 SMISC 选项,在下面的文本框中输入"SMISC,16",如图 4-34 所示。

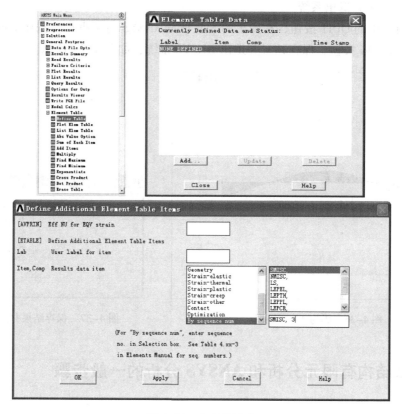

图 4-34　定义单元表

在 ANSYS Main Menu 中选择 General Postproc→Plot Results→Contour Plot→Line Elem Res,弹出 Plot Line - Element Results 对话框,在 LabI Elem table item at node I 下拉列表框中选择 SMIS3 选项,在 LabJ Elem table item at node J 下拉列表框中选择 SMIS16 选项,单击 OK 按钮。绘制的弯矩图设置及结果显示如图 4-35 和图 4-36 所示。

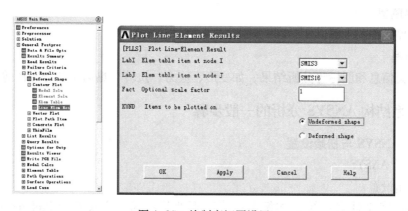

图 4-35　绘制弯矩图设置

由图 4-36 可知，最大的 XY 弯矩值为 11164 N·m，位于梁中部，最小的 XY 弯矩值为 −19116 N·m，位于梁两端支座处。

（5）保存结果并退出系统

单击工具栏中的 QUIT 按钮，在弹出的 Exit from ANSYS 对话框中，选中 Save Everything 单选按钮，单击 OK 按钮，保存结果并退出 ANSYS 系统，如图 4-37 所示。

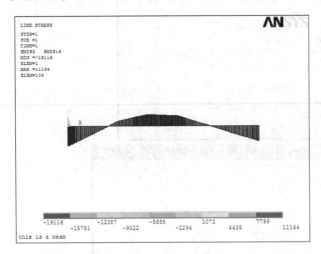

图 4-36 梁的 XY 弯矩图

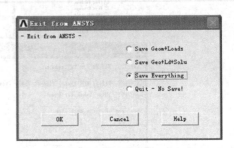

图 4-37 保存结果并退出系统

4.3 梁系结构有限元分析和 ANSYS 分析的一般步骤

4.3.1 梁系结构有限元分析的一般步骤

1. 前处理（建模）

1) 在局部坐标系中建立单元刚度矩阵，即节点力与节点位移的关系。
2) 通过坐标变换，建立整体坐标系与局部坐标系的节点力关系。
3) 进行结构分析，建立整体坐标系的总体刚度矩阵。

2. 求解模型

引入边界条件并求解。

3. 后处理

获取相关信息和图标等分析结果，如变形、应力、扭转、热通量的分布图等。

4.3.2 梁系结构 ANSYS 分析的一般步骤

1. 启动 ANSYS 与初始设置

（1）启动 ANSYS

（2）初始设置

①路径；②文件名；③工作标题；④图形背景；⑤研究类型（Preferences）与计算方法。

2. 前处理（Preprocessor）

①定义单位；②单元类型选择；③设置截面参数；④定义材料属性；⑤建立几何模型；⑥划分单元网格。

3. 求解模型

①设置约束条件和施加载荷；②求解运算。

4. 后处理（General Postproc）

①读取计算结果；②图形结果；③保存（保存编程结果、图形、数据和表格）；④退出ANSYS。

4.4 习题

习题4-1 受均布载荷作用的简支梁如图4-38所示，已知 $q = 3\,\text{kN/m}$，$L = 1\,\text{m}$，$E = 210\,\text{GPa}$，$A = 0.02\,\text{m}^2$，惯性矩 $Iz = 0.8 \times 10^{-6}\,\text{m}^4$。试求支座反力 F_{Ay}、F_{By}，并做出变形云图、剪力图和弯矩图（提示：①本习题中梁承受均布载荷，不能使用 BEAM188 单元；②本题给出梁的横截面积 A 和惯性矩 Iz，并未指出梁的截面类型，可以通过设定实常数输入 A 和 Iz）。

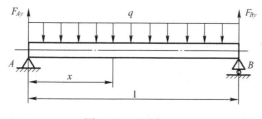

图4-38 习题4-1

习题4-2 对于如图4-39所示的梁系结构，已知 $E = 210\,\text{GPa}$，横截面积 $A = 0.016\,\text{m}^2$，惯性矩 $Iz = 0.85 \times 10^{-6}\,\text{m}^4$，试求出变形云图、剪力图和弯矩图（提示：$AB$ 段承受均布载荷，C 点承受集中载荷，B、D 点是支座，建模时应该创建4个关键点）。

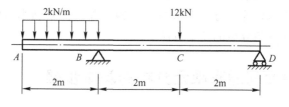

图4-39 习题4-2

习题4-3 某一梁系结构如图4-40所示，已知 $E = 200\,\text{GPa}$，均布载荷 $q = 2\,\text{kN/m}$，横截面积 $A = 0.02\,\text{m}^2$，惯性矩 $Iz = 0.6 \times 10^{-6}\,\text{m}^4$，试求该梁的支座反力，并绘制剪力图和弯矩图。

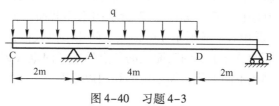

图4-40 习题4-3

第5章 弹性力学平面问题的有限元分析

弹性力学平面问题包括平面应力问题和平面应变问题。常见的平面应力问题有链传动中的链片（见图5-1a）、发动机中的连杆（见图5-1b）、内燃机的飞轮及轧机的机架等。平面应变问题有水坝（见图5-1c）、受压管道（见图5-1d），以及滚针轴承的滚针、轧钢机的轧辊等。本章以此类问题为研究对象，介绍弹性力学平面问题的有限元分析法。

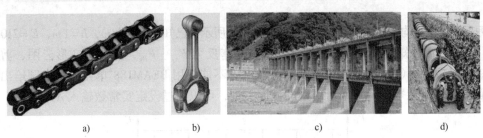

图5-1 弹性力学中的平面问题举例

对于薄板而言，即平面的长与宽远大于其厚度，如在薄板边缘上受到平行于板面且不沿厚度方向变化的面力和体力，可近似为平面应力问题。对于长度尺寸远大于截面尺寸的柱形体，在柱面上承受平行于横截面且不沿长度方向变化的面力和体力，可近似为平面应变问题。

本章简要介绍两类弹性力学平面问题，包括平面应力问题和平面应变问题，以及相关的平衡方程、几何方程和物理方程。平面应力问题及平面应变问题的平衡方程和几何方程相同，但物理方程不同。本章主要介绍利用刚度矩阵建立弹性力学平面问题的有限元方程及其求解方法，包括单元位移函数、单元载荷移置、单元刚度矩阵及物理意义、整体分析、约束条件处理、整体刚度矩阵处理、方程组求解等问题，并且介绍利用ANSYS软件对两类平面应力及变形问题进行计算与分析的基本方法。

5.1 弹性力学平面问题有限元分析的基本步骤

基于弹性力学平面问题的有限元法主要包括3个步骤：离散化、单元分析和单元综合。

5.1.1 离散化

离散化的基本思想就是把一个连续体简化为由有限个单元组成的离散体，即将一个连续的无限自由度离散化为有限自由度，如图5-2所示的水坝截面，将其截面分割成有限个三角网格（即有限单元），其中各三角形单元的顶点之间用节点铰链，用等效静力原则将面力载荷分配到各单元受力面的节点上，约束面上的节点用支杆固定（即位移为零）。单元可以根据实际情况统一地分割成不同形状，如三角形和四边形等。

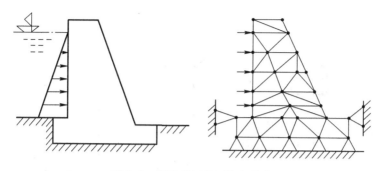

图 5-2 坝体截面的网格离散化

5.1.2 单元分析

结构离散后各单元的静力性质,与离散前的连续体一样,都由平衡方程和约束方程决定。求解这些方程的一般方法有力法(消除方程组中的位移项来求解力,再以力为已知项来求解位移)、位移法(与力法相反,即消除方程组中的力项,求解出位移,再由位移项计算力)以及混合法(根据具体情况,采用力法和位移法)。

对于一个三角形单元,设其 3 个节点编号分别为 i,j,m,在直角坐标系中,每个节点有两个位移分量 u,v,以及两个节点力 X,Y,分别组成 6 阶向量,如图 5-3 所示。

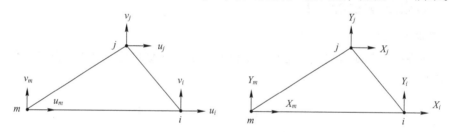

图 5-3 三角形单元的节点位移和节点力的表示

在位移法中,取节点位移作为基本量,节点力向量可以由节点位移向量通过单元刚度矩阵表示为 $\boldsymbol{F}^e = \boldsymbol{N}\boldsymbol{\delta}^e$。其中,节点位移向量 $\boldsymbol{\delta}^e = (u_i \quad v_i \quad u_j \quad v_j \quad u_m \quad v_m)^T$,节点力向量 $\boldsymbol{F}^e = (X_i \quad Y_i \quad X_j \quad Y_j \quad X_m \quad Y_m)^T$,$\boldsymbol{N}$ 为单元的刚度矩阵。求解 $\boldsymbol{N}$ 是单元分析的重要部分。

5.1.3 单元综合

单元综合是指将各单元合成一个总体结构,利用节点平衡方程求出节点的位移。对于如图 5-4 所示的由 3 个单元合成的一个总体结构,在其节点 L 上的力可分别合成到坐标系 Lxy 上。

由力的平衡方程 $\sum F_x = 0$,$\sum F_y = 0$ 可得

$$X_L = X_{L_1} + X_{L_2} + X_{L_3}, \quad Y_L = Y_{L_1} + Y_{L_2} + Y_{L_3}$$

由 $\boldsymbol{F}^e = \boldsymbol{N}\boldsymbol{\delta}^e$ 得到节点力与节点位移的关系为

$$\boldsymbol{F}^e_x = \boldsymbol{N}^e \boldsymbol{\delta}^e_x, \quad \boldsymbol{F}^e_y = \boldsymbol{N}^e \boldsymbol{\delta}^e_y$$

可见,单元综合的目的是求出节点位移,再利用节点位移求解出各单元的应力。

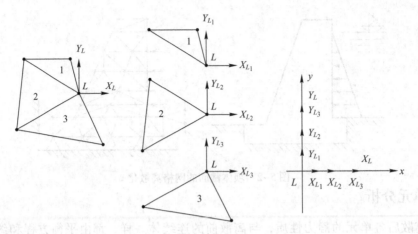

图 5-4 单元合成的节点力分析

5.2 弹性力学平面问题的一般原理

5.2.1 平面应力与应变问题简介

1. 平面应力问题

假设，只在板等厚薄板边上承受平行于板面且不沿厚度方向变化的面力和体力，受力情况如图 5-5 所示。

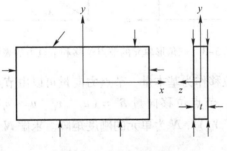

图 5-5 平面应力问题

设薄板厚度为 t，在板面上，z 方向的面力为零，则有

$$\sigma_z|_{z=\pm 1/2}=0, \quad \tau_{zx}|_{z=\pm 1/2}=0, \quad \tau_{zy}|_{z=\pm 1/2}=0$$

其中，σ_z 为 z 向正应力；τ_{zx} 为垂直于 z 坐标面，指向 x 轴的剪应力；τ_{zy} 为垂直于 z 坐标面，指向 y 轴的剪应力。

由于平板很薄，且外力沿薄板厚度均匀分布，则在整块板上有

$$\sigma_z=0, \quad \tau_{zx}=0, \quad \tau_{zy}=0$$

在 xy 平面上有 3 个分量 σ_x，σ_y，$\tau_{xy}=\tau_{yx}$ 不为零，且都是 x、y 的函数，应力张量可表示为

$$\boldsymbol{\sigma}_{ij}=\begin{pmatrix} \sigma_x & \tau_{xy} & 0 \\ \tau_{yx} & \sigma_y & 0 \\ 0 & 0 & 0 \end{pmatrix}$$

2. 平面应变问题

设有很长的柱形体，在柱面上承受平行于横截面且不沿长度方向变化的面力和体力。以柱面的任一横截面为 xy 轴，横截面的纵线为 z 轴，所有位移分量、应变和应力变量都不沿 z 方向变化，如图 5-6 所示。

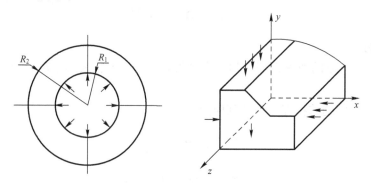

图 5-6　柱体的平面应变问题

由于没有 z 向位移，所以 z 向应变 $\varepsilon_z = 0$，$\gamma_{zx} = 0$，$\gamma_{zy} = 0$，根据应变的对称性，有 $\gamma_{xz} = \gamma_{xz} = 0$，$\gamma_{zy} = \gamma_{yz} = 0$，其他未知的应变分量 ε_x，ε_y，γ_{xy} 是坐标 x，y 的函数。应变张量可表示为

$$\varepsilon_{ij} = \begin{pmatrix} \varepsilon_x & \frac{1}{2}\gamma_{xy} & 0 \\ \frac{1}{2}\gamma_{xy} & \varepsilon_y & 0 \\ 0 & 0 & 0 \end{pmatrix}$$

3. 平衡方程

在外力作用下，若使弹性体处于平衡状态，必须满足物体内部任取一微元体是平衡的条件。平衡方程代表了力的平衡，描述的是外力和内力之间的关系。对于弹性平面问题，当微小变化时，考虑微元 $\mathrm{d}x$、$\mathrm{d}y$ 的均匀性和线性特性，则在弹性体内任意一点的平衡方程为

$$\frac{\partial \sigma_x}{\partial x} + \frac{\partial \tau_{yx}}{\partial y} + X = 0 \tag{5-1}$$

$$\frac{\partial \sigma_y}{\partial y} + \frac{\partial \tau_{xy}}{\partial x} + Y = 0 \tag{5-2}$$

其中，X，Y 分别是体力在 x，y 轴方向上的分量；$\frac{\partial \sigma_x}{\partial x}$ 为 x 方向正应力 σ_x 的变化率；$\frac{\partial \tau_{yx}}{\partial y}$ 为垂直于 y 方向的切应力 τ_{yx} 在 y 方向的变化率，式（5-2）的物理意义相同。

4. 几何方程

在外力作用下，弹性体内任何一点（除边界不动点）都将产生位移。几何方程反映的是应变分量与位移分量之间的关系，其应满足弹性体在受力过程中任何部位都不发生断裂、重叠、弯折或错位等。

根据正应变和剪应变定义，可得到位移与变形之间的关系为

$$\varepsilon_x = \frac{u + \frac{\partial u}{\partial x}\mathrm{d}x - u}{\mathrm{d}x} = \frac{\partial u}{\partial x} \tag{5-3}$$

$$\varepsilon_y = \frac{v + \frac{\partial v}{\partial y}\mathrm{d}y - v}{\mathrm{d}y} = \frac{\partial v}{\partial y} \tag{5-4}$$

夹角应变为

$$\gamma_{xy} = \alpha + \beta \approx \frac{\partial v}{\partial x} + \frac{\partial u}{\partial y} \tag{5-5}$$

5. 物理方程

弹性力学平面问题的物理方程由胡克定理得到。物理方程表明了应力分量和应变分量之间的关系。

（1）平面应力问题的物理方程及其应力

$$\varepsilon_x = \frac{1}{E}(\sigma_x - \mu\sigma_y) \tag{5-6}$$

$$\varepsilon_y = \frac{1}{E}(\sigma_y - \mu\sigma_x) \tag{5-7}$$

$$\gamma_{xy} = \frac{2(1+\mu)}{E}\tau_{xy} \tag{5-8}$$

（2）平面应变问题的物理方程及其应力

$$\varepsilon_x = \frac{1-\mu^2}{E}\left(\sigma_x - \frac{\mu}{1-\mu}\sigma_y\right) \tag{5-9}$$

$$\varepsilon_y = \frac{1-\mu^2}{E}\left(\sigma_y - \frac{\mu}{1-\mu}\sigma_x\right) \tag{5-10}$$

$$\gamma_{xy} = \frac{2(1+\mu)}{E}\tau_{xy} \tag{5-11}$$

6. 平面问题的求解

平面问题中，体力 X，Y，模量 E，泊松比 μ 为已知，有 8 个未知量 σ_x，σ_y，τ_{xy}，u，v，ε_x，ε_y，γ_{xy}，可由 2 个平衡方程、3 个几何方程和 3 个物理方程列出共 8 个方程，解出 8 个未知量。

如果以位移 u，v 作为未知量，则求出位移后，利用几何方程得到应变分量 ε_x，ε_y，γ_{xy}，再由物理方程得到应力分量 σ_x，σ_y，τ_{xy}，称为位移法。

5.2.2 单元位移函数

由上述分析可知，如果求出弹性体内的位移分布，就可以得到弹性体的变形和内力分布等参数值。应用有限元法可以得到各个单元内位移分布函数的近似表示。若用某种函数来表示单元内的位移分布，则称这种函数为单元位移函数。

对于弹性平面问题，单元的位移函数可以用多项式方程组来表示，即

$$\begin{cases} u = a_1 + a_2 x + a_3 y + a_4 x^2 + a_5 xy + a_6 x^3 + \cdots \\ v = b_1 + b_2 x + b_3 y + b_4 x^2 + b_5 xy + b_6 x^3 + \cdots \end{cases}$$

其中，$\{a_i, i=1,2,3,\cdots\}$ 和 $\{b_j, j=1,2,3,\cdots\}$ 为多项式的系数。

对于三角形单元，有 3 个节点，假设每个节点坐标和位移分别表示为 (x_i, y_i)、(x_j, y_j)、(x_m, y_m) 和 (u_i, v_i)、(u_j, v_j)、(u_m, v_m)，如图 5-7 所示。

先取二元线性函数方程组

$$\begin{cases} u = a_1 + a_2 x + a_3 y \\ v = b_1 + b_2 x + b_3 y \end{cases} \quad (5-12)$$

再利用上述三角形单元的 3 个节点参数，可得到 6 个方程，因而可解出 6 个位移函数系数 a_1，a_2，a_3，b_1，b_2，b_3。

对水平方向位移，有

$$\begin{cases} u_i = a_1 + a_2 x_i + a_3 y_i \\ u_j = a_1 + a_2 x_j + a_3 y_j \\ u_m = a_1 + a_2 x_m + a_3 y_m \end{cases}$$

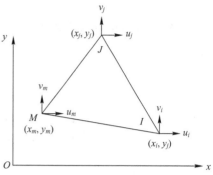

图 5-7　三角形单元节点坐标的表示

可写为矩阵形式

$$\begin{pmatrix} u_i \\ u_j \\ u_m \end{pmatrix} = \begin{pmatrix} 1 & x_i & y_i \\ 1 & x_j & y_j \\ 1 & x_m & y_m \end{pmatrix} \begin{pmatrix} a_1 \\ a_2 \\ a_3 \end{pmatrix}$$

记

$$\begin{pmatrix} 1 & x_i & y_i \\ 1 & x_j & y_j \\ 1 & x_m & y_m \end{pmatrix} = \boldsymbol{T}$$

则有

$$\begin{pmatrix} a_1 \\ a_2 \\ a_3 \end{pmatrix} = \boldsymbol{T}^{-1} \begin{pmatrix} u_i \\ u_j \\ u_m \end{pmatrix}$$

其中，$\boldsymbol{T}^{-1} = \boldsymbol{T}^* / |\boldsymbol{T}|$，$|\boldsymbol{T}| = 2A$，$A$ 为三角形单元的面积，$\boldsymbol{T}$ 的伴随矩阵 $\boldsymbol{T}^*$ 为

$$\boldsymbol{T}^* = \begin{pmatrix} x_j y_m - x_m y_j & y_j - y_j & x_m - x_j \\ x_m y_i - x_i y_m & y_m - y_i & x_i - x_m \\ x_i y_j - x_j y_i & y_i - y_j & x_j - x_i \end{pmatrix}^{\mathrm{T}} \hat{=} \begin{pmatrix} a_i & b_i & c_i \\ a_j & b_j & c_j \\ a_m & b_m & c_m \end{pmatrix}^{\mathrm{T}}$$

$$\begin{pmatrix} a_1 \\ a_2 \\ a_3 \end{pmatrix} = \frac{1}{2A} \begin{pmatrix} a_i & b_i & c_i \\ a_j & b_j & c_j \\ a_m & b_m & c_m \end{pmatrix}^{\mathrm{T}} \begin{pmatrix} u_i \\ u_j \\ u_m \end{pmatrix} \quad (5-13)$$

同理有

$$\begin{pmatrix} a_4 \\ a_5 \\ a_6 \end{pmatrix} = \frac{1}{2A} \begin{pmatrix} a_i & b_i & c_i \\ a_j & b_j & c_j \\ a_m & b_m & c_m \end{pmatrix}^{\mathrm{T}} \begin{pmatrix} v_i \\ v_j \\ v_m \end{pmatrix} \quad (5-14)$$

将式 (5-13) 和 (5-14) 展开并代入式 (5-12)，整理得

$$\begin{cases} u = [(a_i + b_i x + c_i y) u_i + (a_j + b_j x + c_j y) u_j + (a_m + b_m x + c_m y) u_m]/2A \\ v = [(a_i + b_i x + c_i y) v_i + (a_j + b_j x + c_j y) v_j + (a_m + b_m x + c_m y) v_m]/2A \end{cases}$$

令
$$N_i = (a_i + b_i x + c_i y)/2A, N_j = (a_j + b_j x + c_j y)/2A, N_m = (a_m + b_m x + c_m y)/2A$$

则有

$$\begin{pmatrix} u \\ v \end{pmatrix} = \begin{pmatrix} N_i & 0 & N_j & 0 & N_m & 0 \\ 0 & N_i & 0 & N_j & 0 & N_m \end{pmatrix} \begin{pmatrix} u_i \\ v_i \\ u_j \\ v_j \\ u_m \\ v_m \end{pmatrix} \hat{=} \boldsymbol{N}\boldsymbol{\delta}^e \qquad (5-15)$$

记

$$\boldsymbol{f} = \begin{pmatrix} u \\ v \end{pmatrix}, \quad \boldsymbol{\delta}^e = \begin{pmatrix} \delta_i \\ \delta_j \\ \delta_m \end{pmatrix} = \begin{pmatrix} u_i \\ v_i \\ u_j \\ v_j \\ u_m \\ v_m \end{pmatrix}$$

上式写为

$$\boldsymbol{f} = \boldsymbol{N}\boldsymbol{\delta}^e$$

其中，$\boldsymbol{N}$ 称为形态矩阵，N_i，N_j，N_m 称为形态函数。形态函数具有以下性质（可参考【例5-1】的验证）：

① 在单元节点上的形态函数值为1或0。
② 在单元中任意一点上的形态函数之和等于1，即 $N_i + N_j + N_m = 1$。

【例5-1】已知一个平面等腰直角三角形单元如图5-8所示，试求其形态函数 $\boldsymbol{N}$。

解：由式（5-13）知 $a_i = x_j y_m - x_m y_j$，$b_i = y_j - y_m$，$c_i = x_m - x_j$；由图5-8知 $(x_i, y_i) = (a, 0)$，$(x_j, y_j) = (0, a)$，$(x_m, y_m) = (0, 0)$。由此得形态函数系数

$$a_i = 0, \quad b_i = a, \quad c_i = 0$$
$$a_j = 0, \quad b_j = 0, \quad c_j = a$$
$$a_m = a^2, \quad b_m = -a, \quad c_m = -a$$

得到形态函数

$$N_i = \frac{1}{2A}(a_i + b_i x + c_i y) = \frac{x}{a}$$
$$N_j = \frac{1}{2A}(a_j + b_j x + c_j y) = \frac{y}{a}$$
$$N_m = \frac{1}{2A}(a_m + b_m x + c_m y) = 1 - \frac{x}{a} - \frac{y}{a}$$

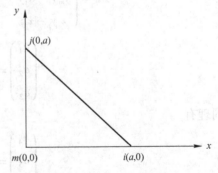

图5-8 等腰直角三角形单元

对于形态函数 $\boldsymbol{N}$，由于在 m 点上 $x = 0$，所以 $N_m = 0$。同理，在 i 点上，$x = a$，所以 $N_i = 1$；在 j 点上，$x = 0$，所以 $N_j = 0$。可见在单元节点上形态函数的值为1或0，满足形态函数的第一个特性。进一步可得，单元各点的形态函数之和 $N_i + N_j + N_m = 1$，满足形态函数的第二个

特性。

由式（5-15）可得形态矩阵

$$N = \begin{pmatrix} N_i & 0 & N_j & 0 & N_m & 0 \\ 0 & N_i & 0 & N_j & 0 & N_m \end{pmatrix} = \begin{pmatrix} \dfrac{x}{a} & 0 & \dfrac{y}{a} & 0 & 1-\dfrac{x}{a}-\dfrac{y}{a} & 0 \\ 0 & \dfrac{x}{a} & 0 & \dfrac{y}{a} & 0 & 1-\dfrac{x}{a}-\dfrac{y}{a} \end{pmatrix}$$

$$= \begin{pmatrix} 0 & 0 & 1 & 0 & 0 & 0 \\ 0 & 0 & 0 & 1 & 0 & 0 \end{pmatrix}$$

T 行列式和 N 的物理意义如下所示。

1) 当 i, j, m 以逆时针标注节点时，定义行列式 $|T|$ 为

$$|T| = \begin{vmatrix} 1 & x_i & y_i \\ 1 & x_j & y_j \\ 1 & x_m & y_m \end{vmatrix} = (-1)^{1+1}(x_j y_m - x_m y_j) + (-1)^{2+1}(x_i y_m - x_m y_i) + (-1)^{3+1}(x_i y_j - x_j y_i)$$

$$= x_j y_m - x_m y_j - x_i y_m + x_m y_i + x_i y_j - x_j y_i > 0$$

即 $A = |T|/2 > 0$。

则当 i, j, m 以顺时针标注节点时，定义行列式 $|T|$ 为

$$|T| = \begin{vmatrix} 1 & x_i & y_i \\ 1 & x_m & y_m \\ 1 & x_j & y_j \end{vmatrix} = -(x_j y_m - x_m y_j - x_i y_m + x_m y_i + x_i y_j - x_j y_i)$$

即 $A = |T|/2 < 0$。

在【例5-1】中，若以节点 i, j, m 逆时针排序时，三角形面积为

$$A = \frac{|T|}{2} = \frac{1}{2} \begin{vmatrix} 1 & x_i & y_i \\ 1 & x_j & y_j \\ 1 & x_m & y_m \end{vmatrix} = \frac{1}{2} \begin{vmatrix} 1 & a & 0 \\ 1 & 0 & a \\ 1 & 0 & 0 \end{vmatrix} = \frac{1}{2}a^2$$

若以节点 i, m, j 顺时针排序时，三角形面积为

$$A = \frac{|T|}{2} = \frac{1}{2} \begin{vmatrix} 1 & x_i & y_i \\ 1 & x_m & y_m \\ 1 & x_j & y_j \end{vmatrix} = \frac{1}{2} \begin{vmatrix} 1 & a & 0 \\ 1 & 0 & 0 \\ 1 & 0 & a \end{vmatrix} = -\frac{1}{2}a^2 < 0$$

2) $N_i = \dfrac{1}{2A}(a_i + b_i x + c_i y) = x_j y_m - x_m y_j + x y_j - x y_m + x_m y - x_j y$

$$= \frac{1}{2A} \begin{vmatrix} 1 & x & y \\ 1 & x_j & y_j \\ 1 & x_m & y_m \end{vmatrix}$$

其中，$\begin{vmatrix} 1 & x & y \\ 1 & x_j & y_j \\ 1 & x_m & y_m \end{vmatrix}$ 是以节点 P, J, M（设坐标分别为 (x,y)，(x_j, y_j)，(x_m, y_m)）组成的三角形面积的 2 倍，如图 5-9 所示，则 $N_i = \dfrac{S_{\triangle PJM}}{S_{\triangle IJM}}$。

同理有

$$N_j = \frac{S_{\triangle PMI}}{S_{\triangle IJM}}, \quad N_m = \frac{S_{\triangle PIJ}}{S_{\triangle IJM}}$$

在【例5-1】中所表示的单元内取一点 $P(0.25a, 0.5a)$，如图5-10所示，则以节点 P, j, m 组成的三角形面积等于 $\begin{vmatrix} 1 & x & y \\ 1 & x_j & y_j \\ 1 & x_m & y_m \end{vmatrix}$ 的1/2。此处，P 点坐标为 $(x,y) = (0.25a, 0.5a)$，j 点坐标为 $(x_j, y_j) = (0, a)$，m 点坐标为 $(x_m, y_m) = (0, 0)$。

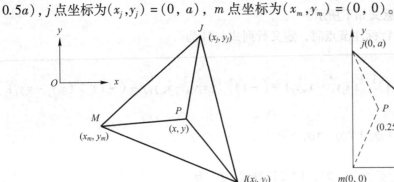

图5-9　单元形态函数与三角形面积关系　　图5-10　等腰直角三角形单元

因此，$\triangle PJM$ 的面积为

$$S_{\triangle PJM} = \frac{1}{2}\begin{vmatrix} 1 & x & y \\ 1 & x_j & y_j \\ 1 & x_m & y_m \end{vmatrix} = \frac{1}{2}\begin{vmatrix} 1 & 0.25a & 0.5a \\ 1 & 0 & a \\ 1 & 0 & 0 \end{vmatrix} = \frac{1}{2} \times 0.25a^2 = \frac{1}{8}a^2$$

可见，上述结果与直接由图形求解面积的结果一致。

5.2.3　单元载荷移置

有限元法的求解对象是单元的组合体，因此作用在弹性体上的所有外力都需要移置到相应的节点上变为节点载荷。载荷移置需要满足静力等效原则，即原载荷与移置后的载荷在任意虚位移上做的虚功相等。

参考单元位移 $\boldsymbol{f} = \boldsymbol{N}\boldsymbol{\delta}^e$，单元的虚位移可用节点的虚位移 $\boldsymbol{\delta}^{*e}$ 表示为

$$\boldsymbol{f}^* = \boldsymbol{N}\boldsymbol{\delta}^{*e}$$

设节点载荷为

$$\boldsymbol{R}^e = \begin{pmatrix} X_i \\ Y_i \\ X_j \\ Y_j \\ X_m \\ Y_m \end{pmatrix}$$

1. 集中力的移置

设在单元内任意一点的集中力为

$$p = \begin{pmatrix} p_x \\ p_y \end{pmatrix}$$

根据虚功原理，即在外力作用下，处于平衡状态的弹性体如果发生了虚位移，则所有外力在虚位移上做的功等于内应力在虚应变上做的功。此处为应力虚位移做的功等于集中力所做的功，即

$$(\boldsymbol{\delta}^{*e})^{\mathrm{T}} \boldsymbol{R}^e = \boldsymbol{f}^{*\mathrm{T}} \boldsymbol{p} = (\boldsymbol{N} \boldsymbol{\delta}^{*e})^{\mathrm{T}} \boldsymbol{p} = (\boldsymbol{\delta}^{*e})^{\mathrm{T}} \boldsymbol{N}^{\mathrm{T}} \boldsymbol{p}$$

所以得到

$$(\boldsymbol{\delta}^{*e})^{\mathrm{T}} (\boldsymbol{R}^e - \boldsymbol{N}^{\mathrm{T}} \boldsymbol{p}) = 0$$

由任意性得

$$\boldsymbol{R}^e = \boldsymbol{N}^{\mathrm{T}} \boldsymbol{p} \tag{5-16}$$

2. 体力的移置

设单元受的均匀分布的体力为 $\boldsymbol{p}_u = \begin{pmatrix} p_{ux} \\ p_{uy} \end{pmatrix}$，均匀等厚，厚度为常数 t，由应力虚位移功与体力功相等得

$$(\boldsymbol{\delta}^{*e})^{\mathrm{T}} \boldsymbol{R}^e = \iint \boldsymbol{f}^{*\mathrm{T}} \boldsymbol{p}_u t \mathrm{d}x \mathrm{d}y = \iint (\boldsymbol{\delta}^{*e})^{\mathrm{T}} \boldsymbol{N}^{\mathrm{T}} \boldsymbol{p}_u t \mathrm{d}x \mathrm{d}y$$

由于虚位移与坐标选取无关，即 $(\boldsymbol{\delta}^{*e})^{\mathrm{T}}$ 与 x，y 无关。由此可得

$$\boldsymbol{R}^e = \iint \boldsymbol{N}^{\mathrm{T}} \boldsymbol{p}_u t \mathrm{d}x \mathrm{d}y \tag{5-17}$$

3. 分布面力的移置

对于单元边上 s 有均匀分布的面力 $\overline{\boldsymbol{p}} = \begin{pmatrix} \overline{X} \\ \overline{Y} \end{pmatrix}$ 时，同样可得

$$\boldsymbol{R}^e = \int_s \boldsymbol{N}^{\mathrm{T}} \overline{\boldsymbol{p}} t \mathrm{d}s \tag{5-18}$$

5.2.4 单元刚度矩阵

对单元位移函数式（5-15）求偏导，代入几何方程式（5-3）~式（5-5），可得单元应变矩阵表达式

$$\boldsymbol{\varepsilon} = \begin{pmatrix} \varepsilon_x \\ \varepsilon_y \\ \gamma_{xy} \end{pmatrix} = \begin{pmatrix} \dfrac{\partial u}{\partial x} \\ \dfrac{\partial v}{\partial y} \\ \dfrac{\partial u}{\partial y} + \dfrac{\partial v}{\partial x} \end{pmatrix} = \dfrac{1}{2A} \begin{pmatrix} b_i & 0 & b_j & 0 & b_m & 0 \\ 0 & c_i & 0 & c_j & 0 & c_m \\ c_i & b_i & c_j & b_j & c_m & b_m \end{pmatrix} \begin{pmatrix} u_i \\ v_i \\ u_j \\ v_j \\ u_m \\ v_m \end{pmatrix} \tag{5-19}$$

记 $\boldsymbol{\varepsilon} = \boldsymbol{B} \boldsymbol{\delta}^e$，其中 $\boldsymbol{B}$ 称作几何矩阵。将 $\boldsymbol{B}$ 分块表示为

$$\boldsymbol{B} = (\boldsymbol{B}_i \quad \boldsymbol{B}_j \quad \boldsymbol{B}_m)$$

其中，

$$B_k = \frac{1}{2A}\begin{pmatrix} b_k & 0 \\ 0 & c_k \\ c_k & b_k \end{pmatrix}, \quad k=i,j,m \tag{5-20}$$

由物理方程式（5-6）~式（5-8），可解得

$$\sigma_x = \frac{E}{(1-\mu^2)}(\varepsilon_x + \mu\varepsilon_y)$$

$$\sigma_y = \frac{E}{(1-\mu^2)}(\mu\varepsilon_x + \varepsilon_y)$$

$$\tau_{xy} = \frac{E}{(1-\mu^2)}\frac{1-\mu}{2}\gamma_{xy}$$

上述单元应力的矩阵表示为

$$\boldsymbol{\sigma} = \boldsymbol{D}\boldsymbol{\varepsilon} = \boldsymbol{DB}\boldsymbol{\delta}^e \tag{5-21}$$

其中，

$$\boldsymbol{D} = \frac{E}{(1-\mu^2)}\begin{pmatrix} 1 & \mu & 0 \\ \mu & 1 & 0 \\ 0 & 0 & \frac{1-\mu}{2} \end{pmatrix}$$

称为弹性矩阵；记 $\boldsymbol{S} = \boldsymbol{DB}$，称为应力矩阵。

$$\boldsymbol{S} = \boldsymbol{DB} = \frac{E}{(1-\mu^2)}\begin{pmatrix} 1 & \mu & 0 \\ \mu & 1 & 0 \\ 0 & 0 & \frac{1-\mu}{2} \end{pmatrix}\frac{1}{2A}\begin{pmatrix} b_i & 0 & b_j & 0 & b_m & 0 \\ 0 & c_i & 0 & c_j & 0 & c_m \\ c_i & b_i & c_j & b_j & c_m & b_m \end{pmatrix}$$

$$= \frac{E}{2A(1-\mu^2)}\begin{pmatrix} b_i & \mu c_i & b_j & \mu c_j & b_m & \mu c_m \\ \mu b_i & c_i & \mu b_j & c_j & \mu b_m & c_m \\ \frac{1-\mu}{2}c_i & \frac{1-\mu}{2}b_i & \frac{1-\mu}{2}c_j & \frac{1-\mu}{2}b_j & \frac{1-\mu}{2}c_m & \frac{1-\mu}{2}b_m \end{pmatrix}$$

将 $\boldsymbol{S}$ 分块表示为

$$\boldsymbol{S} = (\boldsymbol{S}_i \quad \boldsymbol{S}_j \quad \boldsymbol{S}_m)$$

其中，

$$\boldsymbol{S}_k = \boldsymbol{DB}_k = \frac{E}{2A(1-\mu^2)}\begin{pmatrix} b_k & \mu c_k \\ \mu b_k & c_k \\ \frac{1-\mu}{2}c_k & \frac{1-\mu}{2}b_k \end{pmatrix}, \quad k=i,j,m \tag{5-22}$$

单元刚度矩阵可由虚功原理得到，即单元节点位移与节点力的关系矩阵。

记单元节点外力为 $\boldsymbol{F}^e = (U_i \quad V_i \quad U_j \quad V_j \quad U_m \quad V_m)^T$。单元的虚应变为 $\boldsymbol{\varepsilon}^* = \boldsymbol{B}\boldsymbol{\delta}^{*e}$（对应式 $\boldsymbol{\varepsilon} = \boldsymbol{B}\boldsymbol{\delta}^e$），则 $(\boldsymbol{\varepsilon}^*)^T = (\boldsymbol{\delta}^{*e})^T \boldsymbol{B}^T$。

因单元的外力虚功为 $(\boldsymbol{\delta}^{*e})^T \boldsymbol{F}^e$，单元的内力虚功为 $\iint \boldsymbol{\varepsilon}^{*T}\boldsymbol{\sigma} t \mathrm{d}x\mathrm{d}y$，则外力虚功等于内力虚功，即

$$(\boldsymbol{\delta}^{*e})^{\mathrm{T}}\boldsymbol{F}^e = \iint \boldsymbol{\varepsilon}^{*\mathrm{T}}\boldsymbol{\sigma}t\mathrm{d}x\mathrm{d}y \quad (5-23)$$

将式 $\boldsymbol{\sigma} = \boldsymbol{D}\boldsymbol{\varepsilon} = \boldsymbol{D}\boldsymbol{B}\boldsymbol{\delta}^e$ 代入上式，得

$$(\boldsymbol{\delta}^{*e})^{\mathrm{T}}\boldsymbol{F}^e = (\boldsymbol{\delta}^{*e})^{\mathrm{T}}\left(\iint \boldsymbol{B}^{\mathrm{T}}\boldsymbol{D}\boldsymbol{B}t\mathrm{d}x\mathrm{d}y\right)\boldsymbol{\delta}^e$$

记

$$\boldsymbol{F}^e = \left(\iint \boldsymbol{B}^{\mathrm{T}}\boldsymbol{D}\boldsymbol{B}t\mathrm{d}x\mathrm{d}y\right)\boldsymbol{\delta}^e \quad (5-24)$$

称 $\boldsymbol{K}^e = \iint \boldsymbol{B}^{\mathrm{T}}\boldsymbol{D}\boldsymbol{B}t\mathrm{d}x\mathrm{d}y$ 为单元刚度矩阵。

又因等厚三角形单元的弹性矩阵 $\boldsymbol{D}$ 和几何矩阵 $\boldsymbol{B}$ 为已知量，面积为 A，所以有

$$\boldsymbol{K}^e = \boldsymbol{B}^{\mathrm{T}}\boldsymbol{D}\boldsymbol{B}t\iint \mathrm{d}x\mathrm{d}y = \boldsymbol{B}^{\mathrm{T}}\boldsymbol{D}\boldsymbol{B}tA \quad (5-25)$$

$$\boldsymbol{K}^e = (\boldsymbol{B}_i \quad \boldsymbol{B}_j \quad \boldsymbol{B}_m)^{\mathrm{T}}\boldsymbol{D}(\boldsymbol{B}_i \quad \boldsymbol{B}_j \quad \boldsymbol{B}_m)tA$$

$$= \begin{pmatrix} \boldsymbol{B}_i^{\mathrm{T}}\boldsymbol{D}\boldsymbol{B}_i tA & \boldsymbol{B}_i^{\mathrm{T}}\boldsymbol{D}\boldsymbol{B}_j tA & \boldsymbol{B}_i^{\mathrm{T}}\boldsymbol{D}\boldsymbol{B}_m tA \\ \boldsymbol{B}_j^{\mathrm{T}}\boldsymbol{D}\boldsymbol{B}_i tA & \boldsymbol{B}_j^{\mathrm{T}}\boldsymbol{D}\boldsymbol{B}_j tA & \boldsymbol{B}_j^{\mathrm{T}}\boldsymbol{D}\boldsymbol{B}_m tA \\ \boldsymbol{B}_m^{\mathrm{T}}\boldsymbol{D}\boldsymbol{B}_i tA & \boldsymbol{B}_m^{\mathrm{T}}\boldsymbol{D}\boldsymbol{B}_j & \boldsymbol{B}_m^{\mathrm{T}}\boldsymbol{D}\boldsymbol{B}_m tA \end{pmatrix} \hat{=} \begin{pmatrix} K_{ii} & K_{ij} & K_{im} \\ K_{ji} & K_{jj} & K_{jm} \\ K_{mi} & K_{mj} & K_{mm} \end{pmatrix}$$

其中，

$$\boldsymbol{K}_{ij} = \boldsymbol{B}_i^{\mathrm{T}}\boldsymbol{D}\boldsymbol{B}_j tA = \frac{1}{2A}\begin{pmatrix} b_i & 0 & c_i \\ 0 & c_i & b_i \end{pmatrix}\frac{E}{1-\mu^2}\begin{pmatrix} 1 & \mu & 0 \\ \mu & 1 & 0 \\ 0 & 0 & \frac{1-\mu}{2} \end{pmatrix}\frac{1}{2A}\begin{pmatrix} b_j & 0 \\ 0 & c_j \\ c_j & b_j \end{pmatrix}tA$$

$$= \frac{Et}{4(1-\mu^2)A}\begin{pmatrix} b_i b_j + \frac{1-\mu}{2}c_i c_j & \mu b_i c_j + \frac{1-\mu}{2}c_i b_j \\ \mu c_i b_j + \frac{1-\mu}{2}b_i c_j & c_i c_j + \frac{1-\mu}{2}b_i b_j \end{pmatrix} \quad (5-26)$$

对于任意的 i，j，m 构成的下标，可由 r，s 为下标统一表示 $\boldsymbol{K}^e$ 中的各元素 $\{K_{rs}, r、s = i, j, m\}$。$\boldsymbol{K}_{rs}$ 可进一步分块为

$$\boldsymbol{K}_{rs} = \begin{pmatrix} K_{rx,sx} & K_{rx,sy} \\ K_{ry,sx} & K_{ry,sy} \end{pmatrix}, \quad r、s = i, j, m$$

【例 5-2】如图 5-11 所示的一个平面弹性体被划分为 3 个单元（e_1、e_2 和 e_3），5 个节点（1、2、3、4 和 5）。各单元节点的编号为 e_1（1，2，3）、e_2（2，4，5）、e_3（2，3，5）。试求单元 1 的单元刚度矩阵 $\boldsymbol{K}^e$。

解：将单元 1 按图 5-11 的形式编坐标号，将对应坐标值代入式（5-13）和式（5-14），可得

$$a_i = -a^2, a_j = 2a^2, a_m = 0$$
$$b_i = 0, b_j = -a, b_m = a$$
$$c_i = a, c_j = -a, c_m = 0$$

再由式（5-26）计算得到单元 1 的刚度矩阵元素

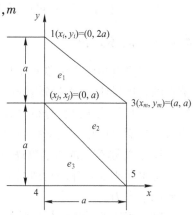

图 5-11 平面网格划分

$\{K_{rs}, r、s=i,j,m\}$，即

$$K_{rs} = \frac{Et}{4(1-\mu^2)A} \begin{pmatrix} b_rb_s + \frac{1-\mu}{2}c_rc_s & \mu b_rc_s + \frac{1-\mu}{2}c_rb_s \\ \mu c_rb_s + \frac{1-\mu}{2}b_rc_s & c_rc_s + \frac{1-\mu}{2}b_rb_s \end{pmatrix}, \quad r、s=i,j,m$$

5.2.5 单元刚度矩阵的物理意义与性质

1. 单元刚度矩阵的物理意义

假设单元节点 i 在 x 方向上有单位 1 的位移，即

$$\boldsymbol{\delta}^e = (u_i \quad v_i \quad u_j \quad v_j \quad u_m \quad v_m)^T = (1\ 0\ 0\ 0\ 0\ 0)^T$$

则由式（5-24）得到

$$\begin{pmatrix} X_i \\ Y_i \\ X_j \\ Y_j \\ X_m \\ Y_m \end{pmatrix} = \begin{pmatrix} K_{ix,ix} \\ K_{iy,ix} \\ K_{jx,ix} \\ K_{jx,iix} \\ K_{mx,ix} \\ K_{my,ix} \end{pmatrix}$$

其中，$K_{ix,ix}$ 表示节点 i 在 x 轴方向产生单位 1 的位移时，节点 i 在 x 轴方向所产生的节点力，记为 $X_i = K_{ix,ix}$；$K_{iy,ix}$ 表示节点 i 在 x 轴方向产生单位 1 的位移时，在节点 i 在 y 轴方向所产生的节点力，记为 $Y_i = K_{iy,ix}$；同理，$K_{ry,sx}$ 表示节点 s 在 x 轴方向产生单位 1 的位移时，节点 r 在 y 轴方向所产生的节点力，记为 $Y_r = K_{ry,sx}$。对于两组下标，第二组下标表示位移的节点和方向，第一组下标表示受力的节点和方向。

2. 单元刚度矩阵的性质

1) 对称性。由于弹性矩阵 $\boldsymbol{D}$ 对称，tA 为常数，所以有

$$(\boldsymbol{K}^e)^T = (\boldsymbol{B}^T\boldsymbol{D}\boldsymbol{B}tA)^T = \boldsymbol{B}^T\boldsymbol{D}\boldsymbol{B}^{TT}tA = \boldsymbol{B}^T\boldsymbol{D}\boldsymbol{B}tA = \boldsymbol{K}^e$$

2) 奇异性。由于 $\boldsymbol{K}^e$ 的行列式为零，即 $|\boldsymbol{K}^e| = 0$。

3) 对角线上的元素恒为正。

上述性质 2) 和 3) 可由【例 5-2】进行验证。

5.2.6 整体分析

单元刚度矩阵表示单元在其节点上的物理量（位移和节点力），那么在总体平面上任意节点的物理量应由与其铰链的所有单元在该节点上的物理量的向量之和得到。利用总体刚度矩阵可对整体系统进行分析研究，而总体刚度矩阵可由所有的单元刚度矩阵组合（或集成）而成，进而可以使问题变得简单。下面分析总体刚度矩阵的集成方法。

1. 总体刚度集成法的物理意义

由单元刚度矩阵的物理意义可知，单元刚度矩阵的元素代表节点产生单位 1 的位移时所需要的节点力。

刚度集成法是指结构中的节点力由相关单元节点力叠加，整体刚度矩阵的元素是相关单元刚度矩阵元素的集成。在图 5-12 所示的结构图中，节点 3 与单元（1）、（3）和（4）的

节点 i、j 和 m 相关，所以在整体刚度矩阵中的对应元素是由单元（1）、（3）和（4）的刚度矩阵相关元素的集成。

2. 总体刚度矩阵的集成规则

单元刚度矩阵中的每个分块或元素是整体结构中的一部分，将所有单元刚度矩阵扩展为整体结构下的矩阵表示，然后进行求和即可得到整体刚度矩阵。

总体刚度矩阵的集成规则是指按照一定的编号顺序，确定各单元的局部编号与整体结构编号之间的关系，以便得到单元刚度矩阵中的每个分块在整体刚度矩阵中的位置。之后将单元刚度矩阵中的每个分块按总体编码重新排列，最后得到单元的扩大矩阵。具体步骤如下：

1）对各单元节点进行编号。对每个单元用 i，j，m 进行逆时针顺序标注，如图 5-12 所示。

2）对结构整体编号。由上向下用数字逐行标注各单元节点。

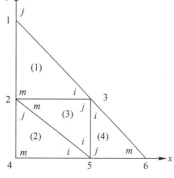

图 5-12 四个单元划分结构

3）将单元的局部编号和其对应的整体结构编号进行列表（见表 5-1）。

表 5-1 局部编号与整体的对应关系

单元编号	单元节点的局部编号	单元节点的整体编号	单元编号	单元节点的局部编号	单元节点的整体编号
（1）	i	3	（3）	i	5
（1）	j	1	（3）	j	3
（1）	m	2	（3）	m	2
（2）	i	5	（4）	i	3
（2）	j	2	（4）	j	5
（2）	m	4	（4）	m	6

4）列表确定单元（e）的扩展矩阵 $\boldsymbol{K}^{(e)}$，表 5-2 所示为单元（2）的扩展矩阵 $\boldsymbol{K}^{(2)}$。

表 5-2 单元（2）的扩展矩阵

局部编号			j		m	i	
	整体编号	1	2	3	4	5	6
	1						
j	2		$K_{jj}^{(2)}$		$K_{jm}^{(2)}$	$K_{ji}^{(2)}$	
	3						
m	4		$K_{mj}^{(2)}$		$K_{mm}^{(2)}$	$K_{mi}^{(2)}$	
i	5		$K_{ij}^{(2)}$		$K_{im}^{(2)}$	$K_{ii}^{(2)}$	
	6						

由表 5-2 得到单元（2）的扩展矩阵为

$$K^{(2)} = \begin{pmatrix} 0 & 0 & 0 & 0 & 0 & 0 \\ 0 & K_{jj}^{(2)} & 0 & K_{jm}^{(2)} & K_{ji}^{(2)} & 0 \\ 0 & 0 & 0 & 0 & 0 & 0 \\ 0 & K_{mj}^{(2)} & 0 & K_{mm}^{(2)} & K_{mi}^{(2)} & 0 \\ 0 & K_{ij}^{(2)} & 0 & K_{im}^{(2)} & K_{ii}^{(2)} & 0 \\ 0 & 0 & 0 & 0 & 0 & 0 \end{pmatrix}$$

同理有

$$K^{(1)} = \begin{pmatrix} K_{jj}^{(1)} & K_{jm}^{(1)} & K_{jt}^{(1)} & 0 & 0 & 0 \\ K_{mj}^{(1)} & K_{mm}^{(1)} & K_{mi}^{(1)} & 0 & 0 & 0 \\ K_{ij}^{(1)} & K_{im}^{(1)} & K_{ii}^{(1)} & 0 & 0 & 0 \\ 0 & 0 & 0 & 0 & 0 & 0 \\ 0 & 0 & 0 & 0 & 0 & 0 \\ 0 & 0 & 0 & 0 & 0 & 0 \end{pmatrix}$$

$$K^{(3)} = \begin{pmatrix} 0 & 0 & 0 & 0 & 0 & 0 \\ 0 & K_{mm}^{(3)} & K_{mj}^{(3)} & 0 & K_{mi}^{(3)} & 0 \\ 0 & K_{jm}^{(3)} & K_{jj}^{(3)} & 0 & K_{jt}^{(3)} & 0 \\ 0 & 0 & 0 & 0 & 0 & 0 \\ 0 & K_{im}^{(3)} & K_{ij}^{(3)} & 0 & K_{ii}^{(3)} & 0 \\ 0 & 0 & 0 & 0 & 0 & 0 \end{pmatrix}$$

$$K^{(4)} = \begin{pmatrix} 0 & 0 & 0 & 0 & 0 & 0 \\ 0 & 0 & 0 & 0 & 0 & 0 \\ 0 & 0 & K_{ii}^{(4)} & 0 & K_{ij}^{(4)} & K_{im}^{(4)} \\ 0 & 0 & 0 & 0 & 0 & 0 \\ 0 & 0 & K_{ji}^{(4)} & 0 & K_{jj}^{(4)} & K_{jm}^{(4)} \\ 0 & 0 & K_{mi}^{(4)} & 0 & K_{mj}^{(4)} & K_{mm}^{(4)} \end{pmatrix}$$

5）总体刚度矩阵为

$$K = K^{(1)} + K^{(2)} + K^{(3)} + K^{(4)} \tag{5-27}$$

结构上的节点力为

$$F = K\delta \tag{5-28}$$

节点的平衡方程为

$$K\delta = P \tag{5-29}$$

5.2.7 有约束时对刚度矩阵的修正

当存在对位移的约束条件时，说明对应的节点在该坐标方向上的位移始终为零。可利用式（5-29）对整体刚度矩阵中的相关元素以及变量进行修正。

假设在节点总编号为 n 的节点上有 x 和 y 方向上的位移约束。由式（5-29）可知

$$\boldsymbol{K\delta} = \begin{pmatrix} K_{2n-1,1} & K_{2n-1,2} & \cdots & K_{2n-1,2n-1} & K_{2n-1,2n} & \cdots \\ K_{2n-1} & K_{2n,2} & \cdots & K_{2n,2n-1} & K_{2n,2n} & \cdots \end{pmatrix} \begin{pmatrix} u_1 \\ v_1 \\ u_2 \\ v_2 \\ \vdots \\ \vdots \\ u_n \\ v_n \\ \vdots \\ \vdots \\ \vdots \end{pmatrix} = \begin{pmatrix} P_1 \\ P_2 \\ P_3 \\ P_4 \\ \vdots \\ \vdots \\ P_{2n-1} \\ P_{2n} \\ \vdots \\ \vdots \end{pmatrix} \begin{matrix} u_1 \\ v_2 \\ u_3 \\ v_4 \\ u_5 \\ v_6 \\ u_7 \\ v_8 \\ u_9 \\ v_{10} \\ u_{11} \\ v_{12} \end{matrix}$$

总编号的行列号为 $2n-1$ 的节点对应 u_n 即 x 方向位移，行列号为 $2n$ 的节点对应 v_n 即 y 方向位移。在上式中，$K_{2n-1,2n-1}$ 对应总节点行号为 $2n-1$ 的节点上 x 方向的节点力，$K_{2n-1,2n}$ 对应总节点行号为 $2n$ 的节点上 y 方向的节点力。

有约束时，对刚度矩阵的具体修正方法如下。

1）令对应节点的位移变量为零，即取 $u_n = 0$，$v_n = 0$。

2）将对应 u_n 和 v_n 的行列元素除对角线上的元素置 1，其他均置零。

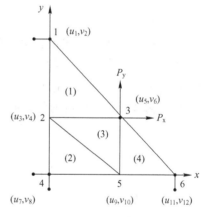

图 5-13 外约束条件

例如，对于图 5-13 所示情况，结构总编号为 1、4 的节点上有 x 方向的位移约束，分别对应单元为（1）的 u_1、（2）的 u_7；结构总编号为 4、6 的节点上有 y 方向的位移约束，分别对应单元为（2）的 v_8、（4）的 v_{12}；总编号为 3 的节点上有外载荷约束 P_x 和 P_y。

按照上述修正方法，得到修正后的整体刚度矩阵为

$$\begin{pmatrix} 1 & 0 & 0 & 0 & 0 & 0 & 0 & 0 & 0 & 0 & 0 & 0 \\ 0 & \times & \times & \times & \times & \times & 0 & 0 & \times & \times & \times & 0 \\ 0 & & & & & & 0 & 0 & & & & 0 \\ 0 & \vdots & \vdots & \vdots & \vdots & \vdots & 0 & 0 & \vdots & \vdots & \vdots & 0 \\ 0 & & & & & & 0 & 0 & & & & 0 \\ 0 & \times & \times & \times & \times & \times & 0 & 0 & \times & \times & \times & 0 \\ 0 & 0 & 0 & 0 & 0 & 0 & 1 & 0 & 0 & 0 & 0 & 0 \\ 0 & 0 & 0 & 0 & 0 & 0 & 0 & 1 & 0 & 0 & 0 & 0 \\ 0 & \times & \times & \times & \times & \times & 0 & 0 & \times & \times & \times & 0 \\ 0 & \times & \times & \times & \times & \times & 0 & 0 & \times & \times & \times & 0 \\ 0 & \times & \times & \times & \times & \times & 0 & 0 & \times & \times & \times & 0 \\ 0 & 0 & 0 & 0 & 0 & 0 & 0 & 0 & 0 & 0 & 0 & 0 \end{pmatrix} \begin{pmatrix} 0 \\ v_2 \\ u_3 \\ v_4 \\ u_5 \\ v_6 \\ 0 \\ 0 \\ u_9 \\ v_{10} \\ u_{11} \\ 0 \end{pmatrix} = \begin{pmatrix} 0 \\ 0 \\ 0 \\ 0 \\ P_x \\ P_y \\ 0 \\ 0 \\ 0 \\ 0 \\ 0 \\ 0 \end{pmatrix}$$

说明：上述修正应保持原刚度矩阵的阶数不变，以便适合计算机处理。如果是手工运算，则可以将有约束的行列元素去除，即由 12 降阶为 8 阶，可减小计算量。即得如下形式

$$\begin{pmatrix} \times & \times & \times & \times & \times & \times & \times & \times \\ \times & \times & \times & \times & \times & \times & \times & \times \\ \times & \times & \times & \times & \times & \times & \times & \times \\ \times & \times & \times & \times & \times & \times & \times & \times \\ \times & \times & \times & \times & \times & \times & \times & \times \\ \times & \times & \times & \times & \times & \times & \times & \times \\ \times & \times & \times & \times & \times & \times & \times & \times \\ \times & \times & \times & \times & \times & \times & \times & \times \end{pmatrix} \begin{pmatrix} v_2 \\ u_3 \\ v_4 \\ u_5 \\ v_6 \\ u_9 \\ v_{10} \\ u_{11} \end{pmatrix} = \begin{pmatrix} 0 \\ 0 \\ 0 \\ P_x \\ P_y \\ 0 \\ 0 \\ 0 \end{pmatrix}$$

5.2.8 平面问题的有限元分析的解题步骤

1. 单元分割

对于 x、y 轴对称的平面，可以取它的 1/4 作为分析对象；单元分割个数随精度要求适当增加；依次按行表示总的节点号，按逆时针标示单元节点号 i、j、m 及单元节点坐标 (x_i, y_i)、(x_j, y_j)、(x_m, y_m)。

2. 计算单元刚度矩阵的元素值

对每个单元，计算 $T = \begin{pmatrix} 1 & x_i & y_i \\ 1 & x_j & y_j \\ 1 & x_m & y_m \end{pmatrix}$ 及 $|T| = 2A$，

计算单元参数

$$\begin{pmatrix} a_i & b_i & c_i \\ a_j & b_j & c_j \\ a_m & b_m & c_m \end{pmatrix} = \begin{pmatrix} x_j y_m - x_m y_j & y_j - y_m & x_m - x_j \\ x_m y_i - x_i y_m & y_m - y_i & x_i - x_m \\ x_i y_j - x_j y_i & y_i - y_j & x_j - x_i \end{pmatrix}$$

计算单元刚度矩阵的元素值

$$K_{rs} = \frac{Et}{4(1-\mu^2)A} \begin{pmatrix} b_r b_s + \frac{1-\mu}{2} c_r c_s & \mu b_r c_s + \frac{1-\mu}{2} c_r b_s \\ \mu c_r b_s + \frac{1-\mu}{2} b_r c_s & c_r c_s + \frac{1-\mu}{2} b_r b_s \end{pmatrix}, r、s = i, j, m$$

3. 总体刚度矩阵的集成

按表 5-1 和表 5-2 求各单元刚度矩阵的扩展矩阵 $K^{(e)}$，$e = 1, 2, \cdots$，计算总体刚度矩阵

$$K = \sum K^{(e)}$$

4. 总体刚度矩阵的边界约束修正

对有约束的节点，按其约束方向，将坐标对应的 K 的对角元素取 1，其余行列元素取 0；将 δ^e 中有约束的节点变量值取 0。

5. 计算结果

1) 求解总体结构的节点位移 $\delta = P^{-1}K$（手工计算式用降阶式）。

2）计算节点力为 $F = K\delta$。

3）求解各单元的应力矩

$$S = (S_i \quad S_j \quad S_m)$$

$$S_r = \frac{E}{2A(1-\mu^2)} \begin{pmatrix} b_r & \mu c_r \\ \mu b_r & c_r \\ \frac{1-\mu}{2}c_r & \frac{1-\mu}{2}b_r \end{pmatrix}, \quad r = i, j, m$$

4）求解各单元的应力 $\sigma = S\delta$。

6. 综合分析

整理、分析、作图，得出结论。

5.3 弹性力学平面问题的 ANSYS 分析

第5.2节中介绍了弹性力学平面问题的一般分析思路与方法。本节通过举例介绍使用 ANSYS 对弹性力学平面问题的分析方法和步骤。

【例5-3】 带有圆孔的方板如图5-14所示。方板的长、宽均为1m，厚度为5cm，内孔直径为0.2m。左右两侧均受到 $q = 50$ MPa 的均布拉力作用。材料的弹性模量为 $E = 2.1 \times 10^5$ MPa，屈服极限 $\sigma_x = 240$ MPa，泊松比为 $\mu = 0.3$。试计算该方板的应力分布，并给出 x 方向的正应力分量沿垂直方向对轴的分布。

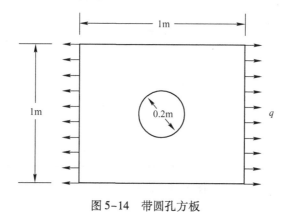

图5-14 带圆孔方板

解： 利用 ANSYS 对弹性力学平面问题的分析方法和步骤如下。

1. 建立简化模型

从两侧受到均布载荷作用的带有中心圆孔的方板的变形特征可知，受力后的方板会在水平方向伸长，在竖直方向收缩。对整体模型左侧边缘上施加水平方向的位移约束，如图5-15a所示。由于方板的形状和载荷分布关于水平方向的中心轴对称，所以可对其1/2构成的模型进行研究，在左侧边缘上部施加水平方向的位移约束，在水平方向的对称轴上施加垂直方向的约束，如图5-15b所示。方板也是关于垂直方向的中心轴对称，所以可进一步简化为总体的1/4模型。可在如右上角的1/4模型上，对其水平和垂直方向的对称轴上施加约束，如图5-15c所示，所得结果关于原点对称。

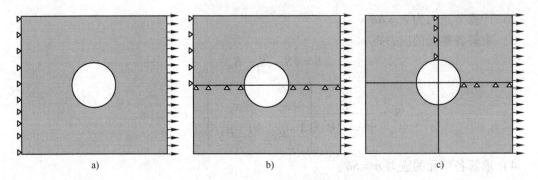

图 5-15 带圆孔方板的模型简化与选择

由上分析可见，为简化模型、便于运算和分析，尽可能取最小的对称部分作为研究模型。

2. ANSYS 分析

（1）初始设置

1）设置工作路径。设置工作路径是为了将分析结果存入用户指定的单元。在 Utility Menu 中选择 File→Change Directory，弹出的"浏览文件夹"对话框，输入用户的文件保存路径，单击"确定"按钮，如图 5-16 所示。即指定存入路径 E 盘中的 ANSYS 文件夹。

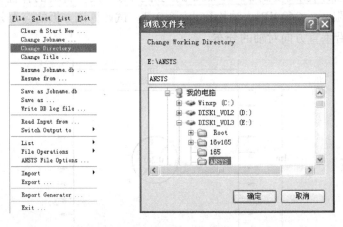

图 5-16 设置工作路径

2）设置工作文件名。在 Utility Menu 中选择 File→Change Jobname，弹出的 Change Jobname 对话框，输入用户文件名"planestress"，单击 OK 按钮，如图 5-17 所示。

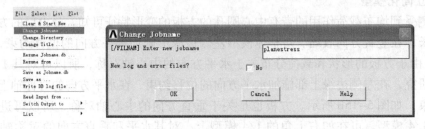

图 5-17 设置工作文件名

3）设置工作标题。在 Utility Menu 中选择 File→Change Title，弹出的 Change Title 对话框，输入用户标题"this is a plane"，单击 OK 按钮，如图 5-18 所示。

图 5-18　设置标题名

4）设定分析模块。在 ANSYS Main Menu 中选择 Preferences，弹出 Preferences for GUI Filtering 对话框，勾选 Structural 复选框，单击 OK 按钮，如图 5-19 所示。

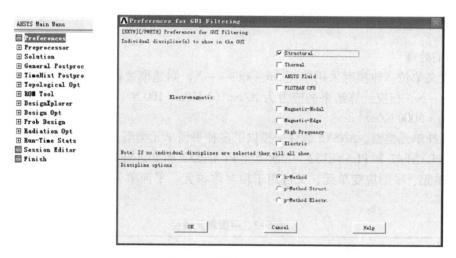

图 5-19　设定分析模块

5）改变图形编辑窗口背景颜色。默认图形编辑窗口的背景颜色为黑色，用户可以将其改为白色。在 Utility Menu 中选择 PlotCtrls→Style→Colors→Reverse Video，选择过程如图 5-20 所示。选择后，图形编辑窗口背景变为白色，如图 5-21 所示。

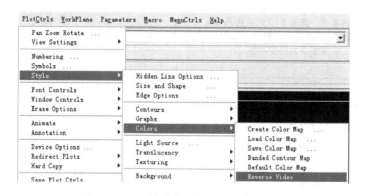

图 5-20　改变图形编辑窗口的背景颜色

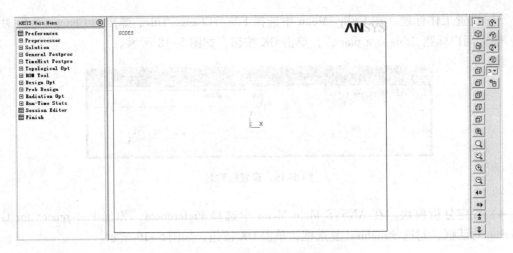

图 5-21 白色背景的图形编辑窗口

(2) 前处理

1) 定义单位。建模时采用单位 cm-kg-s-N，则建模过程中的所有参数都选用单位 cm-kg-s-N，相应计算结果的应力为 N/cm^2（1 MPa = 100 N/cm^2），$E = 2.1 \times 10^7 \ N/cm^2$，均布拉力 $q = 5000 \ N/cm^2$。

2) 选择单元类型。ANSYS 软件中提供了多种平面单元类型，如二次三角单元 PLANE2，线性单元 PLANE42 和 PLANE182，二次单元 PLANE82 和 PLANE183 等。这些单元既可用于平面应力单元、平面应变单元，又可用于轴对称单元。平面单元类型、特点及适用范围见表 5-3。

表 5-3 平面单元特性

单元类型	特 点	节 点 数	节点自由度	适 用
PLANE2	二次三角形单元，有塑性、蠕变、辐射膨胀、应力刚度、大变形及大应变功能	6(I,L,J,M,K,N)		不规则的网格
PLANE42	线性平面单元，具有四边形和三角形选项，有塑性、蠕变、辐射膨胀、应力刚度、大变形及大应变功能	4(I,J,K,L)		平面应力单元、平面应变单元和轴对称单元
PLANE82	二次平面单元，具有 8 节点四边形和 6 节点三角形选项，有塑性、蠕变、辐射膨胀、应力刚度、大变形及大应变功能	8(I,M,J,N,K,O,L,P)	Ux, Uy	PLANE42 的高阶单元，混合网格的结果精度高，适用于模拟曲线边界
PLANE182	线性平面单元，有塑性、超弹性、应力刚度、大变形及大应变功能	4(I,J,K,L)		平面单元和轴对称单元，可以模拟不可压缩的弹塑性材料
PLANE183	二次平面单元，有塑性、蠕变、应力刚度、大变形及大应变功能	8(I,M,J,N,K,O,L,P)		PLANE182 的高阶单元，适用于混合网格

PLANE2、PLANE42 和 PLANE82 单元的几何模型分别如图 5-22 ~ 图 5-24 所示。在本例中，方板结构简单，可选用线性单元 PLANE42。PLANE42 单元是 4 个节点的四边形单元，也可以退化为 3 个节点的三角形单元（不推荐使用）。

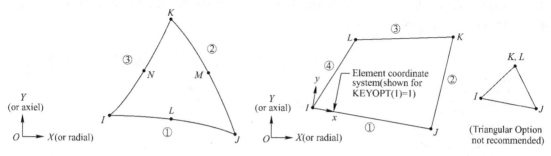

图 5-22 PLANE2 单元几何模型　　　　图 5-23 PLANE42 单元几何模型

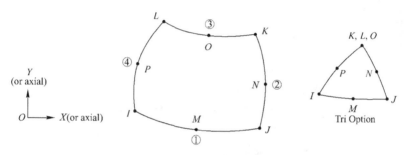

图 5-24 PLANE82 单元几何模型

在 ANSYS Main Menu 中选择 Preprocessor→Element Type→Add/Edit/Delete，弹出 Element Types 对话框，单击 Add 按钮，弹出 Library of Element Types 对话框，选择 Solid 选项和 Quad 4node 42 选项，单击 OK 按钮，再单击 Close 按钮。单元类型的定义过程如图 5-25 所示。

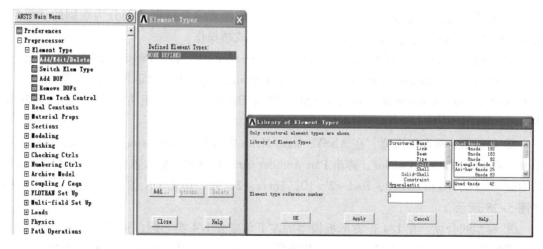

图 5-25 定义单元类型

3) 定义材料属性。在 ANSYS Main Menu 中选择 Preprocessor→Material Props→Material Models，弹出Define Material Model Behavior 对话框，选择 Structural→Linear→Elastic→Isotropic 选项，在弹出的 Linear Isotropic Properties for Mater...对话框中，设置弹性模量 EX 为"2.1E+007"，泊松比 PRXY 为"0.3"，单击 OK 按钮，再关闭 Define Material Model Behavior 对话框。材料特性的定义如图 5-26 所示。

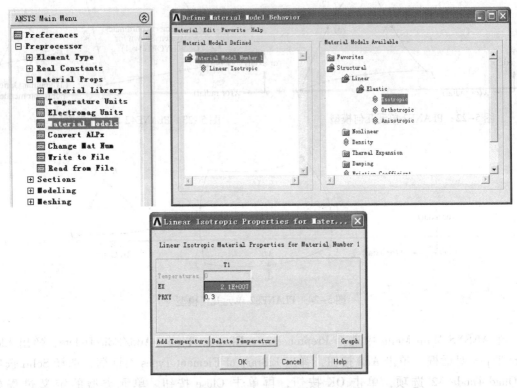

图 5-26 定义材料特性

4) 模型创建。在建立总体模型时，首先，需依题意将总体形状划分为规则的子模型；其次，将所有子模型进行合成，即子模型之间的加或减操作。

① 创建 1/4 正方形板模型。在 ANSYS Main Menu 中选择 Preprocessor→Modeling→Create→Areas→Rectangle→By 2 corners，弹出 Rectangle by 2 C...对话框，输入参数 WP X=0，WP Y=0，Width=50，Height=50，单击 OK 按钮。1/4 正方形板模型的创建如图 5-27 所示。

② 创建 1/4 圆形板模型。在 ANSYS Main Menu 中选择 Preprocessor→Modeling→Create→Areas→Circle→Partial Annulus，弹出 Part Annular Cir...对话框，输入参数 WP X=0，WP Y=0，Rad-1=0，Theta-1=0，Rad-2=10，Theta-2=90，单击 OK 按钮。创建 1/4 实心圆如图 5-28 所示。

③ 模型的合成。在 1/4 正方形板模型的左下角减去 1/4 实心圆，得到所需的实体模型。具体操作如下。在 ANSYS Main Menu 中选择 Preprocessor→Modeling→Operate→Booleans→Subtract→Areas，弹出 Subtract Areas 拾取窗口，拾取正方形板，作为被减部分，单击 Apply

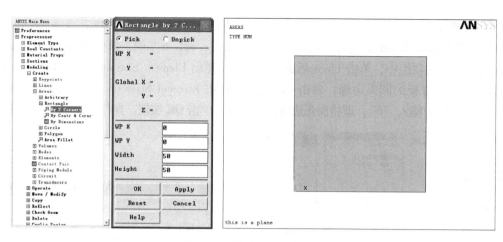

图 5-27　创建 1/4 正方形板

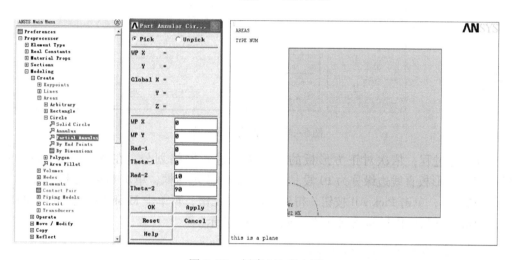

图 5-28　创建 1/4 实心圆

按钮，再次弹出 Subtract Areas 拾取窗口，拾取圆作为减去部分，单击 OK 按钮。减去实心圆的操作过程及最终合成模型如图 5-29 所示。

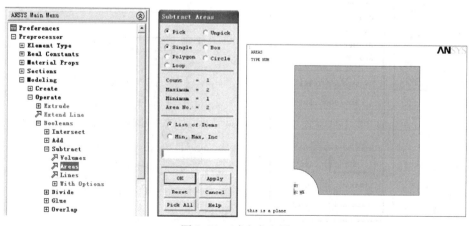

图 5-29　减去实心圆

5）网格划分

在 ANSYS Main Menu 中选择 Preprocessor→Meshing→Mesh Tool，弹出 Mesh Tool 对话框，在 Size Controls 选项组中，单击 Lines 后的 Set 按钮，弹出 Element Size on... 拾取窗口，在图形编辑窗口拾取方板的圆弧边缘，单击 OK 按钮，弹出 Element Sizes on Picked Lines 对话框，在 NDIV 文本框中输入"6"，即将圆弧边缘分为 6 段，单击 OK 按钮。操作过程如图 5-30 所示。

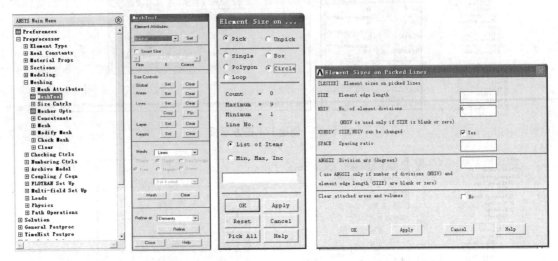

图 5-30　设置线单元长度

重复上述过程，依次对正方形板的 4 个边缘进行网格划分，在 NDIV 文本框中输入"10"，将正方形板直线边缘分为 10 段。返回 MeshTool 对话框，单击 Mesh 按钮，弹出 Mesh Areas 拾取窗口，单击 Pick All 按钮，得到四边形单元格，再单击 MeshTool 对话框中的 Close 按钮。网格划分的操作过程及划分结果如图 5-31 所示。

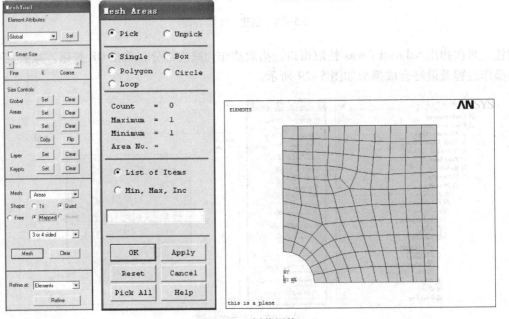

图 5-31　划分网格

(3) 求解

1) 施加约束。依题，对正方形板下边缘进行垂直方向约束，对正方形板的左边缘进行水平方向约束。在 ANSYS Main Menu 中选择 Solution→Define Loads→Apply→Structural→Displacement→On Lines，弹出 Apply U, ROT on L…拾取窗口，在图形编辑窗口选择正方形板下边缘，单击 OK 按钮，弹出 Apply U, ROT on Lines 对话框，选择 UY 选项，单击 Apply 按钮；再次弹出 Apply U, ROT on L…拾取窗口，选择方板的左边缘，单击 OK 按钮，在弹出的 Apply U, ROT on Lines 对话框中，选择 UX 选项，单击 OK 按钮，完成约束的施加。施加约束的操作过程如图 5-32 所示。

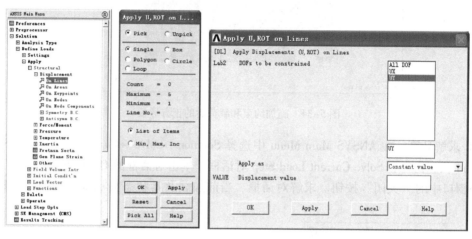

图 5-32 施加约束

2) 施加载荷。依题，在正方形板的右边缘施加均布载荷。在 ANSYS Main Menu 中选择 Solution→Define Loads→Apply→Structural→Pressure→On Lines，弹出 Apply PRES on Lines 拾取窗口，在图形编辑窗口选择正方形板右边缘，单击 OK 按钮，弹出 Apply PRES on lines 对话框，在 VALUE Load PRES value 文本框中输入"-5000"，单击 OK 按钮。施加载荷的操作过程如图 5-33 所示。施加约束和载荷后的正方形板受力情况如图 5-34 所示。

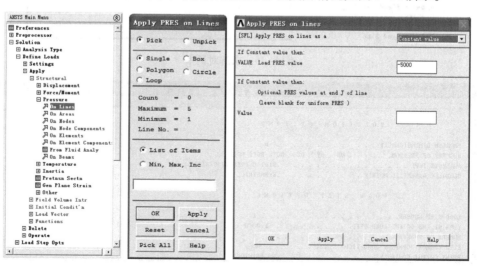

图 5-33 施加载荷

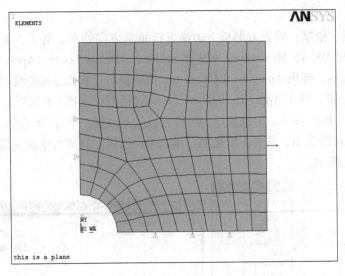

图 5-34 施加约束和载荷后的正方形板

3）求解计算。在 ANSYS Main Menu 中选择 Solution→Solve→Current LS，弹出/STATUS Command 状态窗口和 Solve Current Load Step 对话框，单击对话框的 OK 按钮，计算结束后单击状态窗口中的"关闭"按钮。求解对话框、当前加载及其状态显示如图 5-35 和图 5-36 所示。

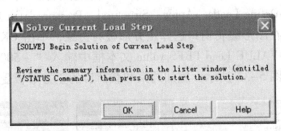

图 5-35 求解对话框

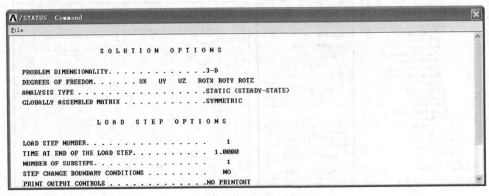

图 5-36 状态窗口

(4) 后处理

1) 绘制路径图。路径图是某结果数据沿模型上某一预定义路径的变化图。路径操作的步骤是：定义路径，映射路径，路径显示。

① 定义路径。在 ANSYS Main Menu 中选择 General Postproc→Path Operations→Define Path→By Location，弹出 By Location 对话框，在 Name 文本框中输入路径名"path1"以方便调用，单击 OK 按钮。定义路径操作如图 5-37 所示。

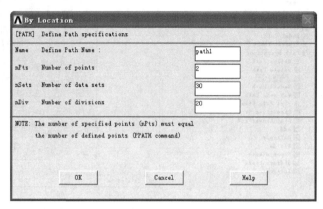

图 5-37　定义路径

② 确定要观察的具体部分。在弹出的 By Location in Global Cartesian 对话框中，依次输入 1（起始点号）及（0，10，0）（起始点的坐标值），单击 OK 按钮；弹出 By Location in Global Cartesian 对话框，依次输入 2（终点号）及（0，50，0）（终点的坐标值），单击 OK 按钮；再次弹出 By Location in Global Cartesian 对话框，单击 Cancel 按钮，退出设定。确定观察部分的操作如图 5-38 所示。

图 5-38　确定观察部分

③ 观察定义的路径。在 ANSYS Main Menu 中选择 General Postproc→Path Operations→Plot paths。观察路径的定义如图 5-39 所示。

④ 映射路径。将 x 方向的正应力 σ_x 映射到定义好的路径上。在 ANSYS Main Menu 中选择 General Postproc→Path Operations→Map onto Path，弹出 Map Result Items onto Path 对话框，在 Lab 文本框中输入项目标识名"xstress"，在下方的双列选择列表框中选择 Stress 和

105

X-direction SX 选项，单击 OK 按钮。映射路径定义如图 5-40 所示。

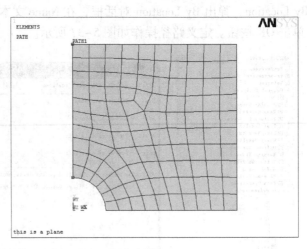

图 5-39 观察定义的路径

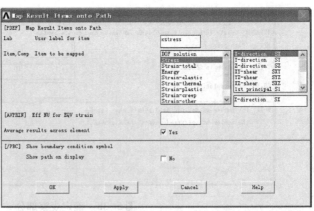

图 5-40 映射路径

⑤ 路径显示。显示 x 方向的正应力曲线。在 ANSYS Main Menu 中选择 General Postproc→Path Operations→Plot Path Item→On Graph，弹出 Plot of Path Items on Graph 对话框，选择 SXTRESS 选项，单击 OK 按钮。显示 x 方向正应力曲线的操作如图 5-41 所示。最后得到梁的 x 方向正应力曲线，如图 5-42 所示。

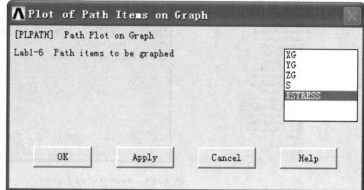

图 5-41　显示 x 方向正应力曲线

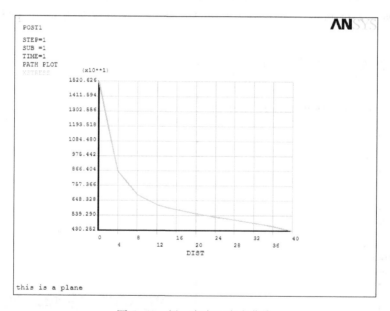

图 5-42　梁 x 方向正应力曲线

由图 5-42 可知，随着 y 向距离的增大，x 向应力逐渐减小，在节点 (0,10,0) 处的应力是 15206.26 N/cm^2，在节点 (0,50,0) 处的应力是 4302.52 N/cm^2。

也可以采用列表显示 x 方向的正应力数值，具体操作如下。在 ANSYS Main Menu 中选择 General Postproc→Path Operations→Plot Path Item→List Path Items，弹出 List Path Items 对话框，选择 XSTRESS 选项，单击 OK 按钮。列表显示应力数值的操作如图 5-43 所示，得到列表显示的 PRPATH Command 窗口如图 5-44 所示。在 PRPATH Command 窗口中，给出了各点对应的应力值。

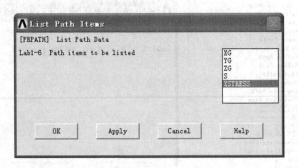

图 5-43 列表显示应力数值

2）保存结果并退出系统。单击工具栏中的 QUIT 按钮，在弹出的 Exit from ANSYS 对话框中，选中 Save Everything 单选按钮，单击 OK 按钮，保存结果并退出 ANSYS 系统，如图 5-45 所示。

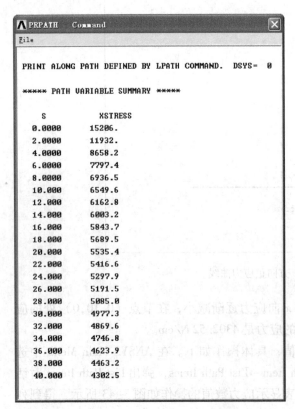

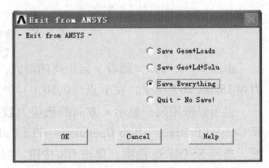

图 5-44 PRPATH Command 窗口

图 5-45 保存结果并退出系统

【例 5-4】 等截面挡水坝的截面尺寸如图 5-46 所示。坝底长为 3 m，坝体顶长为 1.2 m，坝体高为 5 m。坝体的材料为混凝土，密度为 1930 kg/m³，弹性模量为 $E=30$ MPa，泊松比为 $\mu=0.3$，假定混凝土抗拉压的能力相同。坝体底部固定于地基上，在斜面上受到水压作用，水面距坝底高度为 4 m。以挡水坝截面左下角顶点 A 为坐标原点，试计算水坝横截面上的应力分布，给出沿 $x=2.5$ m 垂直线上 x 方向正应力的分布。

1. 题意分析

由于水坝体长度尺寸远远大于其截面尺寸，所以坝体受静态水压力和重力作用属于弹性力学的应变问题。坝体受到均匀分布的重力的作用，斜面受到的静水压力随深度

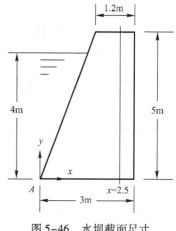

图 5-46 水坝截面尺寸

而变化。坝体固定在地下岩石上，所以底部会受水平和垂直两个方向的位移约束。以下利用 ANSYS 对坝体受力情况及相关参数进行分析与计算。

2. 初始设置

（1）设置工作路径

在 Utility Menu 中选择 File→Change Directory，弹出"浏览文件夹"对话框，输入文件的保存路径，单击"确定"按钮，如图 5-47 所示。

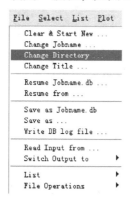 

图 5-47 设置工作路径

（2）设置工作文件名

在 Utility Menu 中选择 File→Change Jobname，弹出 Change Jobname 对话框，输入用户文件名"planestrain"，单击 OK 按钮，如图 5-48 所示。

 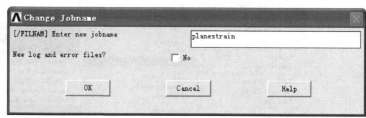

图 5-48 设置工作文件名

（3）设置工作标题

在 Utility Menu 中选择 File→Change Title，弹出 Change Title 对话框，输入用户标题 "this is a plane" 单击 OK 按钮，如图 5-49 所示。

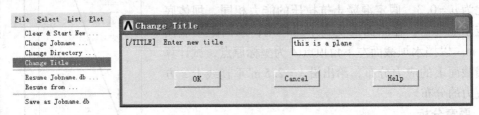

图 5-49　设置标题名

（4）设定分析模块

在 ANSYS Main Menu 中选择 Preferences，在弹出的 Preferences for GUI Filtering 对话框中，勾选 Structural 复选框，单击 OK 按钮，如图 5-50 所示。

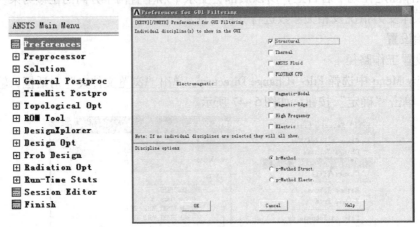

图 5-50　设定分析模块

（5）改变图形编辑窗口背景颜色

默认图形编辑窗口的背景颜色为黑色，用户可以将其改为白色。在 Utility Menu 中选择 PlotCtrls→Style→Colors→Reverse Video，图形编辑窗口背景变为白色。选择过程及结果如图 5-51 和图 5-52 所示。

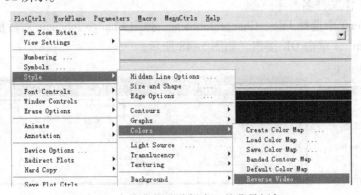

图 5-51　改变图形编辑窗口的背景颜色

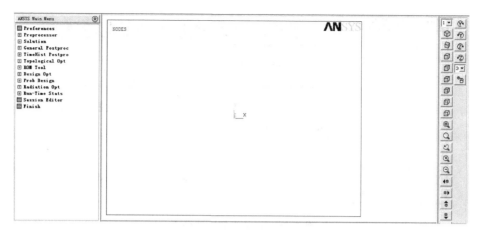

图 5-52 白色背景的图形编辑窗口

3. 前处理

（1）定义单位

本例中统一采用单位 m-kg-s-N，则建模过程中的所有参数都选用单位 m-kg-s-N，相应的应力单位为 Pa。

（2）定义单元类型

本例中选用 PLANE42 单元，其特性见表 5-3。在 ANSYS Main Menu 中选择 Preprocessor →Element Type→Add/Edit/Delete，弹出 Element Types 对话框，单击 Add 按钮，弹出 Library of Element Types 对话框，选择 Solid 选项和 Quad 4node 42 选项，单击 OK 按钮。单元类型的定义过程如图 5-53 所示。

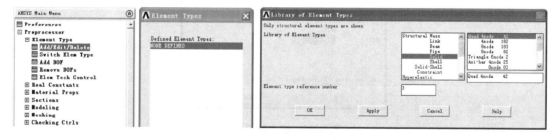

图 5-53 定义单元类型

在默认状态下，PLANE42 是平面应力单元，若研究平面应变问题，需要在 Element Types 对话框中单击 Options 按钮进行设定。在弹出的 PLANE42 element type options 对话框中，K3 下拉列表框选择 Plane strain 选项，单击 OK 按钮，返回 Element Types 对话框，单击 Close 按钮，如图 5-54 所示。

（3）定义材料属性

在 ANSYS Main Menu 中选择 Preprocessor→Material Props→Material Models，弹出 Define Material Model Behavior 对话框，在右侧列表框中选择 Structural→Linear→Elastic→Isotopic 选项，弹出 Linear Isotopic Properties for Mater...对话框中，设置弹性模量 EX 为 "3e7"，泊松比 PRXY 为 "0.3"，单击 OK 按钮，再关闭 Define Material Model Behavior 对话框，如图 5-55 所示。

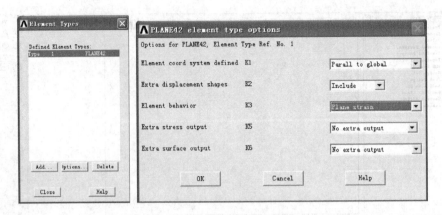

图 5-54 定义平面应变单元

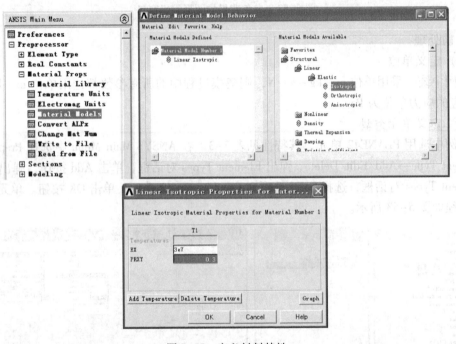

图 5-55 定义材料特性

材料的密度定义。在 Define Material Model Behavior 对话框中，选择 Structural > Density，弹出 Density for Material Number 1 对话框中，设置密度 DENS 为"1930"，如图 5-56 所示。

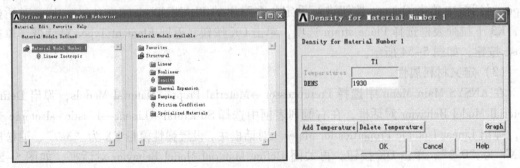

图 5-56 定义密度

（4）建立水坝截面的关键点

在 ANSYS Main Menu 中选择 Preprocessor→Modeling→Create→Areas→Keypoints→In Active CS，弹出 Create Keypoints in Active Coordinate System 对话框，如图 5-57 所示。输入第 1 个关键点的编号及其坐标 1(0,0,0)，单击 OK 按钮。同理，在随后弹出的窗口中，再依次输入其他 3 个关键点的编号和坐标 2(3,0,0)，3(3,5,0) 及 4(1.8,5,0)。

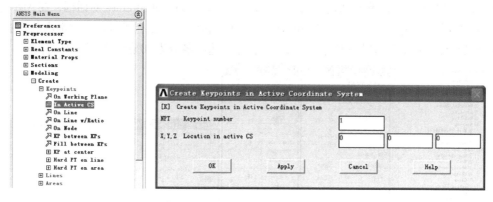

图 5-57 建立水坝截面关键点

（5）建立水坝截面

在 ANSYS Main Menu 中选择 Preprocessor→Modeling→Create→Areas→Arbitrary→Through KPs，弹出 Create Area thru…拾取窗口，在模型编辑窗口中依次选择关键点编号 1、2、3、4，单击 OK 按钮，如图 5-58 所示。

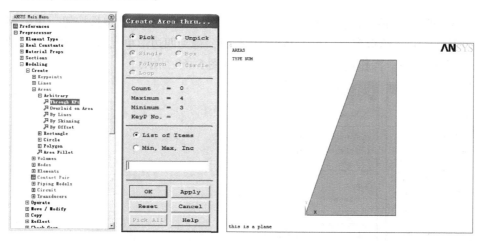

图 5-58 建立水坝截面

注意：用鼠标指针选择关键点时，若按逆时针方向依次选择关键点，这时外法线方向向外，即与总体坐标的 z 轴同向；若按顺时针方向依次选择关键点，这时外法线方向向里，即与总体坐标的 z 轴反向。

（6）划分单元网格

对于单一的单元和材料，划分网格时不需要指定单元和材料类型，即不需要在 Mesh Attributes 进行网格属性设置。由于本例的水坝截面形状比较整齐规则，可采用映射方法在截面上划分网格。

需要注意的是，采用映射法时，要求对边的分割数目必须一致。水坝在水平面以下的部分受到静水压作用，需要施加载荷，在划分网格时应在水平面处设置一个节点以作为受力的分界点。这里对水坝的上下边各等分为 10 份，左右侧各等分为 20 份。具体划分如下。

在 ANSYS Main Menu 中选择 Preprocessor→Meshing→MeshTool，弹出 MeshTool 对话框，在 Size Controls 选项组中，单击 Lines 后的 Set 按钮，弹出 Element Size on…对话框，在图形编辑窗口选择水坝上下边缘，单击 OK 按钮，弹出 Element Sizes on Picked Lines 对话框，在 NDIV 文本框中输入 "10"，即将上下边缘各分为 10 份，单击 OK 按钮。重复上述过程，对水坝的左右边缘进行网格划分，在 NDIV 文本框中输入 "20"，将左右边缘各分为 20 份，如图 5-59 所示。

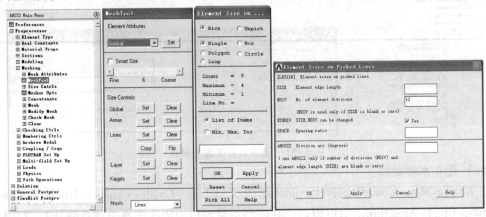

图 5-59　设置单元密度

返回 MeshTool 对话框，在 Shape 选项组中选中 Quad 和 Mapped 单选按钮，单击 Mesh 按钮，弹出 Mesh Areas 拾取窗口，单击 Pick All 按钮，得到四边形单元格，再单击 MeshTool 对话框中的 Close 按钮。操作过程及网格划分结果如图 5-60 所示。

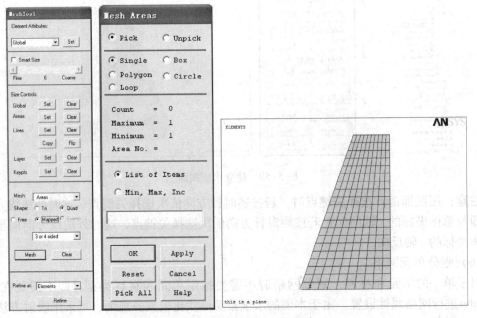

图 5-60　坝体截面的网格划分

4. 求解

（1）施加约束

在本例中，依题应在水坝底部施加水平和垂直方向的约束。在 ANSYS Main Menu 中选择 Solution→Define Loads→Apply→Structural→Displacement→OnLines，弹出 Apply U, ROT on L...拾取窗口，在图形编辑窗口选择水坝下边缘，单击 OK 按钮，弹出 Apply U, ROT on Lines 对话框，选择 All DOF 选项，单击 OK 按钮，如图 5-61 所示。

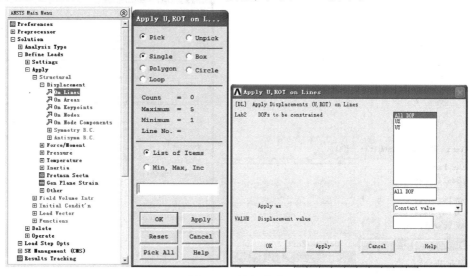

图 5-61　施加约束

（2）施加静水压载荷

由于水坝在水平面下受到静水压作用，故需在水坝左边缘水平线下施加一个随水深变化的载荷函数。具体步骤：定义载荷函数，读入已定义的函数，施加载荷函数。

1）定义载荷函数。在 Utility Menu 中选择 Parameters→Functions→Define/Edit，弹出 Function Editor 对话框，如图 5-62 所示。在数字输入按钮上方的下拉列表框中选择 Y 作为设置变量，在 Result 文本框中出现 {Y}；在 Result 文本框中输入水深压力载荷函数 "9800 * (4 - {Y})"；选择 File→Save 保存文件，输入扩展名为 "func" 的自定义文件名，如

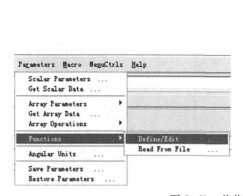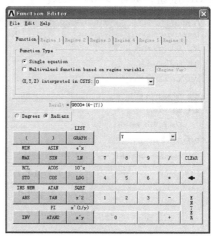

图 5-62　载荷函数的定义

"waterpress. func", 文件被保存在当前工作目录下；关闭 Function Editor 对话框。

2）读入定义函数。在使用定义好的水深压力载荷函数之前，应先把函数从文件读入，定义函数名称。具体操作：在 Utility Menu 中选择 Parameters→Functions→Read From file，将 "waterpress. func" 打开，指定一个函数名称，如 "press"，它将作为施加的载荷，单击 OK 按钮，如图 5-63 所示。

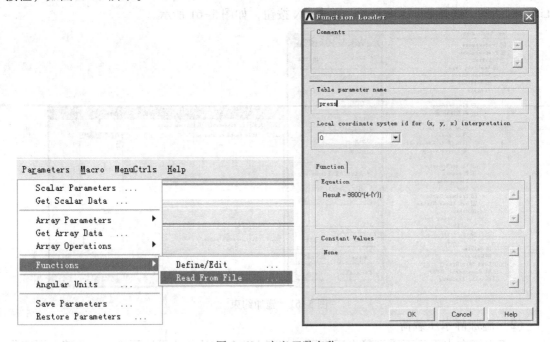

图 5-63 定义函数名称

3）施加载荷函数。为保证静水压能准确地施加在水面以下（Y≤4 m），先选择坝体截面上受到水压作用的斜边，再选择斜边上的节点，并显示这些节点。

① 设定显示控制方式，即在显示单元网格时同时显示节点编号，在 Utility Menu 中选择 PlotCtrls→Numbering，弹出 Plot Numbering Controls 对话框，在 Node numbers 栏勾选 ON 复选框，单击 OK 按钮，如图 5-64 所示。

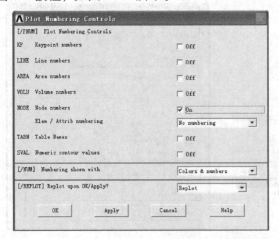 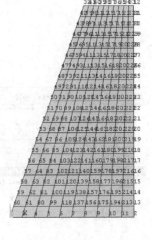

图 5-64 显示节点编号

② 选择坝体受水压作用的斜边。在 Utility Menu 中选择 Select→Entities，弹出 Select Enti…对话框，选择 Lines 和 By Num/Pick 选项，单击 OK 按钮，弹出 Select Lines 对话框，选择坝体的斜边，单击 OK 按钮，如图 5-65 所示。

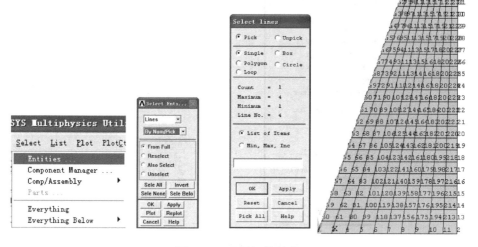

图 5-65　选择坝体斜边

③ 选择斜边上的节点并显示。在 Utility Menu 中选择 Select→Entities，弹出 Select Enti…对话框，选择 Nodes 和 Attached to 选项，选中 Lines, all 单选按钮，单击 OK 按钮。在 Utility Menu 中选择 Plot→Nodes，如图 5-66 所示。

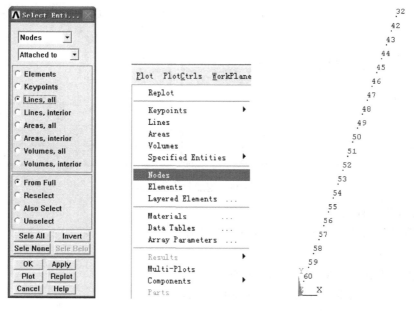

图 5-66　显示斜边节点

④ 选择水面以下的节点并加载，在 ANSYS Main Menu 中选择 Solution→Define Loads→Apply→Structural→Pressure→On Nodes，弹出 Apply PRES on Nodes 拾取窗口，在图形编辑窗口依次选择所需定义的节点，单击 OK 按钮，如图 5-67 所示。

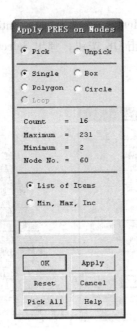

图5-67 选择水面以下节点

在弹出的Apply PRES on nodes对话框中,Apply PRES on nodes as a 下拉列表框中选择Existing table选项,单击OK按钮,选择载荷函数名PRESS,单击OK按钮,如图5-68所示。图5-69为施加载荷函数后坝体斜面的载荷显示。

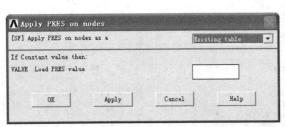
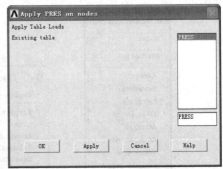

图5-68 施加载荷函数

(3) 施加重力载荷

1) 选取求解节点集。在Utility Menu中选择Select→Everything。

2) 施加重力载荷。在ANSYS Main Menu中选择Solution→Define Loads→Apply→Structural→Inertia→Gravity→Global,弹出Apply(Gravitational)Acceleration对话框,在ACELY文本框中输入"-9.8",单击OK按钮,完成加载,如图5-70所示。施加约束和载荷后的水坝截面如图5-71所示。

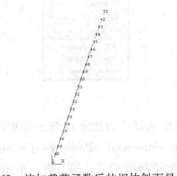

图5-69 施加载荷函数后的坝体斜面显示

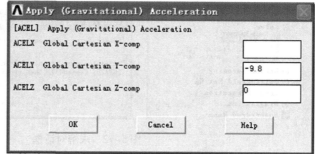

图 5-70　施加重力载荷

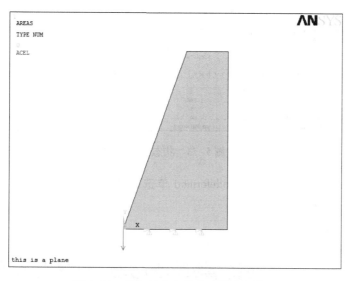

图 5-71　施加约束和载荷后的水坝截面

（4）计算求解

为保证正确求解结果，在计算之前，应将求解对象设定为全部实体。在 Utility Menu 中选择 Select→Everything。

求解。在 ANSYS Main Menu 中选择 Solution→Solve→Current LS，弹出/STATUS Command 状态窗口和 Solve Current Load Step 对话框，单击对话框的 OK 按钮，计算结束后单击状态窗口中的"关闭"按钮，如图 5-72 所示。求解结果如图 5-73 所示。

5. 后处理

（1）显示变形图

变形图可以直观地显示结构的变形情况。通过选项可以设置只显示变形、同时显示变形和未变形、同时显示变形和未变边界。

在 ANSYS Main Menu 中选择 General Postproc→Plot Results→Deformed Shape，弹出 Plot

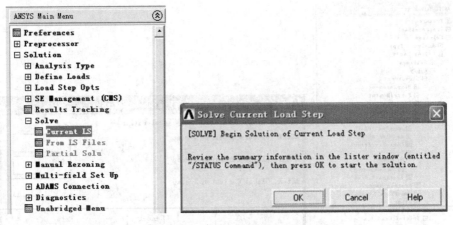

图 5-72 求解对话框

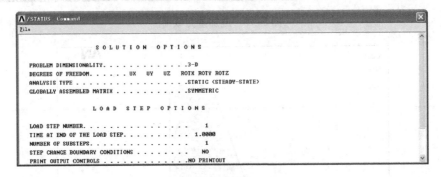

图 5-73 状态窗口

Deformed Shape 对话框，选中 Def + Undeformed 单选按钮，单击 OK 按钮。选择过程及结果如图 5-74 和图 5-75 所示。

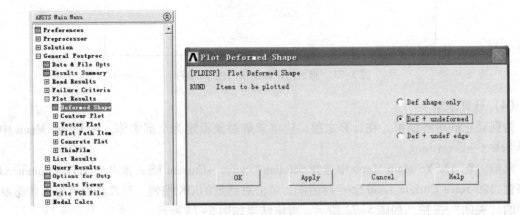

图 5-74 显示变形

（2）显示 Y 向变形云图

在 ANSYS Main Menu 中选择 General Postproc→Plot Results→Contour Plot→Nodal Solu，弹出 Contour Nodal Solution Data 对话框，选择 Nodal Solution→DOF Solution→Y – Component of displacement，在 Undisplaced shape key 下拉列表框中选择 Deformed shape with undeformed model

选项，单击 OK 按钮。Y 向变形云图的选择过程及显示结果如图 5-76 和图 5-77 所示。

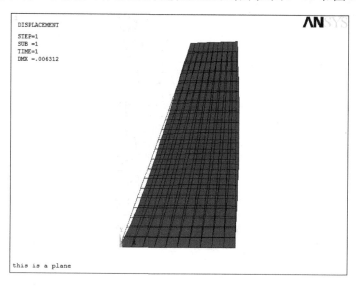

图 5-75　水坝变形图

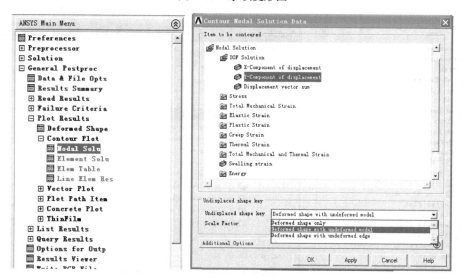

图 5-76　显示 Y 向变形云图

在图 5-77 所示的水坝 Y 向变形云图中，水坝 Y 向变形沿左下角到右上角方向，位移值越来越大，最大位移发生在水坝的右上角，达到 0.00629 m。

（3）显示正应力 σ_x 云图

Nodal Solu 命令中 Stress 可以显示 X、Y、Z 方向上的正应力，XY、YZ、ZX 平面上的切应力，第一、第二、第三主应力和等效 Von Mises 应力等。

在 ANSYS Main Menu 中选择 General Postproc→Plot Results→Contour Plot→Nodal Sol，弹出 Contour Nodal Solution Data 对话框，选择 Nodal Solution→Stress→X - Component of stress，在 Undisplaced shape key 下拉列表框中选择 Deformed shape with undeformed model 选项，单击 OK 按钮。水坝正应力 σ_x 云图的选择过程及显示结果如图 5-78 和图 5-79 所示。

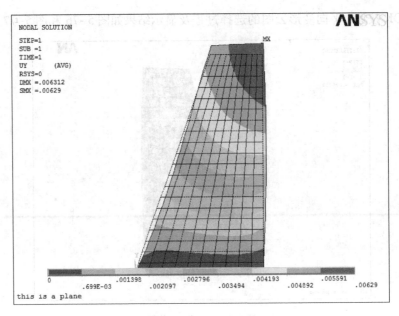

图 5-77 水坝 Y 向变形云图

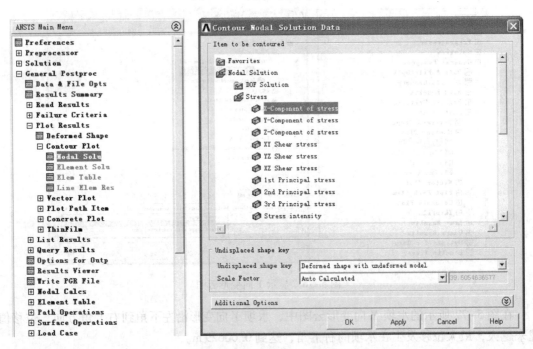

图 5-78 显示正应力 σ_x 云图

由图 5-79 可知，水坝正应力 σ_x 最大值是 28146 Pa，方向沿 X 正方向，位于水坝最底端。

(4) 显示沿 X=2.5 直线上 X 方向的正应力

1) 定义路径。在 ANSYS Main Menu 中选择 General Postproc→Path Operations→Define Path→By Location，弹出 By Location 对话框，在 Name 文本框中输入路径名"path1"以方便调用，单击 OK 按钮。路径的定义如图 5-80 所示。

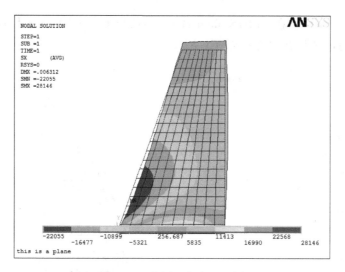

图 5-79　水坝正应力 σ_x 云图

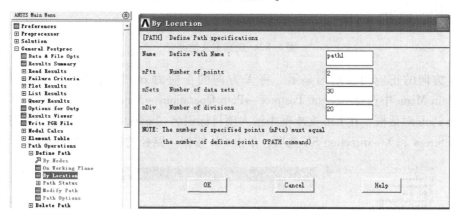

图 5-80　定义路径

2）确定要观察的具体部分。在弹出的 By Location in Global Cartesian 对话框中，依次输入 1（起始点号）及（2.5,0,0）（起始点的坐标值），单击 OK 按钮；弹出 By Location in Global Cartesian 对话框，依次输入 2（终点号）及（2.5,5,0）（终点的坐标值），单击 OK 按钮；再次弹出 By Location in Global Cartesian 对话框，单击 Cancel 按钮，退出设定，如图 5-81 所示。

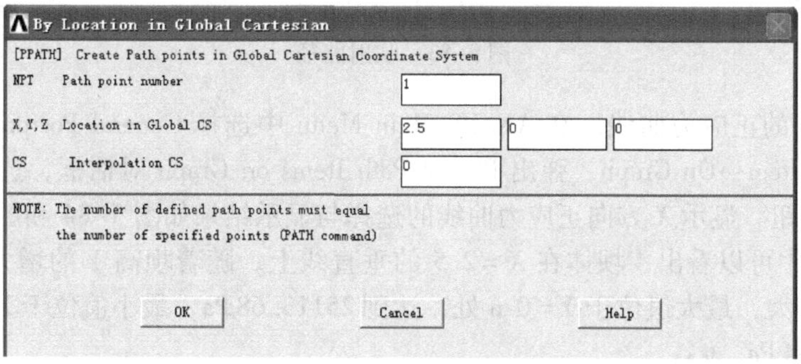

图 5-81　确定观察部分

3) 观察定义的路径。在 ANSYS Main Menu 中选择 General Postproc→Path Operations→Plot paths。路径的定义及显示结果如图 5-82 所示。

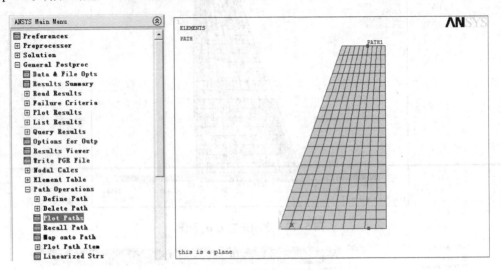

图 5-82　观察定义的路径

4) X 方向的正应力设定与显示。将 X 方向的正应力 σ_x 映射到定义好的路径上。在 ANSYS Main Menu 中选择 General Postproc→Path Operations→Map onto Path，弹出 Map Result Items onto Path 对话框，在 Lab 文本框中输入项目标识名 "xstress"，在下方的双列选择列表框中选择 Stress 和 X – direction SX 选项，单击 OK 按钮。路径的映射如图 5-83 所示。

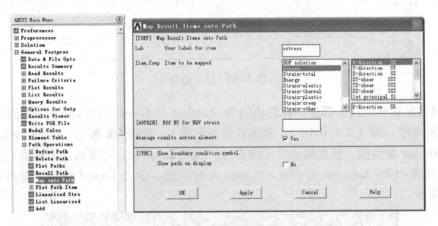

图 5-83　映射路径

显示 X 方向的正应力曲线。在 ANSYS Main Menu 中选择 General Postproc→Path Operations→Plot Path Item→On Graph，弹出 Plot of Path Items on Graph 对话框，选择 XSTRESS 选项，单击 OK 按钮。显示 X 方向正应力曲线的选择与显示结果如图 5-84 和图 5-85 所示。

从图 5-85 中可以看出，坝体在 $X=2.5$ 的垂直线上，随着坝高 Y 的增大，水坝正应力曲线先减小后增大，最大值位于 $Y=0$ m 处，达到 25113.68 Pa，最小值位于 $Y=1.5$ m 处，应力值为 -2414.34 Pa。

列表显示 X 方向的正应力数值。在 ANSYS Main Menu 中选择 General Postproc→Path Op-

图 5-84　显示 X 方向正应力曲线的选择

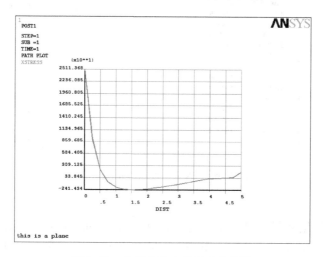

图 5-85　水坝 X 方向的正应力曲线

erations→Plot Path Item→List Path Items，弹出 List Path Items 对话框，选择 XSTRESS 选项，显示 X 方向的正应力表及结果如图 5-86 所示。

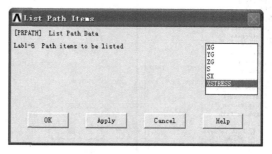

图 5-86　列表显示 X 方向正应力的选择

单击 OK 按钮，弹出 PRPATH Command 窗口显示各点对应的应力值，如图 5-87 所示。

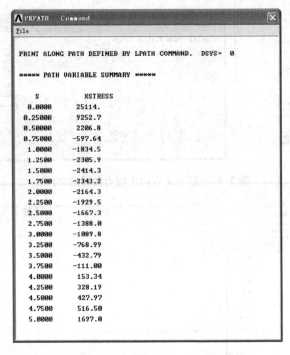

图 5-87　水坝 X 方向的正应力表

（5）保存结果

将沿路径的计算结果保存到外部文件。在 ANSYS Main Menu 中选择 General Postproc→Path Operations→Archive Path→Store→Paths in file，弹出 Save Paths by Name or All 对话框，选择 Selected paths 选项，单击 OK 按钮。文件路径的选择如图 5-88 所示。

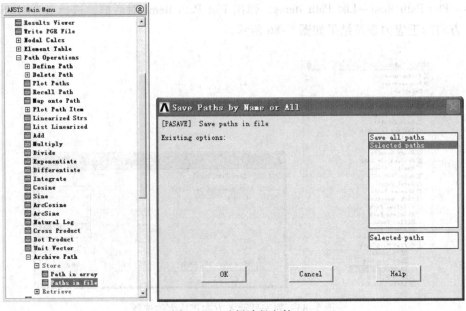

图 5-88　选择路径文件

在弹出的 Save Path by Name 对话框中选择 PATH1，单击 OK 按钮，则沿路径的计算结果将以文件名 planestrain.path 保存到外部的 E:\ANSYS 文件夹中。文件保存路径的选择如图 5-89 所示。

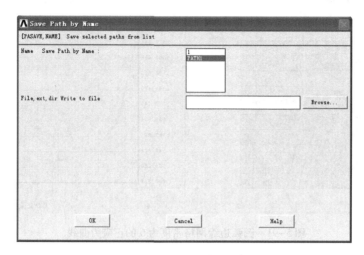

图 5-89　保存路径文件

（6）保存结果并退出系统

单击工具栏中的 QUIT 按钮，在弹出的 Exit from ANSYS 对话框中，选中 Save Everything 单选按钮，单击 OK 按钮，保存结果并退出 ANSYS 系统，如图 5-90 所示。

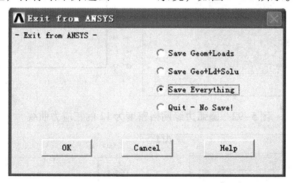

图 5-90　保存结果并退出系统

5.4　h 方法和 p 方法的结构分析

有限元是一种近似计算方法，计算结果与实际存在偏差，其计算精度与单元的大小和形状有关，尤其与曲线或受约束边缘的划分方式有关，所以在网格划分时应对关键区域进行合理的处理。本节主要介绍两种方法，即 h 方法和 p 方法。

5.4.1　h 方法的结构分析

为提高计算精度，通常可以采用提高整体单元网格密度，或在关键区域（如非线性或不规则区域）内增加网格密度的方法，即 h 方法。

【例5-5】对【例5-3】中带圆孔方板,在圆孔的边缘处增加四边形网格的密度,并显示 X 方向正应力在垂直对称轴上的分布情况。不同网格密度和分布情况下的密度曲线如图 5-91 ~ 图 5-93 所示。

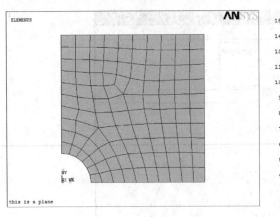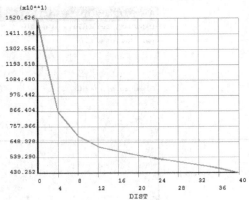

图 5-91　圆弧边缘网格密度为 6 的正应力曲线

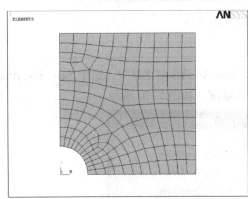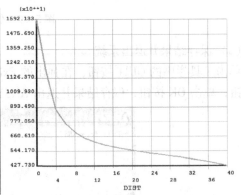

图 5-92　圆弧边缘网格密度为 12 的正应力曲线

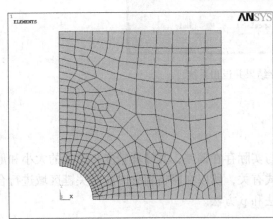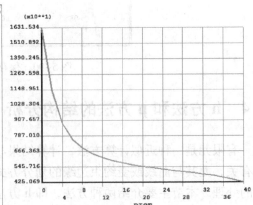

图 5-93　圆弧边缘网格密度为 20 的正应力曲线

由图可以看出,随着圆弧边缘网格密度增大,四边形单元数目增加,在垂直对称面上 X 方向的正应力变化曲线越来越光滑,且最大正应力值由 152.06 MPa(网格密度为 6)增加到

159.21 MPa（网格密度为 12）和 163.15 MPa（网格密度为 20）。可见，增加网格密度，可使参数精度有明显提高。

ANSYS 提供了多种网格密度的设置方法，既可以总体设置也可以局部设置，主要通过 MeshTool 对话框进行设定。

1）总体设置：智能网格的划分，总体单元尺寸，默认尺寸。

2）局部设置：关键点尺寸，线尺寸，面尺寸。

5.4.2　p 方法的结构分析

p 方法是指不增加单元数量而通过提高单元位移函数的拟合精度即多项式阶次，在单元内部提高逼近的精度，从而提高整体的计算精度。通常增加单元的节点数目可以提高位移插值函数的阶次，一般采用六节点三角形单元的计算精度比采用三节点三角形单元的计算精度高，采用八节点四边形单元的计算精度比采用四节点四边形单元的计算精度高。

1. p 方法的特点

p 方法分析的特点：①网格划分操作简便；②与 h 法相比，可以用较少的单元获得较高的计算精度；③可以对处理精度进行设定，达到指定精度要求。

2. p 方法的分析步骤

对【例 5-3】进行 p 方法的分析步骤如下。

1）p 方法的设定。在 ANSYS Main Menu 中选择 Preferences，弹出 Preferences for GUI Filtering 对话框，勾选 Structural 复选框，选中 p – Method Struct. 单选按钮，如图 5-94 所示。

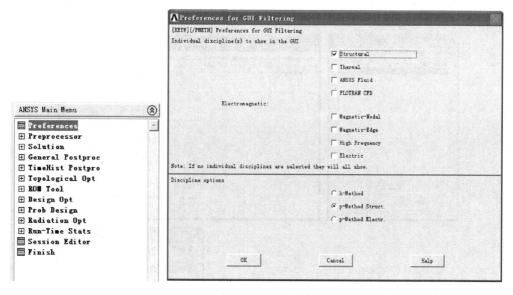

图 5-94　p 方法的设定

2）单元类型选择。在 ANSYS Main Menu 中选择 Preprocessor→Add/Edit/Delete，弹出 Element Types 对话框，单击 Add 按钮，弹出 Library of Element Types 对话框，选择单元类型 p – Elements 和单元方法 2D Quad 145（该方法默认的形函数为 2~8 阶）。选择单元类型如图 5-95 所示。

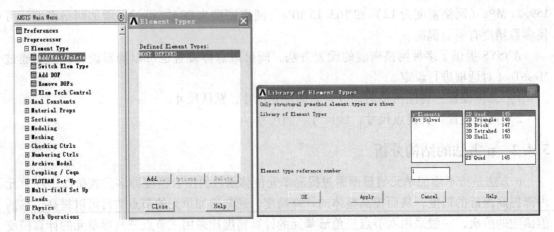

图 5-95 选择单元类型

3) 定义材料参数，建立几何模型，划分单元网格，设定几何约束和载荷，与【例5-1】相同。

4) 定义收敛准则。在 ANSYS Main Menu 中选择 Solution→Load Step pts→p - Method→Convergence Crit，弹出 Default p - Convergence Cr...对话框，显示其默认时的偏差控制精度为 5%，即当两次计算偏差小于5%时结束迭代运算。单击 Replace 按钮，弹出 Add/Replace p-Method Convergence Criteria 对话框，选择 Global 选项，单击 OK 按钮，弹出 Add p-Method Convergence Criteria 对话框，在 TOLER Percent convergence toler 文本框中输入收敛精度"1"，单击 OK 按钮，单击 Close 按钮关闭 Default p - Convergence Cr...对话框。定义过程如图5-96所示。

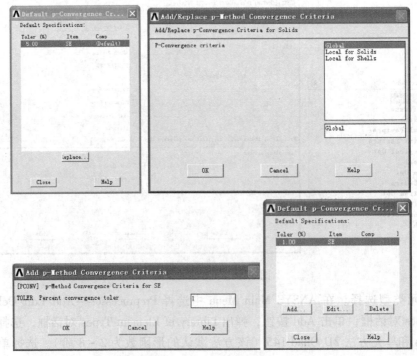

图 5-96 定义收敛准则

5）求解及定义路径查看结果同【例5-3】，结果如图5-97所示。

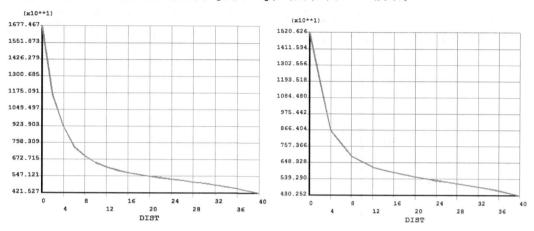

图5-97　p方法与圆弧边缘网格密度为6的正应力曲线

从图5-97可知，p方法的纵坐标的数值范围增多，且曲线平滑度有了较好的改善。

6）查看是否有多个迭代结果。在ANSYS Main Menu中选择General Postproc→Results Summary。SET，LIST Command窗口显示有两个迭代结果。结果如图5-98所示。

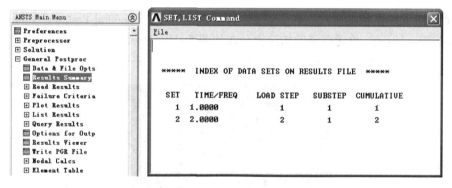

图5-98　SET，LIST Command窗口

7）查看p方法的收敛过程。在ANSYS Main Menu中选择General Postproc→Plot Results →p–Method→p–Convergence。操作过程如图5-99所示。

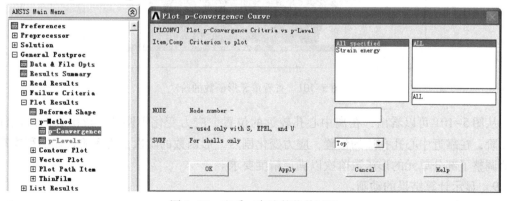

图5-99　查看p方法的收敛过程

p 方法收敛过程曲线如图 5-100 所示，横坐标是单元形函数的阶次，纵坐标是收敛标准的取值，默认是弹性应变能。随着单元形函数的阶次由 2 增加到 3，弹性应变能同步增加，当形函数阶次大于 3 后，弹性应变能不再增加，说明两次计算的偏差在已设定的 1% 之内。

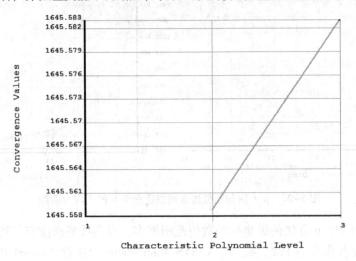

图 5-100　p 方法收敛过程曲线

8) 查看单元形函数的阶次。在 ANSYS Main Menu 中选择 General Postproc→Plot Results→p – Method→p – Lever。单元形函数的阶次分布如图 5-101 所示。

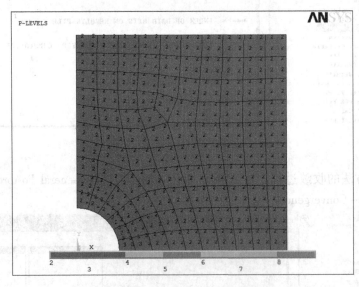

图 5-101　查看单元形函数的阶次

从图 5-101 可以看出，在离中心孔较远的位置，应力变化不剧烈，形函数的阶次保持为 2 阶；在靠近中心孔孔边的位置，应力变化剧烈，形函数的阶次变为 3 阶，表明程序有选择地调整了部分单元的形函数阶次以满足精度要求。

9) 显示计算结果的动画。

① 设置动态模型。在 Utility Menu 中选择 PlotCtrls→Animate→Deformed Results，弹出 Animate Nodal Solution Data 对话框，分别设置帧数 No. of frames to create 和帧间隔 Time delay（seconds），选择变形模型 DOF solution 及 Y 方向的位移量 UY，单击 OK 按钮，弹出 Animation Co…对话框。动态模型的设置如图 5-102 所示。播放动画的控制可在如图 5-103 所示的对话框进行调节。

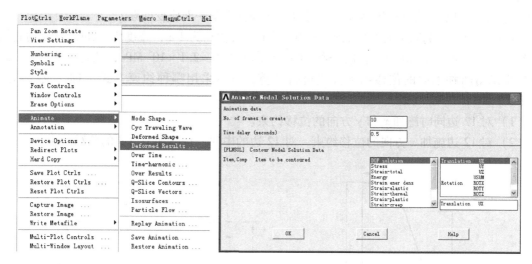

图 5-102　动态模型设置

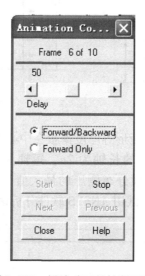

图 5-103　播放动画的控制面板

② 保存动画文件。在 Utility Menu 中选择 PlotCtrls→Animate→Save Animation，以扩展名为"avi"的格式保存文件。

③ 可在 Windows 操作系统的多媒体播放器中打开文件进行播放。

5.5　习题

习题 5-1　带基座的等截面挡水坝横截面尺寸如图 5-104 所示，坝体基座固定在地基中,坝体在斜边受到水压作用,水平面距坝底的高度为 4 m,坝体密度为 1930 kg/m³,弹性模量为 30 MPa,完成分析计算并回答以下问题。

1)完成带基座等截面坝体的有限元建模与分析,画出 $x = 1.5$ m 截面上的等效应力云图。

2)简要回答,为什么等截面坝体可以当作弹性力学平面应变问题?

习题 5-2 一侧固定的方板如图 5-105 所示,长宽均为 1 m,厚度为 5 cm,方板的右侧受到均布拉力 $q = 200$ MPa 的作用。材料的弹性模量为 $E = 2.1 \times 10^5$ MPa,泊松比为 $\mu = 0.3$,对方板采用两种不同的位移约束方式进行计算,分析采用哪种约束方式合理。位移约束如下:

1)对 12 边同时施加 x 和 y 方向的位移约束。

2)对 12 边施加 x 方向的位移约束,对 12 边的中间一点施加 y 方向的位移约束。

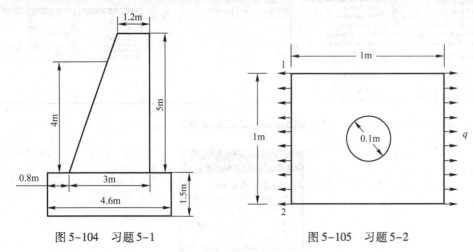

图 5-104 习题 5-1   图 5-105 习题 5-2

习题 5-3 如图 5-106 所示,矩形等厚度薄板在中心部位有一椭圆形孔,在两个侧边受线性分布的侧压 p 作用。椭圆形孔的长轴为 $2a$、短轴为 $2b$,尺寸参数为 $a = 20$ mm,$b = 10$ mm,$c = 80$ mm,$d = 40$ mm,线性分布侧压的最大值为 20 MPa,材料的弹性模量为 $E = 2.1 \times 10^5$ MPa,泊松比为 $\mu = 0.3$。试用 ANSYS 软件分析该薄板的内应力分布。

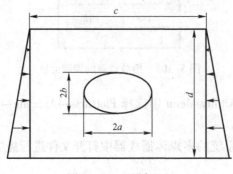

图 5-106 习题 5-3

第6章 实体结构的有限元分析

实际中的结构构件都属于三维实体。在一定条件下，可将三维结构简化为一维结构的杆类、梁类，或二维结构的平面单元等情况（即离散化处理）。常见的机械零件结构有蜗杆、轴承、卸压箱、轮毂和轴承座等，如图6-1所示。对各种三维实体的研究，主要包括分析它们在不同因素影响下的内力分布、变形和稳定性等问题，为设计或验算结构的强度、刚度及稳定性提供依据。本章以三维实体结构为研究对象，介绍有限元分析方法。

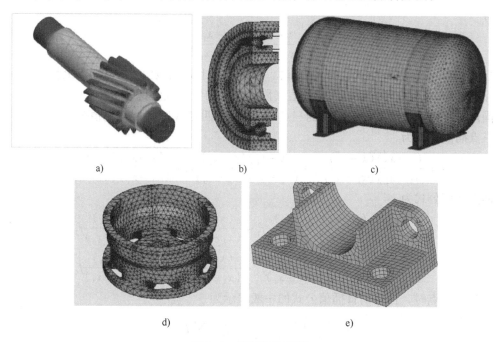

图6-1 实体结构实例

6.1 实体结构等参单元法的一般原理

等参单元是有限元法所使用的主要单元类型。本节首先介绍拉格朗日插值公式、四节点矩形单元的位移模式、等参单元的基本概念，然后以四边形八节点等参单元为例给出等参单元位移形函数的建立，最后介绍高斯积分和六面体等参单元。

6.1.1 拉格朗日插值公式

设 $f=f(x)$ 为实变量 x 的单值函数，已知在不同的离散点 $x_1, x_2, x_3, \cdots$ 处的函数值分别为 $f_1, f_2, f_3, \cdots$，如图6-2所示。

拉格朗日（Lagrange）插值是通过已知点（或称为采样点或离散点）及其函数值来构造

一个能够描述实际函数曲线的近似函数，即拉格朗日插值公式。当取两个已知点时，称为两点拉格朗日插值公式或线性（一次）插值公式；当取三个已知点时，称为抛物线（二次）拉格朗日插值公式；当取四点时，称为三次插值公式等。

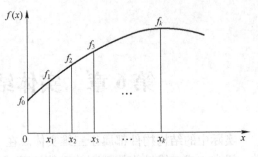

图 6-2　曲线的离散表示

如果取如图 6-2 所示的 x_1，x_2 两点，则对于任意 x（$x_1 \leq x \leq x_2$）的函数值 f 可由两点的直线公式近似表示，即

$$\frac{f-f_1}{x-x_1} = \frac{f_2-f_1}{x_2-x_1}$$

整理得

$$f = \frac{x-x_2}{x_1-x_2} f_1 + \frac{x-x_1}{x_2-x_1} f_2$$

显然，当 $x = x_1$ 时，$f = f_1$；当 $x = x_2$ 时，$f = f_2$。故上式函数值 f 在已知点上精确等于实际值，而在区间 (x_1, x_2) 内近似等于实际值（除非实际曲线是线性的）。

同理，可以将上述方法推广得到三点（二次）、四点（三次）等插值公式。

三点插值公式为

$$f = \frac{(x-x_2)(x-x_3)}{(x_1-x_2)(x_1-x_3)} f_1 + \frac{(x-x_1)(x-x_3)}{(x_2-x_1)(x_2-x_3)} f_2 + \frac{(x-x_1)(x-x_2)}{(x_3-x_1)(x_3-x_2)} f_3$$

四点插值公式为

$$f = \frac{(x-x_2)(x-x_3)(x-x_4)}{(x_1-x_2)(x_1-x_3)(x_1-x_4)} f_1 + \frac{(x-x_1)(x-x_3)(x-x_4)}{(x_2-x_1)(x_2-x_3)(x_2-x_4)} f_2 +$$

$$\frac{(x-x_1)(x-x_2)(x-x_4)}{(x_3-x_1)(x_3-x_2)(x_3-x_4)} f_3 + \frac{(x-x_1)(x-x_2)(x-x_3)}{(x_4-x_1)(x_4-x_2)(x_4-x_3)} f_4$$

推广到 n 点时，拉格朗日插值公式的一般表示为

$$f = \sum_{i=1}^{n} \prod_{j=1, j \neq i}^{n-1} \frac{(x-x_j)}{(x_i-x_j)} f_i = \sum_{i=1}^{n} l_i^{(n-1)} f_i$$

其中，

$$l_i^{(n-1)} = \prod_{j=1, j \neq i}^{n-1} \frac{(x-x_j)}{(x_i-x_j)} = N_i(x)$$

则有

$$f = \sum_{i=1}^{n} N_i(x) f_i \tag{6-1}$$

当 $n = 2$ 时，有

$$N_1(x) = \frac{x-x_2}{x_1-x_2}$$

$$N_2(x) = \frac{x-x_1}{x_2-x_1}$$

当 $n = 3$ 时，有

$$N_1(x) = \frac{(x-x_2)(x-x_3)}{(x_1-x_2)(x_1-x_3)}$$

$$N_2(x) = \frac{(x-x_1)(x-x_3)}{(x_2-x_1)(x_2-x_3)}$$

$$N_3(x) = \frac{(x-x_1)(x-x_2)}{(x_3-x_1)(x_3-x_2)}$$

$N_i(x)$ 的特性是当 $x=x_i$ 时，$N_i(x)=1$；当 $x \neq x_i$ 的其他插值点时，有 $N_i(x)=0$。满足形函数的性质，所以拉格朗日插值公式的系数也是形函数。

拉格朗日插值公式同样适合于以任意曲线为 x 坐标轴的 x-y 平面，其特点是以轴线上的离散点为插值，以离散点的法线方向为插值函数的曲线拟合，如图 6-3 所示。

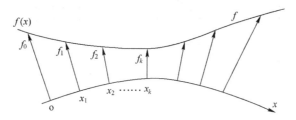

图 6-3 曲线 x 上的拉格朗日函数 $f(x)$ 的表示

【例 6-1】 在图 6-3 中，设曲线轴 ox 为弹性体内的一条平面曲线，f 为弹性体内的某个应力分布，f_1，f_2，f_3，f_4 分别为采样点 x_1，x_2，x_3，x_4 上的测量值。已知采样点为 $x_1=0.3\,\text{m}$，$x_2=0.9\,\text{m}$，$x_3=1.6\,\text{m}$，$x_4=2.4\,\text{m}$，对应的采样值为 $f_1=189\,\text{kN/m}^2$，$f_2=128\,\text{kN/m}^2$，$f_3=82\,\text{kN/m}^2$，$f_4=61\,\text{kN/m}^2$。

如果取 2 个采样点 x_1，x_2 及对应的采样值进行线性（一次）插值，则有

$$f = \frac{x-x_2}{x_1-x_2}f_1 + \frac{x-x_1}{x_2-x_1}f_2 = \frac{x-0.9}{0.3-0.9}189 + \frac{x-0.3}{0.9-0.3}128 = 220 - 102x$$

如果取 3 个采样点 x_1，x_2，x_3 及对应的采样值进行二次（抛物线）插值，则有

$$f = \frac{(x-x_2)(x-x_3)}{(x_1-x_2)(x_1-x_3)}f_1 + \frac{(x-x_1)(x-x_3)}{(x_2-x_1)(x_2-x_3)}f_2 + \frac{(x-x_1)(x-x_2)}{(x_3-x_1)(x_3-x_2)}f_3$$

$$= \frac{(x-0.9)(x-1.6)}{(0.3-0.9)(0.3-1.6)}189 + \frac{(x-0.3)(x-1.6)}{(0.9-0.3)(0.9-1.6)}128 + \frac{(x-0.3)(x-0.9)}{(1.6-0.3)(1.6-0.9)}82$$

$$= 227 - 136x + 28x^2$$

同理，如果取 4 个采样点 x_1，x_2，x_3，x_4 及对应的采样值，则可以进行三次插值。通常对于曲线而言，插值点越多，曲线拟合就越精确，但运算量也越大，所以选择插值的次数应该既要考虑精度的要求又要考虑运算量的大小，在能达到实际精度要求的前提下，尽量减小插值的阶次。

由上分析可以看出，拉格朗日插值方法适合线形的有限元分析。两端的采样点对应单元的节点，采样间隔对应单元的划分网格，插值系数（或插值函数）对应形态函数。

对于一个线形杆，两端节点分别为 i，j，对应的坐标分别为 (x_i, y_i) 和 (x_j, y_j)，对应的位移分别为 (u_i, v_i) 和 (u_j, v_j)，取 $n=2$ 时，则单元内任意一点 $p(x, y)$ 的位移 (u, v) 可表示为

$$u = N_i(x)u_i + N_j(x)u_j = \frac{x-x_j}{x_i-x_j}u_i + \frac{x-x_i}{x_j-x_i}u_j$$

$$v = N_i(x)v_i + N_j(x)v_j = \frac{x-x_j}{x_i-x_j}v_i + \frac{x-x_i}{x_j-x_i}v_j$$

拉格朗日插值法与线形有限元位移分析的对应关系如图 6-4 所示。

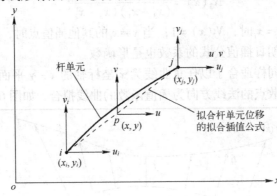

图 6-4 拉格朗日法与单元位移的关系

上式经整理可以写为

$$u = a_1 + a_2 x$$
$$v = b_1 + b_2 y$$

其中,

$$a_1 = \frac{u_j - u_i}{x_j - x_i}, \quad a_2 = \frac{x_j u_i - x_i u_j}{x_j - x_i}$$

$$b_1 = \frac{v_j - v_i}{y_j - y_i}, \quad b_2 = \frac{y_j v_i - y_i v_j}{y_j - y_i}$$

同理,对于取 $n=3,4,\cdots$ 时,可得到线形杆位移的二次、三次等高阶插值公式。当 $n=3$ 时,二次插值公式为

$$u = a_1 + a_2 x + a_3 x^2$$
$$v = b_1 + b_2 y + b_3 y^2$$

其中,系数 a_k ($k=1,2,3$) 可由

$$u = \sum_{k=1}^{3} N_k u_k$$

的右端展开合并整理后得到;系数 b_k ($k=1,2,3$) 可由

$$v = \sum_{k=1}^{3} N_k v_k$$

的右端展开合并整理后得到。

6.1.2 四节点矩形单元

1. 总体坐标系下的单元位移

对于平面问题,可选择三节点的三角形单元,如果遇到类似矩形形状的规则平面问题,可以选择四节点的矩形单元。假设矩形单元的长和宽分别为 $2a$ 和 $2b$,将总体坐标系选在单

元的对称轴上，如图 6-5 所示。

将四节点位移函数拟合公式表示为

$$\begin{cases} u = a_1 + a_2 x + a_3 y + a_4 xy + a_5 x^2 + a_6 y^2 \\ v = b_1 + b_2 x + b_3 y + b_4 xy + b_5 x^2 + b_6 y^2 \end{cases}$$

对于矩形单元，有 4 个节点、8 个节点变量（(x_k, y_k)，$k = i, j, m, p$）和 8 个位移变量（(u_k, v_k)，$k = i, j, m, p$），可确定出 8 个待定系数，所以上述四节点位移函数拟合公式最少应有四项，即

$$\begin{cases} u = a_1 + a_2 x + a_3 y + a_4 xy \\ v = b_1 + b_2 x + b_3 y + b_4 xy \end{cases}$$

对于上式中的待定系数 a_k 和 b_k（$k = 1, 2, 3, 4$），可以通过 4 个节点坐标值和对应的位移值，建立矩阵方程，求出待定系数，得到用形态函数表示的单元位移拟合公式

$$\begin{cases} u = N_i(x,y) u_i + N_j(x,y) u_j + N_m(x,y) u_m + N_p(x,y) u_p \\ v = N_i(x,y) v_i + N_j(x,y) v_j + N_m(x,y) v_m + N_p(x,y) v_p \end{cases}$$

2. 自然坐标系下的单元位移

把自然坐标系与总体坐标系重合，将总体坐标系下的坐标值进行归一化处理，并用自然坐标系表示。设 $\xi = \dfrac{x}{a}$，$\eta = \dfrac{y}{b}$，则矩形单元在自然坐标系中的表示如图 6-6 所示。由于 a 和 b 为任意的确定值，所以在自然坐标系与总体坐标系重合的情况下，这种关系变换适合任意四边形单元的情况。

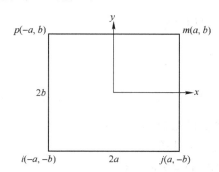
图 6-5 四节点矩形单元与总体坐标

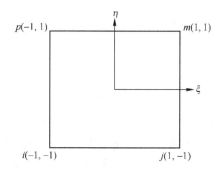
图 6-6 自然坐标系中的矩形单元表示

一维总体坐标系下的拉格朗日插值公式的形态函数可表示为

$$N_k(x) = l_i^{(n-1)} = \prod_{l=1, l \neq k}^{n-1} \frac{(x - x_l)}{(x_k - x_l)}, \ k = i, j, m, p$$

则二维自然坐标系下的拉格朗日插值公式的形态函数可表示为

$$N_k(\xi) = l_{k(\xi)}^{(n-1)} = \prod_{l=1, l \neq k}^{n-1} \frac{(\xi - \xi_l)}{(\xi_k - \xi_l)}, \ k = i, j, m, p$$

$$N_k(\eta) = l_{k(\eta)}^{(n-1)} = \prod_{l=1, l \neq k}^{n-1} \frac{(\eta - \eta_l)}{(\eta_k - \eta_l)}, \ k = i, j, m, p$$

对于二维情况，也可以利用垂直（正交）方向形态函数的乘积构造。当 $n = 2$ 时，对于 i 点，即 $k = i$，则在 ξ 轴向，有

$$N_i(\xi) = \frac{(\xi-1)}{(-1-1)} = \frac{1}{2}(1-\xi)$$

在 η 轴向，有

$$N_i(\eta) = \frac{(\eta-1)}{(-1-1)} = \frac{1}{2}(1-\eta)$$

同理，对于 j 点，即 $k=j$，则在 ξ 轴向，有

$$N_j(\xi) = \frac{(\xi-(-1))}{(1-(-1))} = \frac{1}{2}(1+\xi)$$

在 η 轴向，有

$$N_j(\eta) = \frac{(\eta-1)}{(-1-1)} = \frac{1}{2}(1-\eta)$$

同理，m 点和 p 点在 ξ 轴向和 η 轴向的形态函数为

$$N_m(\xi) = \frac{(\xi-(-1))}{(1-(-1))} = \frac{1}{2}(1+\xi), \quad N_m(\eta) = \frac{(\eta-(-1))}{(1-(-1))} = \frac{1}{2}(1+\eta)$$

$$N_p(\xi) = \frac{(\xi-1)}{(-1-1)} = \frac{1}{2}(1-\xi), \quad N_p(\eta) = \frac{(\eta-(-1))}{(1-(-1))} = \frac{1}{2}(1+\eta)$$

用同一节点上两垂直方向的形态函数的乘积来构造二维平面形态函数，得到

$$N_i(\xi,\eta) = N_i(\xi)N_i(\eta) = \frac{1}{4}(1-\xi)(1-\eta)$$

$$N_j(\xi,\eta) = N_j(\xi)N_j(\eta) = \frac{1}{4}(1+\xi)(1-\eta)$$

$$N_m(\xi,\eta) = \frac{1}{4}(1+\xi)(1+\eta)$$

$$N_p(\xi,\eta) = \frac{1}{4}(1-\xi)(1+\eta)$$

将 $\xi = \frac{x}{a}$，$\eta = \frac{y}{b}$ 代入上述各式，即可得到在总体坐标系下用形态函数表示的单元位移公式。进一步将公式展开合并同类项，可得到多项式的系数 $\{a_k, k=1,2,3,4\}$ 和 $\{b_k, k=1,2,3,4\}$。形态函数 $N_k(\xi,\eta)$，$k=i,j,m,p$，同样具有以下性质：

$$N_k(\xi,\eta) = 1, \xi,\eta \in k, N_k(\xi,\eta) = 0, \xi,\eta \notin k$$

$$\sum_k N_k(\xi,\eta) = 1, k=i,j,m,p$$

由于四节点矩形单元的位移拟合函数为二次多项式，因此，与三节点的三角形单元相比，四节点矩形单元可以提高计算精度，但由于是直线插值，所以对弯曲边界或非直角边的四边形来说，在非节点或插值点处的精度会下明显降，因此上述公式适合由规则的直角边矩形组成的平面问题。

6.1.3 等参单元的基本概念

为了既能提高计算精度，又能适应不规则边界的四边形平面问题的有限元划分，通常采用等效划分和坐标变换，将不规则四边形变换到自然坐标系下的四节点正方形单元，再得到总体坐标系下形态函数表示的单元位移公式。

先考虑任意直线边缘四边形的情景。假设在如图 6-7 所示的一个任意四边形单元上，

将其边进行均等分割，形成 4×4 个四边形，取分割网的中心线为局部坐标系 $O\xi\eta$ 的原点，4 个边值分别为 $\xi=\pm1$，$\eta=\pm1$。

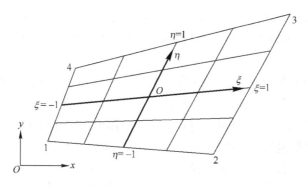

图 6-7　四节点任意四边形单元

对应定义一个同边值的四节点正方形单元，如图 6-8 所示，其中坐标系 $O\xi\eta$ 为自然坐标系。

当取 $n=2$ 时，四节点正方形的位移模式为

$$\begin{cases} u = N_1(\xi,\eta)u_1 + N_2(\xi,\eta)u_2 + N_3(\xi,\eta)u_3 + N_4(\xi,\eta)u_4 \\ v = N_2(\xi,\eta)v_1 + N_2(\xi,\eta)v_2 + N_3(\xi,\eta)v_3 + N_4(\xi,\eta)v_4 \end{cases} \tag{6-2}$$

其中，

$$N_1(\xi,\eta) = \frac{1}{4}(1-\xi)(1-\eta)$$

$$N_2(\xi,\eta) = \frac{1}{4}(1+\xi)(1-\eta)$$

$$N_3(\xi,\eta) = \frac{1}{4}(1+\xi)(1+\eta)$$

$$N_4(\xi,\eta) = \frac{1}{4}(1-\xi)(1+\eta)$$

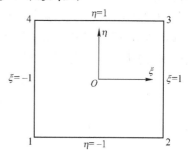

图 6-8　四节点正方形单元

设 4 个节点的坐标为 (ξ_k,η_k)，$k=1,2,3,4$，定义变换关系

$$\xi_o = \xi_k\xi, \quad \eta_o = \eta_k\eta, \quad k=1,2,3,4 \tag{6-3}$$

满足任意四边形四节点与四边正方形四节点之间的相等关系，即

$$\xi_o|_{\xi_1=-1} = \xi_1\xi = -\xi, \quad \eta_o|_{\eta_1=-1} = \eta_1\eta = -\eta$$
$$\xi_o|_{\xi_2=1} = \xi_2\xi = \xi, \quad \eta_o|_{\eta_2=-1} = \eta_2\eta = -\eta$$
$$\xi_o|_{\xi_3=1} = \xi_3\xi = \xi, \quad \eta_o|_{\eta_3=1} = \eta_3\eta = \eta$$
$$\xi_o|_{\xi_4=-1} = \xi_4\xi = -\xi, \quad \eta_o|_{\eta_4=1} = \eta_4\eta = \eta$$

则形函数可表示为

$$N_k(\xi,\eta) = \frac{1}{4}(1+\xi_o)(1+\eta_o), \quad k=1,2,3,4 \tag{6-4}$$

将 (ξ,η) 作为任意四边形的局部坐标，则式 (6-2) 和式 (6-4) 可用于任意形状的四边形单元的节点位移的近似函数。此处，(ξ,η) 既是局部坐标又是自然坐标。

可见，形函数 $N_k(\xi,\eta)$，$k=1,2,3,4$，是自然坐标的函数，可用于表示局部坐标的

位移

$$\begin{cases} u = N_1(\xi,\eta)u_1 + N_2(\xi,\eta)u_2 + N_3(\xi,\eta)u_3 + N_4(\xi,\eta)u_4 \\ v = N_2(\xi,\eta)v_1 + N_2(\xi,\eta)v_2 + N_3(\xi,\eta)v_3 + N_4(\xi,\eta)v_4 \end{cases}$$

即取单元中不同的点 (ξ,η)，就可以得到该点的位移量 (u,v)。同理，用形函数求解总体坐标

$$\begin{cases} x = N_1(\xi,\eta)x_1 + N_2(\xi,\eta)x_2 + N_3(\xi,\eta)x_3 + N_4(\xi,\eta)x_4 \\ y = N_2(\xi,\eta)y_1 + N_2(\xi,\eta)y_2 + N_3(\xi,\eta)y_3 + N_4(\xi,\eta)y_4 \end{cases} \quad (6-5)$$

即取单元中不同的点 (ξ,η)，就可以得到该点的总体坐标值 (x,y)。

利用同样的形函数进行不同坐标下未知量的变换，这种方法称为等参变换。用形函数表示的公式称为等参公式。等参变换的单元称为等参单元。如图6-8所示的局部坐标系下正方形单元称为基本单元。如图6-7所示的整体坐标系下的任意四边形单元称为实际单元。

采用等参单元，可以对局部坐标系中规则单元进行单元分析，然后再映射到实际单元。

6.1.4 四边形八节点等参单元

四边形四节点等参公式采用的是对直线四边形边缘进行线性化表示，因此只适合直线边缘的四边形，而对于曲线四边形来说，只在四个角节点上，拟合公式的精度会下降，所以在实际中常采用四边形八节点等参单元进行分析。图6-9a所示为一个不规则曲边四边形，为了能够较精确地拟合曲边，应采用曲线拟合，如二次以上的多项式曲线，这样至少需要在每个边的中间再各取一个采样点，如图6-9a中的5，6，7，8点，用来实现二次曲线的近似拟合。

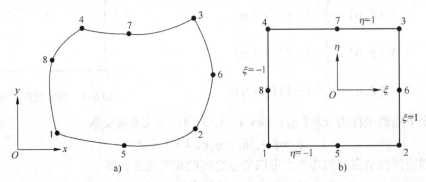

图6-9 四边形八节点单元

利用前面所介绍的等参单元分析方法的思路，采用如图6-9b所示的基本单元（规则单元）进行分析。对于八节点单元，一共有16个已知的节点位移分量 (u_k,v_k)，$k=1,2,\cdots,8$，可确定出16个拟合多项式系数。与四节点情况同理，可得

$$\begin{cases} u = \sum_{k=1}^{8} N_k(\xi,\eta)u_k \\ v = \sum_{k=1}^{8} N_k(\xi,\eta)v_k \end{cases} \quad (6-6)$$

及

$$\begin{cases} u = a_1 + a_2\xi + a_3\eta + a_4\xi^2 + a_5\xi\eta + a_6\eta^2 + a_7\xi^2\eta + a_8\xi\eta^2 \\ v = b_1 + b_2\xi + b_3\eta + b_4\xi^2 + b_5\xi\eta + b_6\eta^2 + b_7\xi^2\eta + b_8\xi\eta^2 \end{cases} \quad (6-7)$$

从式（6-7）的二次函数结构可以看出，八节点单元的形函数是二次曲线函数，每个分量函数的系数可由节点位移分量所构成的八个方程组解出各自的系数 $\{a_k, k=1,2,\cdots,8\}$ 和 $\{b_k, k=1,2,\cdots,8\}$。此外，也可以通过求解形函数 $\{N_k(\xi,\eta), k=1,2,\cdots,8\}$，得到式（6-7）及系数 $\{a_k, k=1,2,\cdots,8\}$ 和 $\{b_k, k=1,2,\cdots,8\}$。

按照四节点任意四边形单元分析方法，构造一个八节点的基本单元，如图6-9b所示。单元的每条边上局部坐标 $\xi=\pm 1$ 或 $\eta=\pm 1$，通过拟合方法得到任意一边上的位移形函数是 (ξ,η) 的二次函数，由其边上的3个节点位移值确定。得到的位移形函数满足以下两点。

- 二次形函数过其边上的3个节点，在节点上拟合形函数与实际值精确相等。
- 二次形函数是连续函数，如图6-9a所示，如果利用二次形函数对其边进行拟合，其结果如图6-10所示。

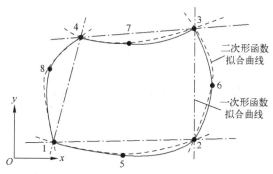

图6-10 单元边界上的形函数拟合曲线

以下介绍利用画线法求解形函数。

1）构造一个待定的形函数形式，再用画线法求解这个构造函数的具体数学表达式。设待定的形函数形式为

$$N_k(\xi,\eta) = \prod_{j=1}^{3} \frac{f_j^{(k)}(\xi,\eta)}{f_j^{(k)}(\xi_k,\eta_k)}, \quad k=1,2,\cdots,8 \quad (6-8)$$

其中，$f_j^{(k)}(\xi,\eta)$ 是除节点 k 之外所有节点的三条直线方程 $f_j^{(k)}(\xi,\eta)=0$ 的左端项；$f_j^{(k)}(\xi_k,\eta_k)$ 是代入节点 k 坐标值 (ξ_k,η_k) 之后的多项式值。

2）求角节点（1，2，3，4）的形函数。当 $k=1$ 时（对应节点1），$f_j^{(1)}(\xi,\eta)$ 是除节点1之外所有节点的三条直线方程 $f_j^{(1)}(\xi,\eta)=0, j=1,2,3$ 的左端项，即如图6-11所示的三条直线 line 1、line 2 和 line 3，它们的直线方程分别是

$$f_1^{(1)}(\xi,\eta) = -\xi - \eta - 1 = 0$$
$$f_2^{(1)}(\xi,\eta) = -\xi + 1 = 0$$
$$f_3^{(1)}(\xi,\eta) = -\eta + 1 = 0$$

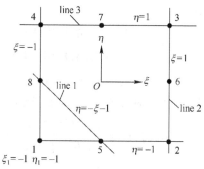

图6-11 确定节点1形函数的画线法

取 $j=1,2,3$ 时,有

$$f_1^{(1)}(\xi_1,\eta_1) = -(-1)-(-1)-1 = 1$$
$$f_2^{(1)}(\xi_1,\eta_1) = -(-1)+1 = 2$$
$$f_3^{(1)}(\xi_1,\eta_1) = -(-1)+1 = 2$$

得到 $k=1$ (对应节点1) 时的形函数

$$N_1(\xi,\eta) = \prod_{j=1}^{3}\frac{f_j^{(1)}(\xi,\eta)}{f_j^{(1)}(\xi_1,\eta_1)} = \frac{1}{4}(1-\xi)(1-\eta)(-\xi-\eta-1)$$
$$= \frac{1}{4}(1+\xi_1\xi)(1+\eta_1\eta)(\xi_1\xi+\eta_1\eta-1)$$

同理可以得到 $k=2,3,4$ (对应节点2,3,4) 的形函数为

$$N_2(\xi,\eta) = \prod_{j=1}^{3}\frac{f_j^{(2)}(\xi,\eta)}{f_j^{(2)}(\xi_2,\eta_2)} = \frac{1}{4}(1+\xi)(1-\eta)(\xi-\eta-1)$$
$$= \frac{1}{4}(1+\xi_2\xi)(1+\eta_2\eta)(\xi_2\xi+\eta_2\eta-1)$$

$$N_3(\xi,\eta) = \prod_{j=1}^{3}\frac{f_j^{(3)}(\xi,\eta)}{f_j^{(3)}(\xi_k,\eta_k)} = \frac{1}{4}(1+\xi)(1+\eta)(\xi+\eta-1)$$
$$= \frac{1}{4}(1+\xi_3\xi)(1+\eta_3\eta)(\xi_3\xi+\eta_3\eta-1)$$

$$N_4(\xi,\eta) = \prod_{j=1}^{3}\frac{f_j^{(4)}(\xi,\eta)}{f_j^{(4)}(\xi_4,\eta_4)} = \frac{1}{4}(1-\xi)(1+\eta)(-\xi+\eta-1)$$
$$= \frac{1}{4}(1+\xi_4\xi)(1+\eta_4\eta)(\xi_4\xi+\eta_4\eta-1)$$

3) 求线节点 (5,6,7,8) 的形函数。当 $k=5$ (对应节点5) 时, $f_j^{(5)}(\xi,\eta)$ 是除节点5之外所有节点的三条直线方程 $f_j^{(5)}(\xi,\eta)=0$, $j=1,2,3$ 的左端项,即如图6-12所示的3条直线 line 1、line 2 和 line 3, 它们的直线方程分别为

$$f_1^{(5)}(\xi,\eta) = \xi+1 = 0$$
$$f_2^{(5)}(\xi,\eta) = \xi-1 = 0$$
$$f_3^{(5)}(\xi,\eta) = \eta-1 = 0$$

可由

$$f_1^{(5)}(\xi_5,\eta_5) = 0+1 = 1$$
$$f_2^{(5)}(\xi_5,\eta_5) = 0-1 = -1$$
$$f_3^{(5)}(\xi_5,\eta_5) = (-1)-1 = -2$$

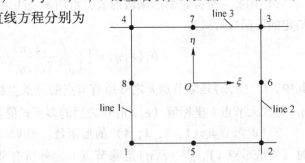

图6-12 确定节点5形函数的画线法

得到 $k=1$ (对应节点1) 时的形函数

$$N_5(\xi,\eta) = \prod_{j=1}^{3}\frac{f_j^{(5)}(\xi,\eta)}{f_j^{(5)}(\xi_5,\eta_5)} = \frac{1}{2}(\xi+1)(\xi-1)(\eta-1) = \frac{1}{2}(1-\xi^2)(1-\eta)$$
$$= \frac{1}{2}(1-\xi^2)(1+\eta_5\eta)$$

同理可以得到 $k=6,7,8$（对应节点 6，7，8）的形函数

$$N_6(\xi,\eta) = \prod_{j=1}^{3} \frac{f_j^{(6)}(\xi,\eta)}{f_j^{(6)}(\xi_6,\eta_6)} = \frac{1}{2}(1-\eta^2)(1+\xi)$$

$$= \frac{1}{2}(1-\eta^2)(1+\xi_6\xi)$$

$$N_7(\xi,\eta) = \prod_{j=1}^{3} \frac{f_j^{(7)}(\xi,\eta)}{f_j^{(7)}(\xi_7,\eta_7)} = \frac{1}{2}(1-\xi^2)(1+\eta)$$

$$= \frac{1}{2}(1-\xi^2)(1+\eta_7\eta)$$

$$N_8(\xi,\eta) = \prod_{j=1}^{3} \frac{f_j^{(8)}(\xi,\eta)}{f_j^{(8)}(\xi_8,\eta_8)} = \frac{1}{2}(1-\eta^2)(1-\xi)$$

$$= \frac{1}{2}(1-\eta^2)(1+\xi_8\xi)$$

将上述形函数归纳为通式，可表示为

$$N_k(\xi,\eta) = \prod_{j=1}^{3} \frac{f_j^{(k)}(\xi,\eta)}{f_j^{(k)}(\xi_k,\eta_k)} = \begin{cases} \frac{1}{4}(1+\xi_k\xi)(1+\eta_k\eta)(\xi_k\xi+\eta_k\eta-1), k=1,2,3,4 \\ \frac{1}{2}(1-\xi^2)(1+\eta_k\eta), k=5,7 \\ \frac{1}{2}(1-\eta^2)(1+\xi_k\xi), k=6,8 \end{cases} \tag{6-9}$$

形函数 $N_k(\xi_k,\eta_k)$，$k=1,2,\cdots,8$ 具有如下特性。

- 在本节点 k 上，$N_k(\xi_k,\eta_k)=1$，即

$$N_k(\xi_k,\eta_k) = \frac{1}{4}(1+\xi_k^2)(1+\eta_k^2)(\xi_k^2+\eta_k^2-1) = 1$$

在其他节点上，有

$$N_k(\xi_j,\eta_j) = 0, j \neq k$$

- 利用形函数可得到总体坐标公式

$$\begin{cases} x = \sum_{k=1}^{8} N_k(\xi,\eta) x_k \\ y = \sum_{k=1}^{8} N_k(\xi,\eta) y_k \end{cases} \tag{6-10}$$

及

$$\begin{cases} x = a_1 + a_2\xi + a_3\eta + a_4\xi^2 + a_5\xi\eta + a_6\eta^2 + a_7\xi^2\eta + a_8\xi\eta^2 \\ y = b_1 + b_2\xi + b_3\eta + b_4\xi^2 + b_5\xi\eta + b_6\eta^2 + b_7\xi^2\eta + b_8\xi\eta^2 \end{cases} \tag{6-11}$$

即由已知的 $\{\xi_i,\eta_i\}$ 求对应的总体坐标值 (x,y)。例如，对于单元节点 2，6，3 的直线 line 2，将 $\xi=1$ 代入式（6-10）可以得到总体坐标 (x,y) 与参数 η 的拟合曲线方程

$$\begin{cases} x = \sum_{k=1}^{8} N_k(1,\eta) x_k = N_2 x_2 + N_3 x_3 + N_6 x_6 \\ \quad = \dfrac{1}{4} \times 2(1-\eta)(-\eta) x_2 + \dfrac{1}{4} \times 2(1+\eta)\eta x_3 + \dfrac{1}{2}(1-\eta^2) \times 2 x_6 \\ y = \sum_{k=1}^{8} N_k(1,\eta) y_k = N_2 y_2 + N_3 y_3 + N_6 y_6 \\ \quad = \dfrac{1}{4} \times 2(1-\eta)(-\eta) y_2 + \dfrac{1}{4} \times 2(1+\eta)\eta y_3 + \dfrac{1}{2}(1-\eta^2) \times 2 y_6 \end{cases}$$

展开整理得到

$$\begin{cases} x = a\eta^2 + b\eta + c \\ y = d\eta^2 + e\eta + f \end{cases}$$

可见，在总体坐标系中，八节点任意四边形单元的边线被拟合为一个二次曲线。该曲线通过边线上的节点，所以在节点上是精确的，在非节点上近似相等。

6.1.5 等参单元的单元分析

本节以平面问题的四边形八节点等参单元为研究对象，介绍等参单元刚度矩阵的构造方法。弹性力学平面问题的单元刚度矩阵为

$$K^e = \iint B^{\mathrm{T}} D B t \mathrm{d}x \mathrm{d}y$$

其中，B 为应变矩阵或几何矩阵，$D = \dfrac{E}{(1-\mu^2)} \begin{pmatrix} 1 & \mu & 0 \\ \mu & 1 & 0 \\ 0 & 0 & \dfrac{1-\mu}{2} \end{pmatrix}$ 为弹性矩阵，是材料模量和泊松比的函数，为常数矩阵。

设四边形八节点单元的节点位移为

$$\boldsymbol{\delta}^e = (u_1 \quad v_1 \quad u_2 \quad v_2 \quad \cdots \quad u_8 \quad v_8)^{\mathrm{T}}$$

则四边形八节点单元的应变为

$$\boldsymbol{\varepsilon} = \begin{pmatrix} \dfrac{\partial u}{\partial x} \\ \dfrac{\partial v}{\partial y} \\ \dfrac{\partial u}{\partial y} + \dfrac{\partial v}{\partial x} \end{pmatrix} = \begin{pmatrix} \dfrac{\partial N_1}{\partial x} & 0 & \dfrac{\partial N_2}{\partial x} & 0 & \cdots & \dfrac{\partial N_8}{\partial x} & 0 \\ 0 & \dfrac{\partial N_1}{\partial y} & 0 & \dfrac{\partial N_2}{\partial y} & \cdots & 0 & \dfrac{\partial N_8}{\partial y} \\ \dfrac{\partial N_1}{\partial y} & \dfrac{\partial N_1}{\partial x} & \dfrac{\partial N_2}{\partial y} & \dfrac{\partial N_2}{\partial x} & \cdots & \dfrac{\partial N_8}{\partial y} & \dfrac{\partial N_8}{\partial x} \end{pmatrix} \begin{pmatrix} u_1 \\ v_1 \\ \vdots \\ u_8 \\ v_8 \end{pmatrix} \quad (6-12)$$

记 $B = (B_1 \quad B_2 \quad \cdots \quad B_8)$，则

$$B_k = \begin{pmatrix} \dfrac{\partial N_k}{\partial x} & 0 \\ 0 & \dfrac{\partial N_k}{\partial y} \\ \dfrac{\partial N_k}{\partial y} & \dfrac{\partial N_k}{\partial x} \end{pmatrix}, \quad k = 1, 2, \cdots, 8 \quad (6-13)$$

在构造等参单元刚度矩阵 K^e 时，首先需要确定 B_k。由于等参单元的形函数 N_k 是局部坐标 (ξ,η) 的函数，即 $N_k(\xi,\eta)$，所以应变矩阵 B 也是 (ξ,η) 的函数。但从式（6-13）中看到，B 中的元素与总体坐标 (x,y) 有关，故需要利用局部坐标与整体坐标之间的关系，通过复合求导和矩阵运算来得到 B 中的各元素。

1. 计算形函数对整体坐标的偏导数

由于局部坐标与整体坐标之间存在转换关系，因此形函数 N_k 也是整体坐标的函数。由复合函数求导法则可以得到形函数 N_k 的复合求导关系式

$$\begin{cases}\dfrac{\partial N_k}{\partial \xi}=\dfrac{\partial N_k}{\partial x}\dfrac{\partial x}{\partial \xi}+\dfrac{\partial N_k}{\partial y}\dfrac{\partial y}{\partial \xi}\\ \dfrac{\partial N_k}{\partial \eta}=\dfrac{\partial N_k}{\partial x}\dfrac{\partial x}{\partial \eta}+\dfrac{\partial N_k}{\partial y}\dfrac{\partial y}{\partial \eta}\end{cases} \tag{6-14}$$

式（6-14）可以写为矩阵表达式

$$\begin{pmatrix}\dfrac{\partial N_k}{\partial \xi}\\ \dfrac{\partial N_k}{\partial \eta}\end{pmatrix}=\begin{pmatrix}\dfrac{\partial x}{\partial \xi}&\dfrac{\partial y}{\partial \xi}\\ \dfrac{\partial x}{\partial \eta}&\dfrac{\partial y}{\partial \eta}\end{pmatrix}\begin{pmatrix}\dfrac{\partial N_k}{\partial x}\\ \dfrac{\partial N_k}{\partial y}\end{pmatrix}$$

定义

$$J=\begin{pmatrix}\dfrac{\partial x}{\partial \xi}&\dfrac{\partial y}{\partial \xi}\\ \dfrac{\partial x}{\partial \eta}&\dfrac{\partial y}{\partial \eta}\end{pmatrix}$$

为雅可比矩阵（Jacobian Matrix），式（6-14）可表示为

$$\begin{pmatrix}\dfrac{\partial N_k}{\partial \xi}\\ \dfrac{\partial N_k}{\partial \eta}\end{pmatrix}=J\begin{pmatrix}\dfrac{\partial N_k}{\partial x}\\ \dfrac{\partial N_k}{\partial y}\end{pmatrix} \tag{6-15}$$

由式（6-5）可知，单元的整体坐标可由形函数来表示，即

$$x=\sum_{k=1}^{8}N_k(\xi,\eta)x_k$$

$$y=\sum_{k=1}^{8}N_k(\xi,\eta)y_k$$

对 x，y 分别求 ξ 和 η 的偏导，得

$$\dfrac{\partial x}{\partial \xi}=\sum_{k=1}^{8}\dfrac{\partial N_k(\xi,\eta)}{\partial \xi}x_k,\quad \dfrac{\partial y}{\partial \xi}=\sum_{k=1}^{8}\dfrac{\partial N_k(\xi,\eta)}{\partial \xi}y_k$$

$$\dfrac{\partial x}{\partial \eta}=\sum_{k=1}^{8}\dfrac{\partial N_k(\xi,\eta)}{\partial \eta}x_k,\quad \dfrac{\partial y}{\partial \eta}=\sum_{k=1}^{8}\dfrac{\partial N_k(\xi,\eta)}{\partial \eta}y_k$$

代入雅可比矩阵，得

$$J=\begin{pmatrix}\dfrac{\partial x}{\partial \xi}&\dfrac{\partial y}{\partial \xi}\\ \dfrac{\partial x}{\partial \eta}&\dfrac{\partial y}{\partial \eta}\end{pmatrix}=\begin{pmatrix}\dfrac{\partial N_1}{\partial \xi}&\dfrac{\partial N_2}{\partial \xi}&\cdots&\dfrac{\partial N_8}{\partial \xi}\\ \dfrac{\partial N_1}{\partial \eta}&\dfrac{\partial N_2}{\partial \eta}&\cdots&\dfrac{\partial N_8}{\partial \eta}\end{pmatrix}\begin{pmatrix}x_1&y_1\\ x_2&y_2\\ \vdots&\vdots\\ x_8&y_8\end{pmatrix} \tag{6-16}$$

将式 (6-16) 代入式 (6-15) 可得

$$\begin{Bmatrix} \dfrac{\partial N_k}{\partial x} \\ \dfrac{\partial N_k}{\partial y} \end{Bmatrix} = \boldsymbol{J}^{-1} \begin{Bmatrix} \dfrac{\partial N_k}{\partial \xi} \\ \dfrac{\partial N_k}{\partial \eta} \end{Bmatrix} \tag{6-17}$$

其中，雅可比矩阵的逆矩阵为

$$\boldsymbol{J}^{-1} = \dfrac{\boldsymbol{J}^*}{|\boldsymbol{J}|} = \dfrac{1}{|\boldsymbol{J}|} \begin{pmatrix} \dfrac{\partial y}{\partial \eta} & -\dfrac{\partial y}{\partial \xi} \\ -\dfrac{\partial x}{\partial \eta} & \dfrac{\partial x}{\partial \xi} \end{pmatrix} \tag{6-18}$$

所以式 (6-17) 变为

$$\begin{Bmatrix} \dfrac{\partial N_k}{\partial x} \\ \dfrac{\partial N_k}{\partial y} \end{Bmatrix} = \dfrac{1}{|\boldsymbol{J}|} \begin{pmatrix} \dfrac{\partial y}{\partial \eta}\dfrac{\partial N_k}{\partial \xi} - \dfrac{\partial y}{\partial \xi}\dfrac{\partial N_k}{\partial \eta} \\ -\dfrac{\partial x}{\partial \eta}\dfrac{\partial N_k}{\partial \xi} + \dfrac{\partial x}{\partial \xi}\dfrac{\partial N_k}{\partial \eta} \end{pmatrix} \tag{6-19}$$

可见，形函数对整体坐标的偏导，仍可表为局部坐标的函数。将式 (6-19) 代入式 (6-13) 即得

$$\boldsymbol{B}_k = \begin{pmatrix} \dfrac{\partial y}{\partial \eta}\dfrac{\partial N_k}{\partial \xi} - \dfrac{\partial y}{\partial \xi}\dfrac{\partial N_k}{\partial \eta} & 0 \\ 0 & -\dfrac{\partial x}{\partial \eta}\dfrac{\partial N_k}{\partial \xi} + \dfrac{\partial x}{\partial \xi}\dfrac{\partial N_k}{\partial \eta} \\ -\dfrac{\partial x}{\partial \eta}\dfrac{\partial N_k}{\partial \xi} + \dfrac{\partial x}{\partial \xi}\dfrac{\partial N_k}{\partial \eta} & \dfrac{\partial y}{\partial \eta}\dfrac{\partial N_k}{\partial \xi} - \dfrac{\partial y}{\partial \xi}\dfrac{\partial N_k}{\partial \eta} \end{pmatrix}, \quad k = 1, 2, \cdots, 8$$

2. 将刚度矩阵中的积分区间从总体坐标转换到局部坐标

计算单元刚度矩阵时，要进行面积积分

$$\boldsymbol{K}^e = \iint \boldsymbol{B}^{\mathrm{T}} \boldsymbol{D} \boldsymbol{B} t \mathrm{d}x \mathrm{d}y \tag{6-20}$$

在整体坐标系中，面积微元为 x 方向和 y 方向微矢量的叉乘的模量，

$$\mathrm{d}A = |\mathrm{d}\vec{x} \times \mathrm{d}\vec{y}| \tag{6-21}$$

$$\mathrm{d}\vec{y} = \dfrac{\partial y}{\partial \xi}\mathrm{d}\vec{\xi} + \dfrac{\partial y}{\partial \eta}\mathrm{d}\vec{\eta}, \quad \mathrm{d}\vec{x} = \dfrac{\partial x}{\partial \xi}\mathrm{d}\vec{\xi} + \dfrac{\partial x}{\partial \eta}\mathrm{d}\vec{\eta}$$

$$\mathrm{d}A = \left| \left(\dfrac{\partial x}{\partial \xi}\mathrm{d}\vec{\xi} + \dfrac{\partial x}{\partial \eta}\mathrm{d}\vec{\eta} \right) \times \left(\dfrac{\partial y}{\partial \xi}\mathrm{d}\vec{\xi} + \dfrac{\partial y}{\partial \eta}\mathrm{d}\vec{\eta} \right) \right|$$

$$= \left(\dfrac{\partial x}{\partial \xi}\dfrac{\partial y}{\partial \eta} - \dfrac{\partial x}{\partial \eta}\dfrac{\partial y}{\partial \xi} \right) \mathrm{d}\xi \mathrm{d}\eta$$

$$\mathrm{d}A = |\boldsymbol{J}| \mathrm{d}\xi \mathrm{d}\eta \tag{6-22}$$

将式 (6-21) 和式 (6-22) 代入式 (6-20)，得到单元刚度矩阵在局部坐标系中的积分公式

$$\boldsymbol{K}^e = \int_{-1}^{1} \int_{-1}^{1} (\boldsymbol{B}_1 \quad \boldsymbol{B}_2 \quad \cdots \quad \boldsymbol{B}_8)^{\mathrm{T}} \boldsymbol{D} (\boldsymbol{B}_1 \quad \boldsymbol{B}_2 \quad \cdots \quad \boldsymbol{B}_8) t |\boldsymbol{J}| \mathrm{d}\xi \mathrm{d}\eta \tag{6-23}$$

单元刚度矩阵中的任意一个分块矩阵的积分公式为

$$K_{rs} = \int_{-1}^{1}\int_{-1}^{1} \boldsymbol{B}_r^{\mathrm{T}} \boldsymbol{D} \boldsymbol{B}_s t |\boldsymbol{J}| \mathrm{d}\xi \mathrm{d}\eta \qquad (6-24)$$

3. 用数值积分计算出单元刚度矩阵中的元素

等参单元刚度矩阵的每个元素都是局部坐标的函数，单元刚度矩阵的计算就转化成了在局部坐标系统中的基本单元上计算定积分。局部坐标系统中的基本单元都是标准的正方形单元，可以用解析方法推导出每个矩阵元素。在有限元程序中不用解析的办法来计算局部坐标系中的积分，而采用数值积分方法，通常采用高斯积分方法来计算单元刚度矩阵中的元素。

4. 等参单元的载荷移置

将作用在单元上的外载荷同样表示为局部坐标的函数，就可以在局部坐标下完成单元的载荷移置。体力移置的公式为

$$\boldsymbol{R}^e = \int_{-1}^{1}\int_{-1}^{1} \boldsymbol{N}^{\mathrm{T}} p t |\boldsymbol{J}| \mathrm{d}\xi \mathrm{d}\eta \qquad (6-25)$$

面力移置的公式也类似，如在 $\xi = 1$ 的边上受到面力作用

$$\boldsymbol{R}^e = \int_{-1}^{1} \boldsymbol{N}_{\xi=1}^{\mathrm{T}} \overline{\boldsymbol{P}} t \frac{\mathrm{d}s}{\mathrm{d}\eta}\bigg|_{\xi=1} \mathrm{d}\eta \qquad (6-26)$$

其中，$\mathrm{d}s$ 是在实际单元中边界上微线段的长度

$$\mathrm{d}s = \sqrt{(\mathrm{d}x)^2 + (\mathrm{d}y)^2}, \quad \frac{\mathrm{d}s}{\mathrm{d}\eta} = \sqrt{\left(\frac{\mathrm{d}x}{\mathrm{d}\eta}\right)^2 + \left(\frac{\mathrm{d}y}{\mathrm{d}\eta}\right)^2}$$

在点 (ξ_0, η_0) 集中力移置的公式为

$$\boldsymbol{R}^0 = \boldsymbol{N}_{(\xi_0,\eta_0)}^{\mathrm{T}} \boldsymbol{P} \qquad (6-27)$$

6.1.6 高斯积分

在 $[-1, 1]$ 的区间内预先定义了积分点的坐标和相应的加权系数，先求出被积分的函数在指定积分点上的数值，再加权后求和，就得到了该函数一维积分的结果。这种方法具有比较高的计算精度，一维问题的高斯积分公式可以很方便地推广到二维、三维问题。

一维高斯积分的定义为

$$\int_b^a F(\xi) \mathrm{d}\xi = \sum_{i=1}^{n} H_i F(\xi_i) \qquad (6-28)$$

其中，ξ_i 为积分点位置；H_i 为对应的加权系数。

对应于 $(-1, 1)$ 积分域，高斯积分中所采用的积分点坐标和对应的加权系数见表 6-1。

表 6-1 高斯积分的积分点坐标和加权系数

积分点数 n	积分点坐标 ξ_i	加权系数 H_i
1	0.000 000 000 000 000	2.000 000 000 000 000
2	±0.577 350 269 189 626	1.000 000 000 000 000
3	±0.774 596 669 241 483	0.555 555 555 555 555
	0.000 000 000 000 000	0.888 888 888 888 888
4	±0.861 136 311 594 053	0.347 854 845 137 454
	±0.339 981 043 584 856	0.652 145 154 862 546

任意积分区域(a,b)上，用高斯积分公式计算时，先要把积分区域变换到$(-1,1)$区间。二维、三维高斯积分可以用多重积分的方法，由一维高斯积分得到。

二维高斯积分

$$I = \int_{-1}^{1}\int_{-1}^{1} F(\xi,\eta)\,\mathrm{d}\xi\mathrm{d}\eta$$

先令ξ为常数，按照一维高斯积分公式进行内层积分，得

$$I = \int_{-1}^{1} F(\xi,\eta)\,\mathrm{d}\eta = \sum_{j=1}^{n} H_j F(\xi,\eta_j)$$

再用一维高斯积分公式进行外层积分，得到二维高斯积分公式

$$I = \int_{-1}^{1}\sum_{j=1}^{n} H_j F(\xi,\eta_j)\,\mathrm{d}\eta = \sum_{i=1}^{n} H_i \sum_{j=1}^{n} H_j F(\xi_i,\eta_j) \\
= \sum_{i=1}^{n}\sum_{j=1}^{n} H_i H_j F(\xi_i,\eta_j) \tag{6-29}$$

同样，进行三次分层积分，得到三维高斯积分公式

$$I = \int_{-1}^{1}\int_{-1}^{1}\int_{-1}^{1} F(\xi,\eta,\zeta)\,\mathrm{d}\xi\mathrm{d}\eta\mathrm{d}\zeta = \sum_{i=1}^{n}\sum_{j=1}^{n}\sum_{m=1}^{n} H_i H_j H_m F(\xi_i,\eta_j,\zeta_m) \tag{6-30}$$

已经证明，采用n个积分点的高斯积分可以达到$2n-1$阶的精度，也就是说，如果被积分的函数是$2n-1$次多项式，用n个积分点的高斯积分可以得到精确的积分结果。下面通过计算两个简单多项式的积分，将高斯积分与精确积分结果做比较。

计算多项式的精确积分

$$\int_2^4 x^3\,\mathrm{d}x = \frac{1}{4}x^4\bigg|_2^4 = 60,\quad \int_2^4 x^5\,\mathrm{d}x = \frac{1}{6}x^6\bigg|_2^4 = 672$$

对三阶多项式用两个积分点进行高斯积分，得

$$\int_2^4 x^3\,\mathrm{d}x = \int_{-1}^{1}(3+\xi)^3\,\mathrm{d}\xi = \sum_{i=1}^{2} H_i(3+\xi)^3$$

将表6-1中的积分点坐标和加权系数代入，积分点坐标与加权系数取5位有效数字，得

$$\int_{-1}^{1}(3+\xi)^3\,\mathrm{d}\xi = (3-0.57735)^3 + (3+0.57735)^3 = 59.99999$$

同样，对五阶多项式用两个积分点进行高斯积分，得

$$\int_2^4 x^5\,\mathrm{d}x = (3-0.57735)^5 + (3+0.57735)^5 = 669.333$$

对五阶多项式用三个积分点进行高斯积分，积分点和加权系数均取5位有效数字，得

$$\int_2^4 x^5\,\mathrm{d}x = (3-0.77459)^5 \times 0.55555 + 3^5 \times 0.88888 + (3+0.77459)^5 \times 0.55555 \\
= 671.98997$$

用这两个多项式的积分结果可以验证n点高斯积分是$2n-1$阶精确积分的结论。虽然高斯积分即使不是精确积分，但仍有比较好的精度。

那么，对于前面章节讲过的三角形单元，是否也能使用数值积分计算单元刚度矩阵的系数呢？在三角形单元中，自然坐标是面积坐标，计算单元刚度矩阵数的积分具有以下的形式

$$I = \int_0^1 \int_0^{1-L_1} F(L_1 L_2 L_3)\,\mathrm{d}L_2 \mathrm{d}L_1$$

可以采用 Hammer 积分来计算。

除了高斯积分，常用的数值积分方法还有 Newton – Cotes 积分和 Irons 积分。

当计算中必须进行数值积分时，如何选择数值积分的阶次直接影响计算结果的精度和计算量，选择数值积分阶次的原则如下。

1）保证积分的精度。需要根据被积函数中的多项式阶次进行选择，尽量满足精确积分的条件。为了提高计算效率，可选取高斯积分的阶次低于被积函数精确积分所需要的阶次进行计算，这种积分方案被称为减缩积分。

2）保证结构总刚度矩阵 K 是非奇异的。这个条件讨论起来比较复杂，简单地可以概括为全部积分点所能提供独立关系的数目要大于系统的独立自由度数。当采用减缩积分时，一定要使积分方案满足本条件。

四边形四节点、八节点的等参单元通常采用 2×2 的高斯积分，如 ANSYS 的 PLANE42 和 PLANE82 单元。

6.1.7　六面体等参单元

多数弹性力学问题需要按照三维空间问题来求解，三维弹性力学问题的有限元法的基本步骤与平面问题的步骤一样，包括单元离散化、选择单元位移模式、单元分析、整体分析和方程求解。在分析三维问题时，所选择的单元主要为四面体单元和六面体单元，每个单元节点上有 3 个位移分量 u、v、w。

三维问题有限元法主要有以下两个难点。

1）单元划分比较复杂。无法采用人工方法完成复杂三维实体的单元划分，需要有功能强大的单元划分程序，从 CAD 模型直接生成离散的单元网格。现在的有限元软件可以读入 IGES 和 STL 等格式的图形交换文件。六面体单元的计算精度比较高，但是对于复杂三维实体无法实现六面体单元的自动划分。采用四面体单元能够实现单元自动划分，但是四面体单元的计算精度比较低。

2）计算规模大。三维问题的单元数目大，节点自由度多，导致计算规模大，对计算机硬件的要求很高。为缩短计算时间，有许多问题需要采用巨型计算机，如 CRAY 或并行计算机。

常用的三维等参单元有六面体八节点等参单元和六面体 20 节点等参单元。等参单元的位移模式和坐标变化是采用相同的形函数

$$\begin{cases} u = \sum_{i=1}^{n} N_i(\xi,\eta,\zeta) u_i \\ v = \sum_{i=1}^{n} N_i(\xi,\eta,\zeta) v_i \\ w = \sum_{i=1}^{n} N_i(\xi,\eta,\zeta) w_i \end{cases} \quad (6\text{-}31)$$

和

$$\begin{cases} x = \sum_{i=1}^{n} N_i(\xi,\eta,\zeta)x_i \\ y = \sum_{i=1}^{n} N_i(\xi,\eta,\zeta)y_i \\ z = \sum_{i=1}^{n} N_i(\xi,\eta,\zeta)z_i \end{cases} \quad (6-32)$$

ANSYS 提供的 Solid45 单元就是六面体八节点等参单元,每个节点有代表 x、y、z 三个方向位移的三个自由度(Degree of Freedom,DOF),可以简化为五面体棱柱和四面体单元,如图 6-13 所示。六面体八节点等参单元的基本单元如图 6-14b 所示。

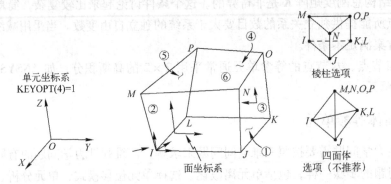

图 6-13 SOLID45 单元几何模型

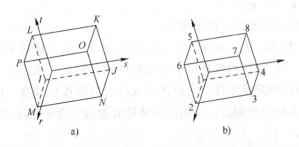

图 6-14 六面体八节点

六面体八节点等参单元的基本单元如图 6-14 所示,其形函数为

$$N_i = \frac{1}{8}(1+\xi_i\xi)(1+\eta_i\eta)(1+\zeta_i\zeta), \quad i=1,\cdots,8 \quad (6-33)$$

其中,ξ_i,η_i,ζ_i 为节点的局部坐标。

如图 6-15 所示,ANSYS 提供的 Solid95 单元是六面体 20 节点等参单元,每个节点均有代表 x、y、z 三个方向位移的三个自由度。Solid95 单元可以退化为五面体棱柱、五面体金字塔形和四面体单元。

与六面体八节点等参单元相比,六面体 20 节点等参单元能更好地适应不规则的形状,计算误差比较小,其函数为

$$N_i = \frac{1}{8}(1+\xi_i\xi)(1+\eta_i\eta)(1+\xi_i\xi)(\xi_i\xi+\eta_i\eta+\xi_i\xi-2), \quad i=1,2,\cdots,8$$

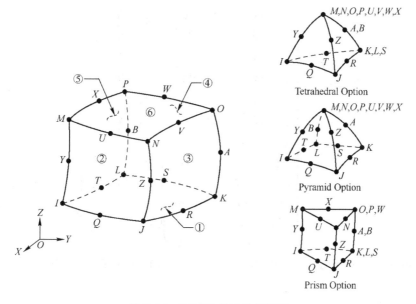

图 6-15 Solid95 单元几何模型

$$N_i = \frac{1}{4}(1-\xi^2)(1+\eta_i\eta)(1+\xi_i\xi), \quad i=9,11,17,19$$

$$N_i = \frac{1}{4}(1-\eta^2)(1+\zeta_i\zeta)(1+\xi_i\xi), \quad i=10,12,18,20$$

$$N_i = \frac{1}{4}(1-\zeta^2)(1+\xi_i\xi)(1+\eta_i\eta), \quad i=13,14,15,16 \tag{6-34}$$

其中，ξ_i，η_i，ζ 为单元节点在局部坐标系中的坐标。

单元刚度矩阵为

$$\boldsymbol{K}^e = \iiint \boldsymbol{B}^\mathrm{T} \boldsymbol{D} \boldsymbol{B} \mathrm{d}x \mathrm{d}y \mathrm{d}z \tag{6-35}$$

按照 6.1.6 节介绍的等参单元分析的基本步骤可以得到三维单元的单元刚度矩阵。

雅可比矩阵为

$$\boldsymbol{J} = \begin{pmatrix} \dfrac{\partial x}{\partial \xi} & \dfrac{\partial y}{\partial \xi} & \dfrac{\partial z}{\partial \xi} \\ \dfrac{\partial x}{\partial \eta} & \dfrac{\partial y}{\partial \eta} & \dfrac{\partial z}{\partial \eta} \\ \dfrac{\partial x}{\partial \zeta} & \dfrac{\partial y}{\partial \zeta} & \dfrac{\partial z}{\partial \zeta} \end{pmatrix} \tag{6-36}$$

形函数对整体坐标的偏微分可以用雅可比矩阵表示为形函数对局部坐标的偏微分，即

$$\begin{pmatrix} \dfrac{\partial N_i}{\partial x} \\ \dfrac{\partial N_i}{\partial y} \\ \dfrac{\partial N_i}{\partial z} \end{pmatrix} = \boldsymbol{J}^{-1} \begin{pmatrix} \dfrac{\partial N_i}{\partial \xi} \\ \dfrac{\partial N_i}{\partial \eta} \\ \dfrac{\partial N_i}{\partial \zeta} \end{pmatrix} \tag{6-37}$$

将式（6-32）代入式（6-36）可以计算出雅可比矩阵

$$J = \begin{pmatrix} \sum_{i=1}^{n} \frac{\partial N_i}{\partial \xi} x_i & \sum_{i=1}^{n} \frac{\partial N_i}{\partial \xi} y_i & \sum_{i=1}^{n} \frac{\partial N_i}{\partial \xi} z_i \\ \sum_{i=1}^{n} \frac{\partial N_i}{\partial \eta} x_i & \sum_{i=1}^{n} \frac{\partial N_i}{\partial \eta} y_i & \sum_{i=1}^{n} \frac{\partial N_i}{\partial \eta} z_i \\ \sum_{i=1}^{n} \frac{\partial N_i}{\partial \zeta} x_i & \sum_{i=1}^{n} \frac{\partial N_i}{\partial \zeta} y_i & \sum_{i=1}^{n} \frac{\partial N_i}{\partial \zeta} z_i \end{pmatrix}$$

$$= \begin{pmatrix} \frac{\partial N_1}{\partial \xi} & \frac{\partial N_2}{\partial \xi} & \cdots & \frac{\partial N_n}{\partial \xi} \\ \frac{\partial N_1}{\partial \eta} & \frac{\partial N_2}{\partial \eta} & \cdots & \frac{\partial N_n}{\partial \eta} \\ \frac{\partial N_1}{\partial \zeta} & \frac{\partial N_2}{\partial \zeta} & \cdots & \frac{\partial N_n}{\partial \zeta} \end{pmatrix} \begin{pmatrix} x_1 & y_1 & z_1 \\ x_2 & y_2 & z_2 \\ \vdots & \vdots & \vdots \\ x_n & y_n & z_n \end{pmatrix} \tag{6-38}$$

利用雅可比矩阵的行列式，将整体坐标系下的积分转换为在局部坐标系下的积分。在整体坐标系中的体积微元为

$$dV = d\vec{x}(d\vec{y} \times d\vec{z}) = dxdydz$$

微矢量在局部坐标系中表示为

$$d\vec{x} = \frac{\partial x}{\partial \xi} d\xi \vec{i_\xi} + \frac{\partial x}{\partial \eta} d\eta \vec{j_\eta} + \frac{\partial x}{\partial \zeta} d\zeta \vec{k_\zeta}$$

$$d\vec{y} = \frac{\partial y}{\partial \xi} d\xi \vec{i_\xi} + \frac{\partial y}{\partial \eta} d\eta \vec{j_\eta} + \frac{\partial y}{\partial \zeta} d\zeta \vec{k_\zeta}$$

$$d\vec{z} = \frac{\partial z}{\partial \xi} d\xi \vec{i_\xi} + \frac{\partial z}{\partial \eta} d\eta \vec{j_\eta} + \frac{\partial z}{\partial \zeta} d\zeta \vec{k_\zeta}$$

式中，$\vec{i_\xi}$，$\vec{j_\eta}$，$\vec{k_\zeta}$ 为局部坐标系中 ξ，η，ζ 方向上的单位向量。

$$d\vec{y} \times d\vec{z} = \frac{\partial y}{\partial \xi} \frac{\partial z}{\partial \eta} d\xi d\eta \vec{k_\zeta} - \frac{\partial y}{\partial \xi} \frac{\partial z}{\partial \zeta} d\xi d\zeta \vec{j_\eta} - \frac{\partial y}{\partial \eta} \frac{\partial z}{\partial \xi} d\eta d\xi \vec{k_\zeta} + \frac{\partial y}{\partial \eta} \frac{\partial z}{\partial \zeta} d\eta d\zeta \vec{i_\xi} +$$

$$\frac{\partial y}{\partial \zeta} \frac{\partial z}{\partial \xi} d\xi d\eta \vec{j_\eta} - \frac{\partial y}{\partial \zeta} \frac{\partial z}{\partial \eta} d\eta d\zeta \vec{i_\xi}$$

$$dxdydz = \begin{vmatrix} \frac{\partial x}{\partial \xi} & \frac{\partial y}{\partial \xi} & \frac{\partial z}{\partial \xi} \\ \frac{\partial x}{\partial \eta} & \frac{\partial y}{\partial \eta} & \frac{\partial z}{\partial \eta} \\ \frac{\partial x}{\partial \zeta} & \frac{\partial y}{\partial \zeta} & \frac{\partial z}{\partial \zeta} \end{vmatrix} d\xi d\eta d\zeta = |J| d\xi d\eta d\zeta$$

$$K^e = \int_{-1}^{1} \int_{-1}^{1} \int_{-1}^{1} B^T DB |J| d\xi d\eta d\zeta \tag{6-39}$$

最后，用高斯积分计算出单元刚度矩阵。Solid45 单元采用 $2 \times 2 \times 2$ 积分方案，或采用单个积分点的减缩积分。Solid45 单元采用 14 点积分方案，或采用 $2 \times 2 \times 2$ 的减缩积分。

同样，用第 6.1.6 节中类似的公式就可以在局部坐标下完成单元的载荷移置。当单元面为四边形时，Solid45 单元采用 2×2 积分方案，Solid95 单元采用 3×3 积分方案。

体力移置的公式为

$$\boldsymbol{R}^e = \int_{-1}^{1}\int_{-1}^{1}\int_{-1}^{1} \boldsymbol{N}^{\mathrm{T}} \boldsymbol{P} t \mid \boldsymbol{J} \mid \mathrm{d}\xi \mathrm{d}\eta \mathrm{d}\zeta \tag{6-40}$$

在 $\xi=1$ 的面上受到面力作用时，面力移置的公式为

$$\boldsymbol{R}^e = \int_{-1}^{1}\int_{-1}^{1} \boldsymbol{N}_{\xi=1}^{\mathrm{T}} \overline{\boldsymbol{P}} t \left| \frac{\mathrm{d}\vec{\eta} \times \mathrm{d}\vec{\zeta}}{\mathrm{d}A} \right|_{\xi=1} \mathrm{d}\eta \mathrm{d}\zeta \tag{6-41}$$

其中，$\mathrm{d}A = \mathrm{d}\eta \mathrm{d}\zeta$ 是基本单元边界上的微面积；$|\mathrm{d}\vec{\eta} \times \mathrm{d}\vec{\zeta}|$ 是实际单元边界上的微面积，是空间曲面，即

$$|\mathrm{d}\vec{\eta} \times \mathrm{d}\vec{\xi}| = \sqrt{\left(\frac{\partial y}{\partial \eta}\frac{\partial z}{\partial \zeta} - \frac{\partial z}{\partial \eta}\frac{\partial y}{\partial \zeta}\right)^2 + \left(\frac{\partial z}{\partial \eta}\frac{\partial x}{\partial \zeta} - \frac{\partial x}{\partial \eta}\frac{\partial z}{\partial \zeta}\right)^2 + \left(\frac{\partial x}{\partial \eta}\frac{\partial y}{\partial \zeta} - \frac{\partial y}{\partial \eta}\frac{\partial x}{\partial \zeta}\right)^2}\, \mathrm{d}\eta \mathrm{d}\zeta$$

在点 (ξ_0, η_0, ζ_0) 集中力移置的公式为

$$\boldsymbol{R}^e = \boldsymbol{N}_{(\xi_0,\eta_0,\zeta_0)}^{\mathrm{T}} \boldsymbol{P} \tag{6-42}$$

实体单元的特性见表 6-2。Solid92 单元几何模型如图 6-16 所示。

表 6-2 实体单元特性

单元类型	特点	节点数	节点自由度	适用
Solid45	三维实体单元，有塑性、蠕变、膨胀、应力刚化、大变形及大应变等功能	8 (I, J, K, L, M, N, O, P)	U_x U_y U_z	正交各向异性材料
Solid95	非线性三维实体单元，具有拉裂与压碎性能	8 (I, J, K, L, M, N, O, P)	U_x U_y U_z	可模拟混凝土的开裂、压碎，也可模拟钢筋拉伸、压缩，不能模拟钢筋剪切
Solid92	二次位移函数，有塑性、蠕变、膨胀、应力刚化、大变形及大应变等功能	10 ($I, M, J, N, K, O, P, Q, R, L$)		适合于模拟不规则形状的结构

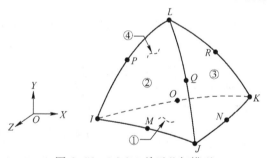

图 6-16 Solid92 单元几何模型

6.2 实体结构的 ANSYS 分析

【例 6-2】建立如图 6-17 所示轴承座的实体结构（几何模型），且对其进行 ANSYS 分析。已知下方基座的 4 个圆柱孔（孔径 $\phi = 0.75\,\mathrm{mm}$）固定，支撑小圆柱孔的下表面承受 25 MPa 的重力载荷，支撑台阶面上承受 4 MPa 的推力载荷，弹性模量为 2e11Pa，泊松比为 0.3。

解：

1. 初始设置

（1）设置工作路径

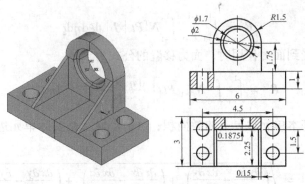

图 6-17　轴承座的几何模型

在 Utility Menu 中选择 File→Change Directory，弹出"浏览文件夹"对话框，输入用户的文件保存路径，单击"确定"按钮，如图 6-18 所示。

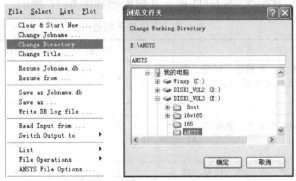

图 6-18　设置工作路径

（2）设置工作文件名

在 Utility Menu 中选择 File→Change Jobname，弹出 Change Jobname 对话框，输入用户文件名"solid"，单击 OK 按钮，如图 6-19 所示。

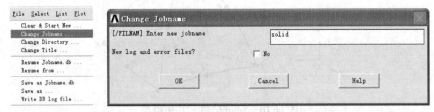

图 6-19　设置工作文件名

（3）设置工作标题

在 Utility Menu 中选择 File→Change Title，弹出 Change Title 对话框，输入用户标题"this is a solid"，单击 OK 按钮，如图 6-20 所示。

（4）设定分析模块

在 ANSYS Main Menu 中选择 Preferences，弹出 Preferences for GUI Filtering 对话框，勾选 Structural 复选框，即结构模块。单击 OK 按钮，如图 6-21 所示。

（5）改变图形编辑窗口背景颜色

默认图形编辑窗口的背景颜色为黑色，用户可以将其改为白色。在 Utility Menu 中选择 PlotCtrls→Style→Colors→Reverse Video，图形编辑窗口背景变为白色，如图 6-22 和图 6-23 所示。

图 6-20　设置标题名

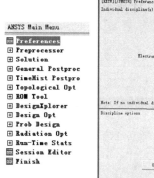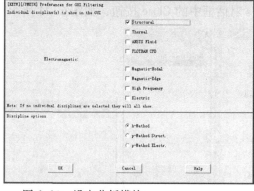

图 6-21　设定分析模块

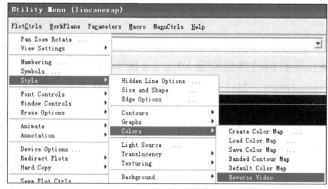

图 6-22　改变图形编辑窗口的背景颜色

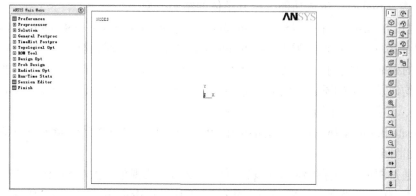

图 6-23　白色背景的图形编辑窗口

2. 前处理

(1) 定义单位

本例中采用统一的单位 m－kg－s－N，则建模过程中的所有参数都以 m－kg－s－N 为单位，相应的应力单位为 Pa。

(2) 选择单元类型

根据 3D 实体单元特性，选用 20 个节点数的 SOLID95 单元。在 ANSYS Main Menu 中选择 Preprocessor→Element Type→Add/Edit/Delete，弹出 Element Types 对话框，单击 Add 按钮，弹出 Library of Element Types 对话框，选择 Solid 和 20node 95 选项，单击 OK 按钮，再单击 Element Types 对话框中的 Close 按钮，如图 6-24 所示。

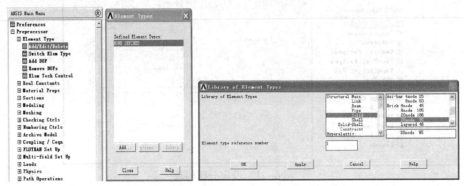

图 6-24 定义单元类型

(3) 定义材料属性

对于本例，只需设定材料的弹性模量 $EX = 2 \times 10^{11}$ Pa 及泊松比 PRXY = 0.3。在 ANSYS Main Menu 中选择 Preprocessor→Material Props→Material Models，弹出 Define Material Model Behavior 对话框，选择 Structural→Linear→Elastic→Isotropic 选项，在弹出的 Linear Isotropic Properties for Mater 对话框中，设置弹性模量 EX 为"2E+011"，泊松比 PRXY 为"0.3"，单击 OK 按钮，再关闭 Define Material Model Behavior 对话框，如图 6-25 所示。

(4) 创建 1/2 基座模型

由于本轴承以垂直中心平面为对称面，所以可以先创建对称部分的结构模型，再利用 ANSYS 的镜像（Reflact）生成功能，得到整体的结构模型。

1) 创建长方体结构。在 ANSYS Main Menu 中选择 Preprocessor→Modeling→Create→Volumes→Block→By Dimensions，弹出 Create Block by Dimensions 对话框，在 X1，X2 文本框中输入 x 轴上的始端和终端值，同理，在下面文本框中分别输入 y 轴和 z 轴上的始端和终端值。此处，均以总体坐标原点为始端，分别为(X1,X2) = (0,3)，(Y1,Y2) = (0,1)，(Z1,Z2) = (0,3)，如图 6-26 所示。

单击 Create Block by Dimensions 对话框中 OK 按钮，随后会在图形编辑窗口中显示 3×1×3 的长方体，如图 6-27 所示。

注意：通过图形与坐标控制图标按钮可以调整图形的视角、大小和坐标方向。

2) 创建工作平面坐标（WX，WY，WZ）。在 Utility Menu 中选择 WorkPlane→Offset WP by Increments，随即在图中出现工作平面坐标（WX，WY，WZ）与总体坐标（X，Y，Z）重

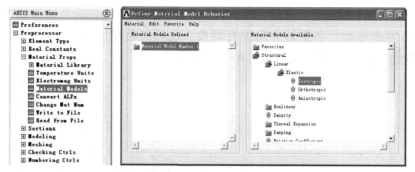

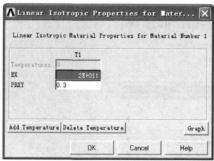

图 6-25 定义材料特性

 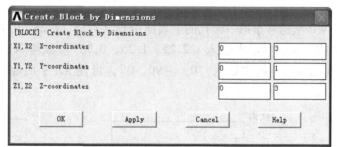

图 6-26 创建长方体

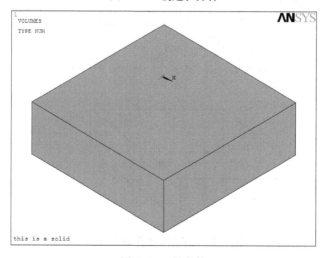

图 6-27 长方体

合，并弹出 Offset WP 对话框。通过 Offset WP 对话框可对 WP 坐标的位置（如 X－按钮可使坐标沿 x 轴负方向移动）和旋转方向进行调整，也可以在相应文本框中输入对应的数据（数据以总体坐标轴原点为参考），如图 6-28 所示。

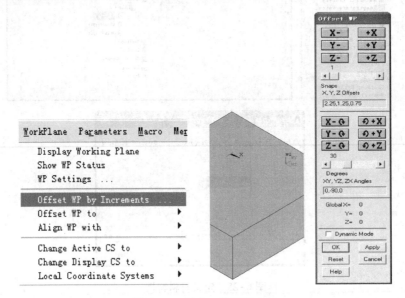

图 6-28 创建工作平面坐标

现将 WP 坐标移至第一圆孔的上表面中心（2.25，1.25，0.75），在 Offset WP 对话框的 X，Y，Z Offsets 文本框中输入"2.25，1.25，0.75"。欲将 XY 作为水平面，需要在 XY，XZ，ZX Angles 文本框中输入"0，-90，0"，可使 XZ 平面绕 X 轴顺时针旋转 90°，单击 OK 按钮，如图 6-29 所示。

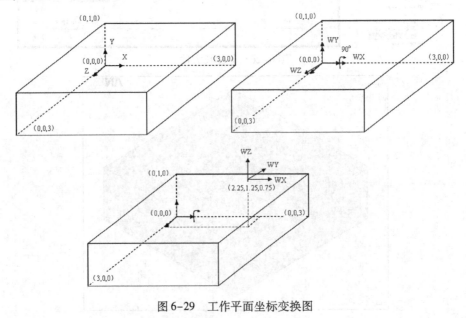

图 6-29 工作平面坐标变换图

3）创建圆孔。先在相应位置创建两个圆柱体，再从基座中减去圆柱体，得到带圆孔的基座。

创建一个圆柱体。在 ANSYS Main Menu 中选择 Preprocessor→Modeling→Create→Volumes→Cylinder→Solid Cylinder，弹出 Solid Cylinder 对话框，在 WP X、WP Y、Radius、Depth 文本框中分别输入"0""0""0.75/2""-1.5"，单击 OK 按钮，如图6-30所示。

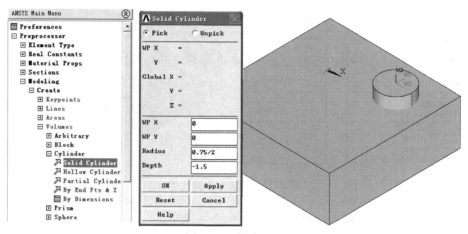

图6-30 创建圆孔

复制一个圆柱体在 ANSYS Main Menu 中选择 Preprocessor→Modeling→Copy→Volumes，弹出 Copy Volumes 对话框，在图形编辑窗口中单击圆柱体，使圆柱体变为粉色，单击 Apply 按钮。在弹出的 Copy Volumes 对话框中输入圆柱距工作坐标系 WP 原点的绝对坐标值，此处(DX,DY,DZ)=(0,0,1.5)，即两圆柱沿 WX-WY 平面的中心距为1.5，如图6-31所示。

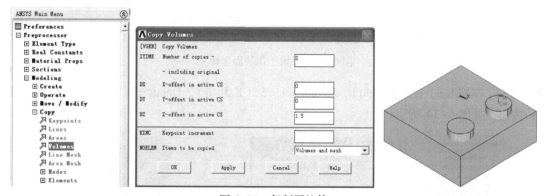

图6-31 复制圆柱体

从长方体中减去两个圆柱体。在 ANSYS Main Menu 中选择 Preprocessor→Operate→Booleans > Subtract > Volumes，弹出 Subtract Volumes 拾取窗口，在图形编辑窗口选择矩形体，作为被减部分，单击 Apply 按钮，再弹出 Subtract Volumes 拾取窗口，依次选择两个圆柱体，作为减去部分，单击 OK 按钮，如图6-32所示。

（5）创建支撑的下半部分

1）重设工作平面坐标系 WP 与总体坐标系一致。在 Utility Menu 中选择 WorkPlane→Align WP with→Global Cartesian，如图6-33所示。

2）创建支撑下半部分的立方体。在 ANSYS Main Menu 中选择 Preprocessor→Modeling→Create→Volumes→Block→By 2 Corners & Z，弹出 Block by 2 corne 对话框，输入 WP X = 0，

161

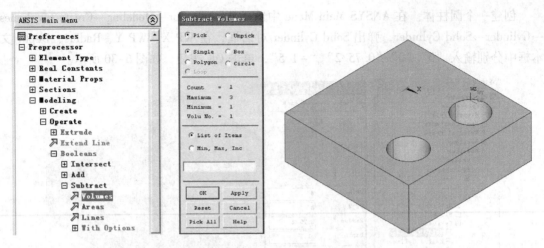

图 6-32 减去两个圆柱体

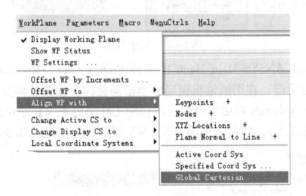

图 6-33 重设工作平面坐标系

WP Y = 1，Width = 1.5（X 方向），Height = 1.75（Y 方向），Depth = 0.75（Z 方向），单击 OK 按钮，如图 6-34 所示。

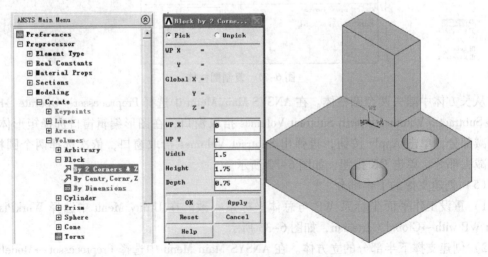

图 6-34 创建支撑下半部分的立方体

(6) 创建支撑上半部分（1/4 实心圆柱）

1) 将 WP 移至圆心处（即在支撑的前表面）。在 Utility Menu 中选择 WorkPlane→Offset WP to→Keypoints，出现 Offset WP to Key 拾取窗口，单击支撑的前表面左上角，单击 OK 按钮，如图 6-35 所示。

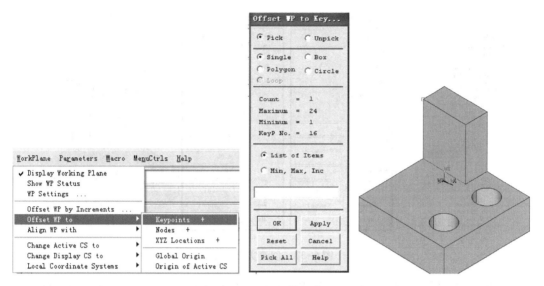

图 6-35　将 WP 移至圆心处

2) 创建 1/4 实心圆柱。在 ANSYS Main Menu 中选择 Preprocessor→Modeling→Create→Volumes→Cylinder→Partial Cylinder，弹出 Partial Cylinder 对话框，输入参数 WP X = 0，WP Y = 0，Rad - 1 = 0，Theta - 1 = 0，Rad - 2 = 1.5，Theta - 2 = 90，Depth = - 0.75（Z 方向），单击 OK 按钮，如图 6-36 所示。

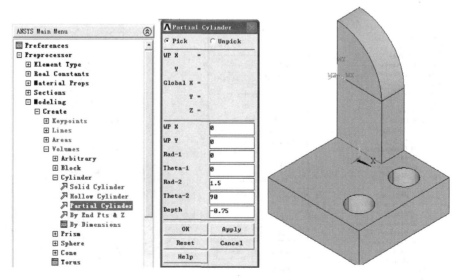

图 6-36　创建 1/4 实心圆柱

3) 创建实心圆柱。在 ANSYS Main Menu 中选择 Preprocessor→Modeling→Create→Vol-

umes→Cylinder→Solid Cylinder，弹出 Solid Cylinder 对话框，输入参数 WP X = 0，WP Y = 0，Radius = 1，Depth = -0.1875（Z 方向），单击 Apply 按钮，创建第 2 个实心圆柱孔。在弹出的 Solid Cylinder 对话框中输入参数 WP X = 0，WP Y = 0，Radius = 0.85，Depth = -2，单击 OK 按钮，如图 6-37 所示。

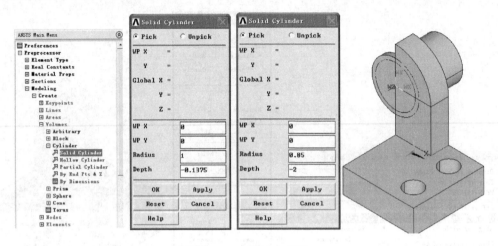

图 6-37　创建实心圆柱

4）减去实心圆柱。在 ANSYS Main Menu 中选择 Preprocessor→Modeling→Operate→Booleans→Subtract→Volumes，弹出 Subtract Volumes 拾取窗口，在图形窗口选择 1/4 圆柱，作为被减部分，单击 Apply 按钮，再弹出 Subtract Volumes 拾取窗口，用鼠标选择大圆柱体，作为减去部分，单击 Apply 按钮。

重复上述过程，选择 1/4 圆柱，作为被减部分，单击 Apply 按钮，再弹出 Subtract Volumes 拾取窗口，选择小圆柱体，作为减去部分，单击 OK 按钮，如图 6-38 所示。

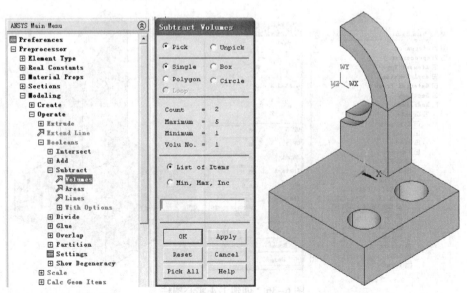

图 6-38　减去实心圆柱

（7）创建三角形支撑

先创建一个与支撑下半部分的侧面平行的三角形面，再用拖拉的方法生成三角棱体。

1）在底座上表面外沿创建关键点。在 ANSYS Main Menu 中选择 Preprocessor→Modeling→Create→Keypoints→KP betweenKPs，弹出 KP Between KPs 拾取窗口，在底座外沿上角依次选择两个关键点，单击 Apply 按钮，在弹出的 KBETween options 对话框中设置 RATI 选项，Value 文本框中输入"0.5"（以第 1 个点为参照，新点长度与两点长度之比），单击 OK 按钮，在外沿中间建立一个新的关键点，如图 6-39 所示。

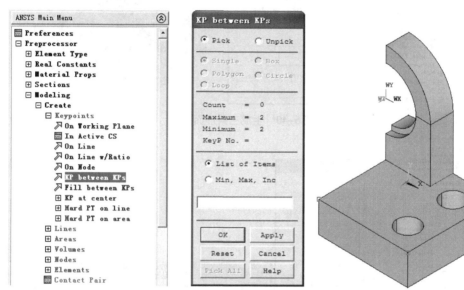

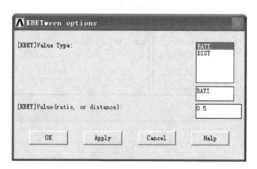

图 6-39 在底座上表面外沿创建关键点

2）生成三角形面。在 ANSYS Main Menu 中选择 Preprocessor→Modeling→Create→Areas→Arbitrary→ThroughKPs，弹出 Create Area thru 拾取窗口，依次选择三个点，底座外沿中点（上一步所建关键点）、底座与支撑下部左边沿交点、支撑下部的左上角点，单击 OK 按钮，如图 6-40 所示。

3）生成三棱体。在 ANSYS Main Menu 中选择 Preprocessor→Modeling→Operate→Extrude→Areas→Along Normal，弹出 Extrude Area by 拾取窗口，选择三角形面，单击 OK 按钮，弹出 Extrude Area along Normal 对话框，在 DIST 文本框中输入"0.15"，单击 OK 按钮，如图 6-41 所示。

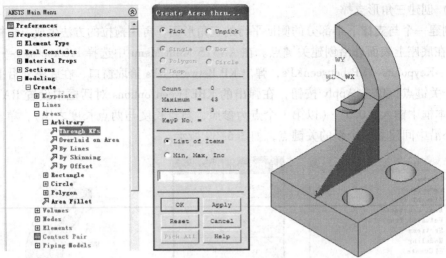

图 6-40 生成三角形面

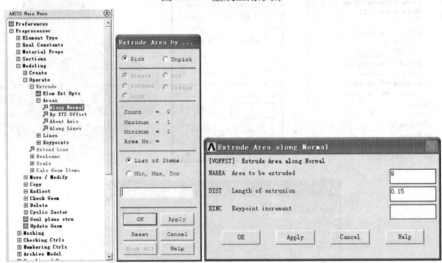

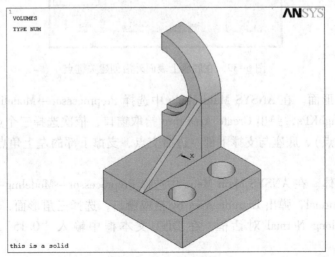

图 6-41 生成三棱体

(8) 生成整个模型

1) 组合体（将整个模型粘为一体）。在 ANSYS Main Menu 中选择 Preprocessor→Modeling→Operate→Booleans→Glue→Volumes，弹出 Glue Volumes 拾取窗口，单击 Pick All 按钮，如图 6-42 所示。

2) 沿坐标平面镜像生成整个模型。在 ANSYS Main Menu 中选择 Preprocessor→Modeling→Reflect→Volumes，弹出 Reflect Volumes 拾取窗口，单击 Pick All 按钮，在弹出的 Reflect Volumes 对话框中选择 Y-Z plane 选项，单击 OK 按钮，如图 6-43 所示。

3) 合并整个模型。在 ANSYS Main Menu 中选择 Preprocessor→Modeling→Operate→Booleans→Add→Volumes，弹出 Add Volumes 拾取窗口，单击 Pick All 按钮，如图 6-44 所示。

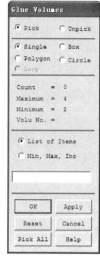

图 6-42 组合体

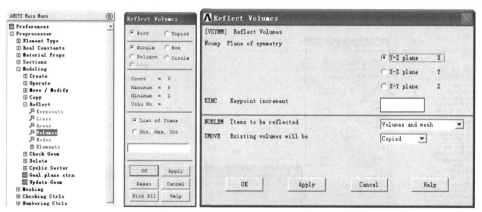

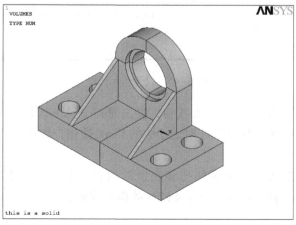

图 6-43 沿坐标平面映射生成整个模型

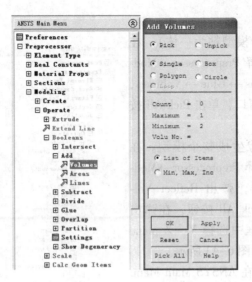

图 6-44 合并整个模型

(9) 划分网格

在 ANSYS Main Menu 中选择 Preprocessor→Meshing→MeshTool,弹出 MeshTool 对话框,在 Size Controls 选项组中单击 Global 后的 Set 按钮,弹出 Global Element Sizes 对话框,在 Size Element edge length 文本框中输入"0.03",单击 OK 按钮,如图 6-45 所示。

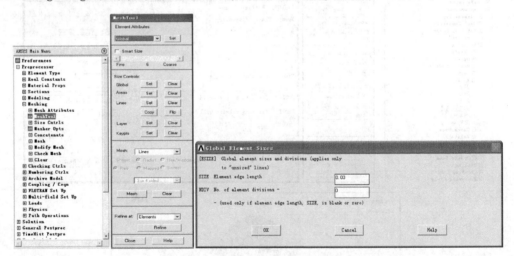

图 6-45 设置单元长度

返回 MeshTool 对话框,单击 Mesh 按钮,弹出 Mesh Volumes 拾取窗口,单击 Pick All 按钮,完成网格划分,再单击 MeshTool 对话框中的 Close 按钮,如图 6-46 所示。

3. 求解

在本例中,下方基座的 4 个圆柱孔和底面被约束,上方支撑小圆柱孔的下表面承受 25 MPa 的重力载荷,支撑台阶面上承受 4 MPa 的推力载荷。

(1) 施加约束

在 ANSYS Main Menu 中选择 Solution→Define Loads→Apply→Structural→Displacement→

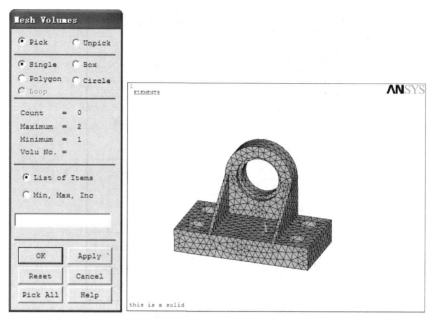

图 6-46 划分网格

On Areas，弹出 Apply U,ROT on A... 拾取窗口，在图形编辑窗口选择下方基座的底面（面号 55，8），单击 OK 按钮，在弹出的 Apply U，ROT on Areas 对话框中选择 UY 选项，单击 OK 按钮，如图 6-47 所示。

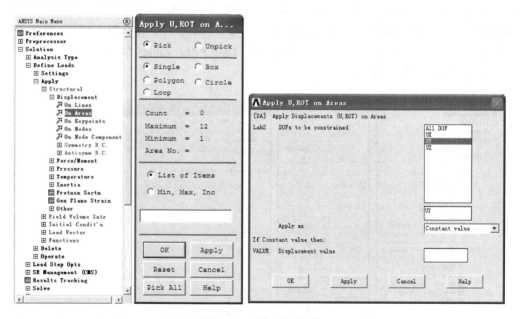

图 6-47 施加 UY 约束

在 ANSYS Main Menu 中选择 Solution→Define Loads→Apply→Structural→Displacement→Symmetry B. C. →On Areas，弹出 Apply SYMM on Areas 拾取窗口，拾取基座的 4 个圆柱孔（面号 3，4，15，16，54，56，59，60），单击 OK 按钮，如图 6-48 所示。

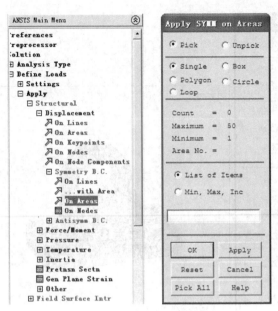

图 6-48 施加 SYMM 约束

（2）施加载荷

在 ANSYS Main Menu 中选择 Solution→Define Loads→Apply→Structural→Pressure→On Areas，弹出 Apply PRES on Areas 拾取窗口，在图形编辑窗口中选择支撑小圆柱孔的下表面（面号 70，26），单击 OK 按钮，弹出 Apply PRES on areas 对话框，在 VALUE Load PRES value 文本框中输入"25e6"，单击 Apply 按钮，如图 6-49 所示。再次弹出 Apply PRES on Areas 拾取窗口，在图形编辑窗口中选择支撑台阶面（面号 37，68，21，67），单击 OK 按钮，弹出 Apply PRES on areas 对话框，在 VALUE Load PRES value 文本框中输入"4e6"，单击 OK 按钮，结果如图 6-50 所示。

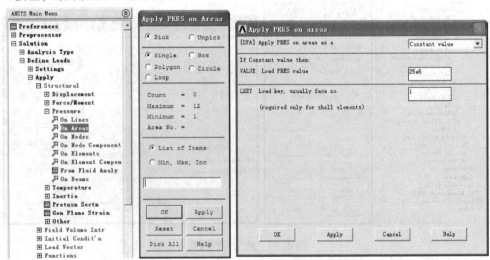

图 6-49 施加载荷

（3）计算求解

在 ANSYS Main Menu 中选择 Solution→Solve→Current LS，弹出/STATUS Command 状态

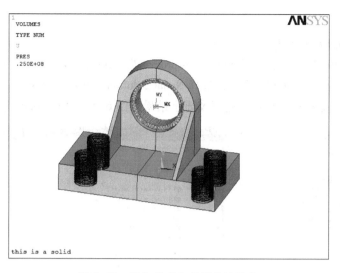

图 6-50 施加约束和载荷的轴承座

窗口和 Solve Current Load Step 对话框，单击对话框的 OK 按钮，如图 6-51 所示。计算结束后单击状态窗口中的"关闭"按钮，如图 6-52 所示。

图 6-51 求解对话框

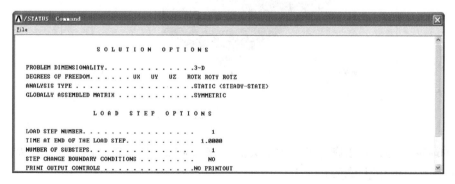

图 6-52 状态窗口

4. 后处理

(1) 显示等效应力云图

在 ANSYS Main Menu 中选择 General Postproc→Plot Results→Contour Plot→Nodal Solu，弹出 Contour Nodal Solution Data 对话框，选择 Nodal Solution→Stress→Von Mises stress，单击 OK 按钮。轴承座等效应力云图的操作过程及显示结果如图 6-53 和图 6-54 所示。

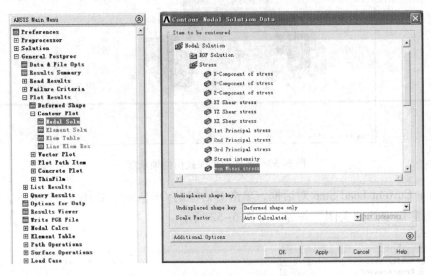

图 6-53　显示等效应力云图的操作过程

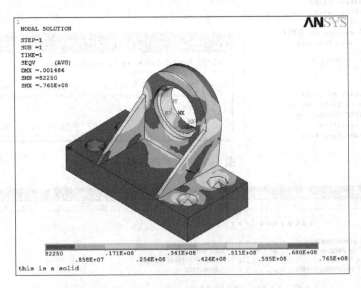

图 6-54　轴承座等效应力云图

由图 6-54 可知，轴承座等效应力最大值是 76.5 MPa，位于轴承座小圆柱孔表面。

(2) 保存结果并退出系统

单击工具栏中的 QUIT 按钮，在弹出的 Exit from ANSYS 对话框中，选中 Save Everything 单选按钮，单击 OK 按钮，保存结果并退出 ANSYS 系统，如图 6-55 所示。

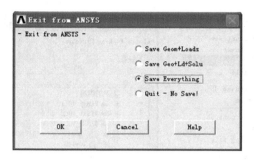

图 6-55 保存结果并退出系统

6.3 弹性力学轴对称问题的 ANSYS 分析

如果物体的几何形状、约束情况及所受的外力都对称于空间的某一根轴,即在物体中穿过轴的任何垂直平面都是对称面,所有应力、应变和位移也对称于该轴,这类问题称为轴对称问题。本节介绍如何利用 ANSYS 分析轴对称问题的力学分析。

【例 6-3】如图 6-56 所示,一厚壁圆筒,高 $H=30\,cm$,内径 $R_1=10\,cm$,外半径 $R_2=15\,cm$,材料弹性模量 $E=210\,GPa$,泊松比 $\mu=0.3$,圆筒内壁承受压力作用,压力 $p=1000\,N/cm^2$,试求受载荷后圆筒内壁的位移变化和应力。

解:

1. 题意分析

由几何尺寸和约束情况可见,圆筒关于中心轴对称,属于轴对称问题。所以可以沿圆筒纵切面与横截面分割的 1/4 作为研究对象,进行建模计算和分析,如图 6-57 所示。

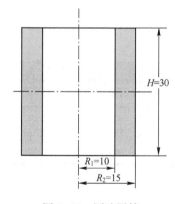

图 6-56 厚壁圆筒

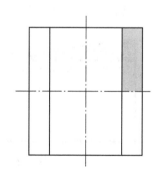

图 6-57 厚壁圆筒的 1/4 模型

2. 初始设置

(1)设置工作路径

在 Utility Menu 中选择 File→Change Directory,弹出"浏览文件夹"对话框,输入用户的文件保存路径,单击"确定"按钮,如图 6-58 所示。

(2)设置工作文件名

在 Utility Menu 中选择 File→Change Jobname,在弹出的 Change Jobname 对话框中,输入

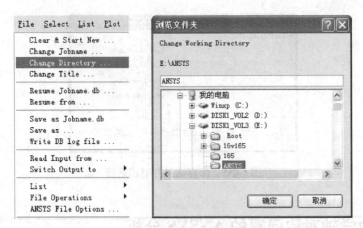

图 6-58 设置工作路径

用户文件名"symm",单击 OK 按钮,如图 6-59 所示。

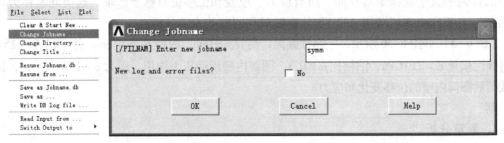

图 6-59 设置工作文件名

(3) 设置工作标题

在 Utility Menu 中选择 File→Change Title,弹出 Change Title 对话框,输入用户标题"this is a solid",单击 OK 按钮,如图 6-60 所示。

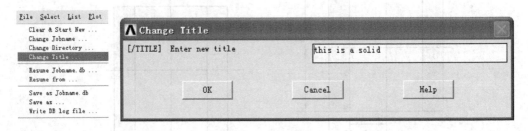

图 6-60 设置标题名

(4) 设定分析模块

在 ANSYS Main Menu 中选择 Preferences,弹出 Preferences for GUI Filtering 对话框,勾选 Structural 复选框,单击 OK 按钮,如图 6-61 所示。

(5) 改变图形编辑窗口背景颜色

默认图形编辑窗口的背景颜色为黑色,用户可以将其改为白色。在 Utility Menu 中选择 PlotCtrls→Style→Colors→Reverse Video,图形编辑窗口背景变为白色,如图 6-62 和图 6-63 所示。

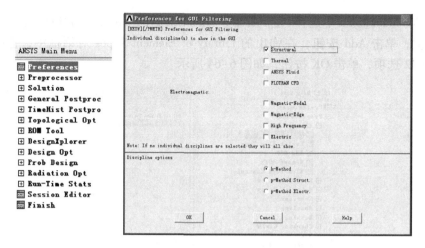

图 6-61　设定分析模块

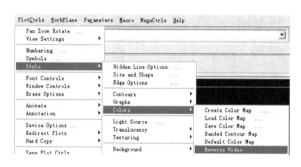

图 6-62　改变图形编辑窗口的背景颜色

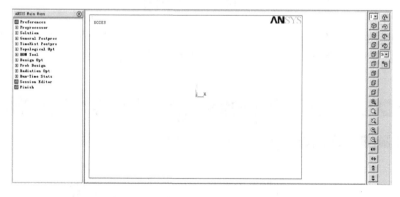

图 6-63　白色背景的图形编辑窗口

3. 前处理

（1）定义单位

本例中统一采用单位 cm – kg – s – N，则建模过程中的所有参数都选用单位 cm – kg – s – N，相应的应力单位为 N/cm² （1 MPa = 100 N/cm²）。

（2）选择单元类型

轴对称问题是在平面问题基础上进行的有限元法，其单元类型是平面轴对称单元，其特性见表 5-3。

在 ANSYS Main Menu 中选择 Preprocessor→Element Type→Add/Edit/Delete，弹出 Element Types 对话框，单击 Add 按钮，在弹出的 Library of Element Types 对话框中，选择 Solid 和 Quad 4node 42 选项，单击 OK 按钮，如图 6-64 所示。

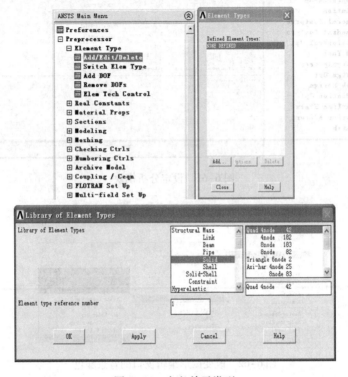

图 6-64 定义单元类型

在 Element Types 对话框中单击 Options 按钮，弹出 PLANE42 element type options 对话框，在 K3 下拉列表框中选择 Axisymmetric 选项，即轴对称属性，单击 OK 按钮，如图 6-65 所示。

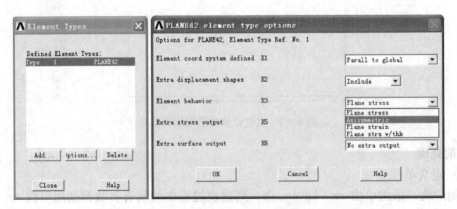

图 6-65 定义平面轴对称单元

（3）定义材料属性

在 ANSYS Main Menu 中选择 Preprocessor→Material Props→Material Models，弹出 Define

Material Model Behavior 对话框，选择 Structural→Linear→Elastic > Isotopic 选项，弹出 Linear Isotopic Properties for Mater 对话框，设置弹性模量 EX 为 "2.1E + 007"，泊松比 PRXY 为 "0.3"，单击 OK 按钮，再关闭 Define Material Model Behavior 对话框，如图 6-66 所示。

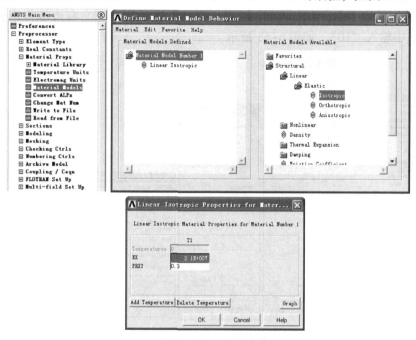

图 6-66　定义材料特性

（4）建立几何模型

创建以 y 为对称轴的 1/4 圆筒截面。在 ANSYS Main Menu 中选择 Preprocessor→Modeling→Create→Areas→Rectangle→By Dimensions，输入参数 X1 = 10，X2 = 15，Y1 = 0，Y2 = 15，单击 OK 按钮，如图 6-67 所示。

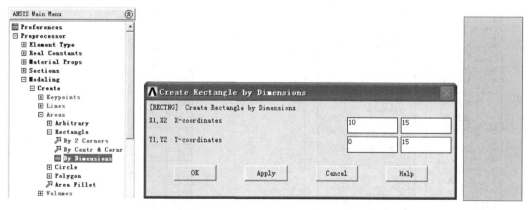

图 6-67　1/4 圆筒截面的创建

（5）划分网格

上下边缘设置 4 个单元边，左右边缘设置 10 个单元边，采用四边形映射方式划分单元网格。

在 ANSYS Main Menu 中选择 Preprocessor→Meshing→MeshTool，弹出 MeshTool 对话框，在 Size Controls 选项组中，单击 Lines 后的 Set 按钮，弹出 Element Size on... 拾取窗口，在图形编辑窗口选择上下边，单击 OK 按钮，弹出 Element Sizes on Picked Lines 对话框，在 NDIV 文本框中输入"4"，单击 Apply 按钮。重复上述过程，对左右边进行网格划分，在 NDIV 文本框中输入"10"，如图 6-68 所示。

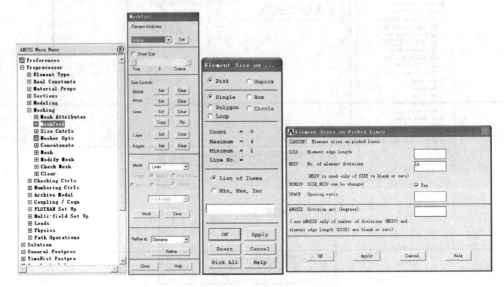

图 6-68 设置单元密度

返回 MeshTool 对话框，在 Shape 选项组中选中 Quad 和 Mapped 单选按钮，单击 Mesh 按钮，弹出 Mesh Areas 拾取窗口，单击 Pick All 按钮，得到四边形单元格，再单击 MeshTool 对话框中的 Close 按钮，如图 6-69 所示。

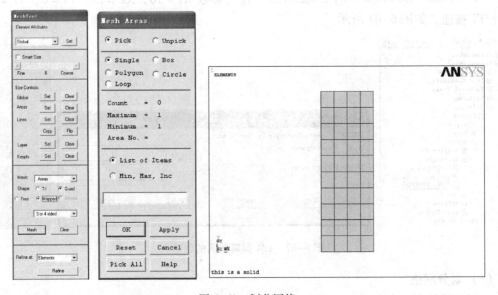

图 6-69 划分网格

178

4. 求解

(1) 施加约束

在 ANSYS Main Menu 中选择 Solution→Define Loads→Apply→Structural→Displacement→On Lines，弹出 Apply U,ROT on L... 拾取窗口，在图形编辑窗口中选择下边缘，单击 OK 按钮，弹出 Apply U，ROT on Lines 对话框，选择 UY 选项，单击 OK 按钮，如图 6-70 所示。

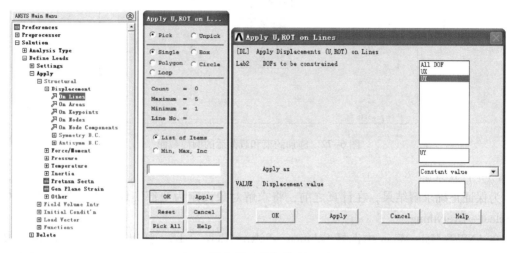

图 6-70 施加约束

(2) 施加载荷

在 ANSYS Main Menu 中选择 Solution→Define Loads→Apply→Structural→Pressure→On Lines，弹出 Apply PRES on Lines 拾取窗口，在图形编辑窗口中选择左边缘，单击 OK 按钮，弹出 Apply PRES on Lines 对话框，在 VALUE Load PRES value 文本框中输入"1000"，单击 OK 按钮，如图 6-71 所示。施加约束和载荷后的圆筒截面如图 6-72 所示。

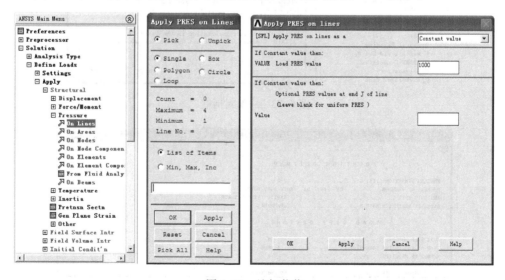

图 6-71 施加载荷

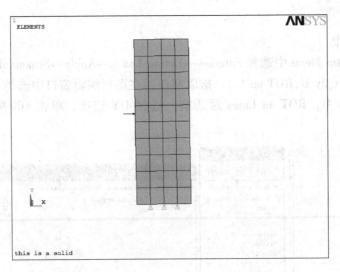

图 6-72 施加约束和载荷后的圆筒截面

(3) 计算求解

为保证正确求解结果,在计算之前,将求解对象设定为全部实体,在 Utility Menu 中选择 Select→Everything。

在 ANSYS Main Menu 中选择 Solution→Solve→Current LS,弹出/STATUS Command 状态窗口和 Solve Current Load Step 对话框,单击对话框的 OK 按钮,如图 6-73 所示。计算结束后单击状态窗口中的"关闭"按钮,如图 6-74 所示。

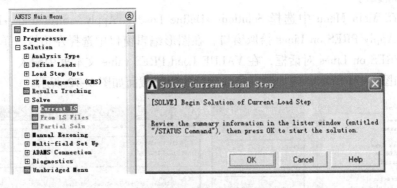

图 6-73 求解对话框

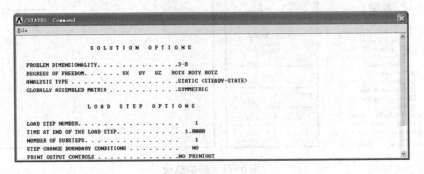

图 6-74 状态窗口

5. 后处理

(1) 显示变形图

变形图可以直观地显示结构的变形情况。通过选项可以设置只显示变形、同时显示变形和未变形、同时显示变形和未变边界。

在 ANSYS Main Menu 中选择 General Postproc→Plot Results→Deformed Shape，弹出 Plot Deformed Shape 对话框，选中 Def + undeformed 单选按钮，单击 OK 按钮，如图 6-75 所示。

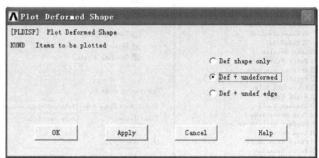

图 6-75　显示变形图

圆筒截面受力时的变形情况如图 6-76 所示。

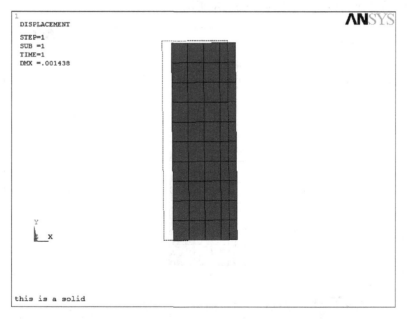

图 6-76　圆筒截面变形

(2) 显示径向变形云图

在 ANSYS Main Menu 中选择 General Postproc→Plot Results→Contour Plot→Nodal Solu，弹出 Contour Nodal Solution Data 对话框，选择 Nodal Solution→DOF Solution→X - Component of displacement，在 Undisplaced shape key 下拉列表框中选择 Deformed shape with undeformed model 选项，单击 OK 按钮，如图 6-77 所示。

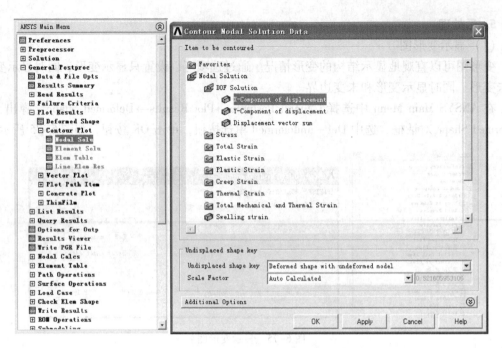

图 6-77 显示径向变形云图设置

圆筒截面的径向受力变形云图如图 6-78 所示。

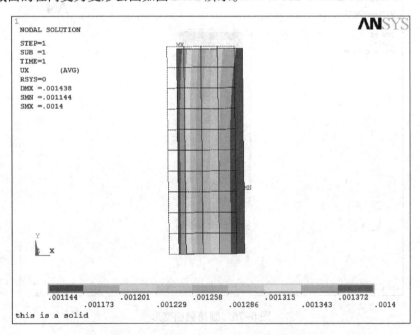

图 6-78 圆筒截面径向变形云图

从图 6-78 中可以看出,圆筒截面径向变形从左到右,位移值越来越小,最大位移发生在圆筒截面的左边缘,为 0.0014 cm。

(3) 显示径向应力情况

NodalSolu 命令中 Stress 可以显示 X、Y、Z 方向上的正应力，XY、YZ、ZX 平面上的切应力，第一、第二、第三主应力和等效 Von Mises 应力等。

在 ANSYS Main Menu 中选择 General Postproc→Plot Results→Contour Plot→Nodal Solu，弹出 Contour Nodal Solution Data 对话框，选择 Nodal Solution→Stress→X – Component of stress，在 Undisplaced shape key 下拉列表框中选择 Deformed shape with undeformed model 选项，单击 OK 按钮，如图 6-79 所示。

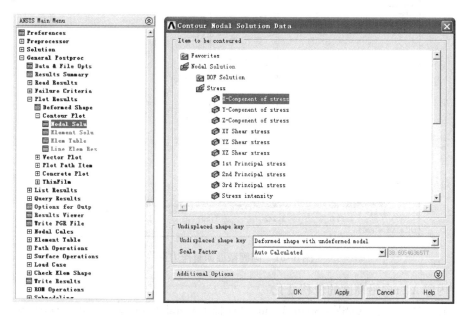

图 6-79　显示径向应力云图设置

圆筒截面的径向应力云图如图 6-80 所示。

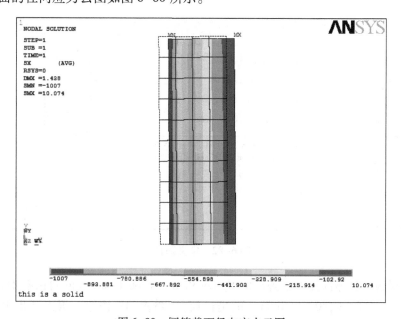

图 6-80　圆筒截面径向应力云图

从图 6-80 可以看出，圆筒截面径向应力最大值是 10.07 MPa，位于圆筒左边缘，方向为沿 X 负方向。

图 6-81 显示的是圆筒截面向量应力图。

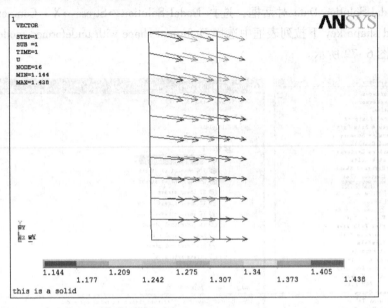

图 6-81　圆筒截面向量应力图

（4）内壁 X 方向沿高度的位移变化

首先定义路径。在 ANSYS Main Menu 中选择 General Postproc→Path Operations→Define Path→By Location，弹出 By Location 对话框，在 Name 文本框中输入一个路径名"path1"以方便调用，单击 OK 按钮，如图 6-82 所示。

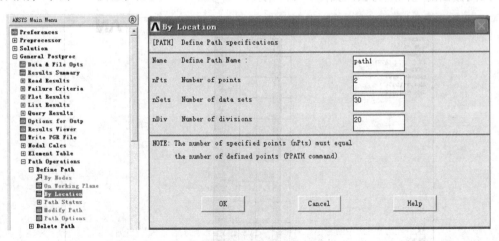

图 6-82　定义路径

确定要观察的具体部分。在弹出的 By Location in Global Cartesian 对话框中，依次输入 1 （起始点号）及 (10, 0, 0)（起始点的坐标值），单击 OK 按钮；再次弹出 By Location in Global Cartesian 对话框，依次输入 2（终点号）及 (10, 15, 0)（终点的坐标值），单击 OK

按钮;弹出 By Location in Global Cartesian 对话框,单击 Cancel 按钮,退出设定,如图 6-83 所示。

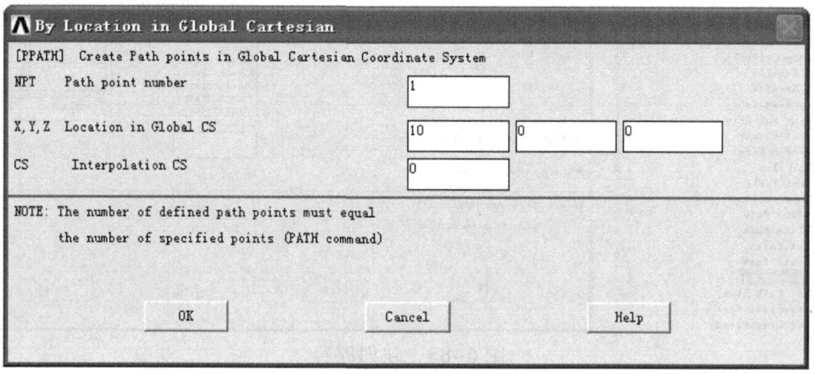

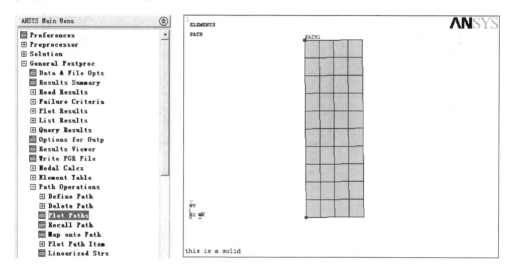

图 6-83 确定观察部分

观察定义的路径。在 ANSYS Main Menu 中选择 General Postproc→Path Operations→Plot Paths,结果如图 6-84 所示。

图 6-84 观察定义的路径

指定映射对象到定义好的路径。在 ANSYS Main Menu 中选择 General Postproc→Path Operations→Map onto Path,弹出 Map Result Items onto Path 对话框,在下方的双列选择列表框中选择 DOF solution 和 Translation UX 选项,单击 OK 按钮,如图 6-85 所示。

显示变形曲线。在 ANSYS Main Menu 中选择 General Postproc→Path Operations→Plot Path Item→On Graph,在弹出 Plot of Path Items on Graph 对话框中选择 UX 选项,单击 OK 按钮,如图 6-86 所示。

圆筒内壁 X 方向沿高度的位移变化曲线如图 6-87 所示。

从图 6-87 中可以看出,圆筒内壁随着 Y 值的增大,X 向位移逐渐增大,最大值位于 $Y=15\,cm$ 处,达到 $0.0014\,cm$,最小值位于 $Y=0\,cm$ 处,为 $0.00138\,cm$。

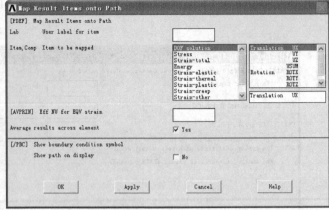

图 6-85 映射路径

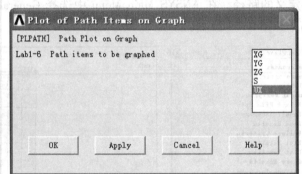

图 6-86 显示变形曲线

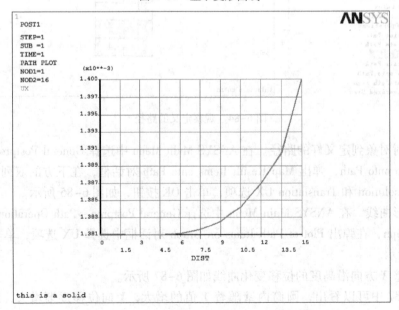

图 6-87 内壁 X 方向沿高度的位移变化曲线

（5）保存建模文件

单击工具栏中的 QUIT 按钮，在弹出的 Exit from ANSYS 对话框中，选中 Save Everything 单选按钮，单击 OK 按钮，保存结果并退出 ANSYS 系统，如图 6-88 所示。

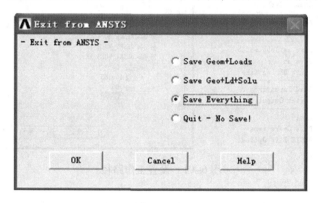

图 6-88　保存结果并退出系统

【例 6-4】外径为 0.5 m，内径为 0.3 m 的空心球受到均匀内压的作用，压力为 100 MPa，球体材料为不锈钢，弹性模量 $E = 210$ GPa，泊松比 $\mu = 0.3$，试计算球体的变形与应力分布。

解：

1. 题意分析

受到均匀内压的空心球体是一个球体对称问题，其特点是球体是关于任意通过中心直线的轴对称体，如图 6-89 所示。对于此类问题，可以取空心球对称截面的 1/4 部分来建立模型并加以分析。由于球体关于球中心对称，所以在对称截面上任意取一个通过球心的扇形截面，该扇形截面是对称的。为了减小计算量，可取 1/8 截面进行建模分析，如图 6-90 所示。

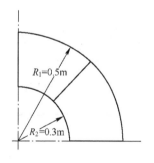
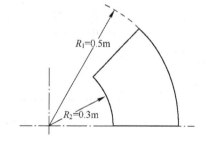

图 6-89　球截面的 1/4 模型　　　图 6-90　球截面的 1/8 模型

2. 初始设置

（1）设置工作路径

在 Utility Menu 中选择 File→Change Directory，弹出"浏览文件夹"对话框，输入用户的文件保存路径，单击"确定"按钮，如图 6-91 所示。

（2）设置工作文件名

在 Utility Menu 中选择 File→Change Jobname，弹出 Change Jobname 对话框，输入用户文件名"symmetry"，单击 OK 按钮，如图 6-92 所示。

图 6-91 设置工作路径

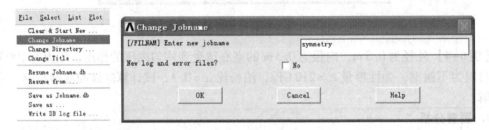

图 6-92 设置工作文件名

(3) 设置工作标题

在 Utility Menu 中选择 File→Change Title，弹出 Change Title 对话框，输入用户标题 "this is a solid" 单击 OK 按钮，如图 6-93 所示。

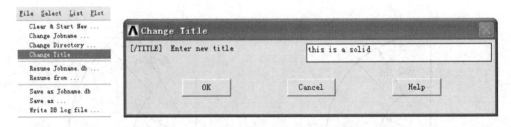

图 6-93 设置标题名

(4) 设定分析模块

在 ANSYS Main Menu 中选择 Preferences，弹出 Preferences for GUI Filtering 对话框，勾选 Structural 复选框，单击 OK 按钮，如图 6-94 所示。

(5) 改变图形编辑窗口的背景颜色

默认图形编辑窗口的背景颜色为黑色，用户可以将其改为白色。在 Utility Menu 中选择 PlotCtrls→Style→Colors→Reverse Video，图形编辑窗口的背景变为白色，如图 6-95 和图 6-96 所示。

3. 前处理

(1) 定义单位

本例中采用统一的单位 m – kg – s – N，则建模过程中的所有参数都以 m – kg – s – N 为

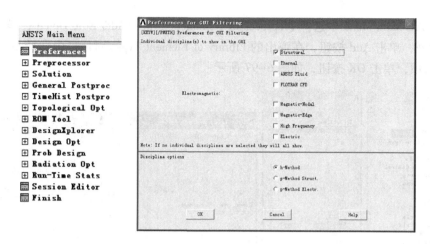

图 6-94　设定分析模块

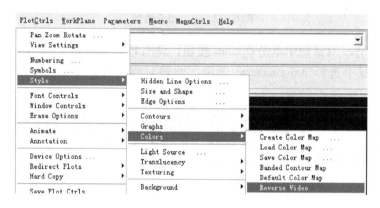

图 6-95　改变图形编辑窗口的背景颜色

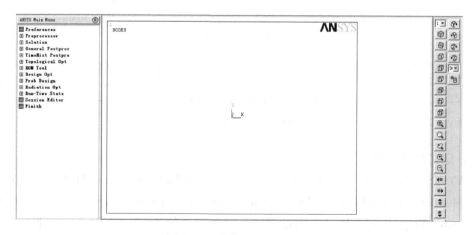

图 6-96　白色图形编辑窗口

单位，相应的应力单位为 Pa。

（2）选择单元类型

轴对称问题是在平面问题的基础上进行的有限元法，其单元类型是平面单元的轴对称属性，其特性见表 5-3。

在 ANSYS Main Menu 中选择 Preprocessor→Element Type→Add/Edit/Delete，弹出 Element Types 对话框，单击 Add 按钮，在弹出的 Library of Element Types 对话框中选择 Solid 和 Quad 4node 42 选项，单击 OK 按钮，如图 6-97 所示。

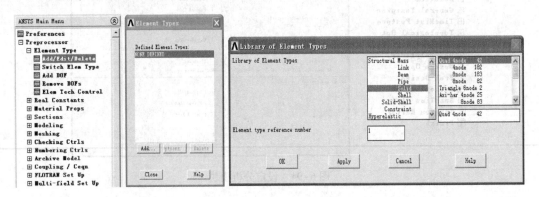

图 6-97 定义单元类型

在 Element Types 对话框中单击 Options 按钮，弹出 PLANE42 element type options 对话框，在 K3 下拉列表框中选择 Axisymmetric 选项，即轴对称属性，单击 OK 按钮，如图 6-98 所示。

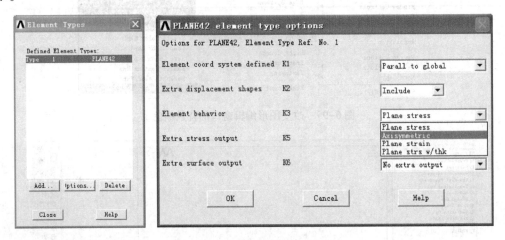

图 6-98 定义平面轴对称单元

(3) 定义材料属性

在 ANSYS Main Menu 中选择 Preprocessor→Material Props→Material Models，弹出 Define Material Model Behavior 对话框，选择 Structural→Linear→Elastic→Isotropic 选项，在弹出的 Linear Isotopic Properties for Mater… 对话框中，设置弹性模量 EX 为 "2.1E+008"，泊松比 PRXY 为 "0.3"，单击 OK 按钮，再关闭 Define Material Model Behavior 对话框，如图 6-99 所示。

(4) 建立几何模型

在 ANSYS Main Menu 中选择 Preprocessor→Modeling→Create→Areas→Circle→Partial Annulus，弹出 Part Annular Cir… 对话框，输入参数 X=0，Y=0，Rad-1=0.3，Theta-1=

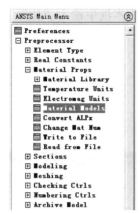
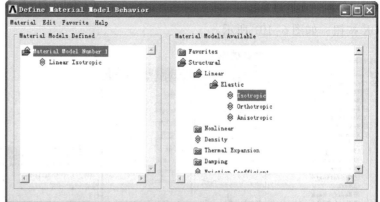

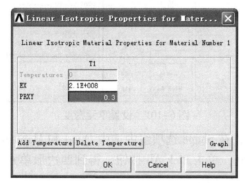

图 6-99 定义材料特性

0，Rad-2=0.5，Theta-1=45，单击 OK 按钮，如图 6-100 所示。

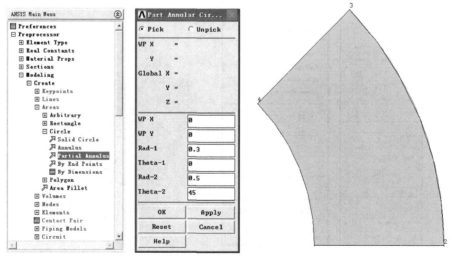

图 6-100 创建扇形模型

(5) 划分网格

将局部圆各边设置 10 个单元边，采用四边形映射方式划分单元网格。

在 ANSYS Main Menu 中选择 Preprocessor→Meshing→MeshTool，弹出 MeshTool 对话框，在 Size Controls 选项组中，单击 Lines 后的 Set 按钮，弹出 Element Size on... 对话框，单击

191

Pick All 按钮，弹出 Element Sizes on Picked Lines 对话框，在 NDIV 文本框中输入"10"，单击 OK 按钮，如图 6-101 所示。

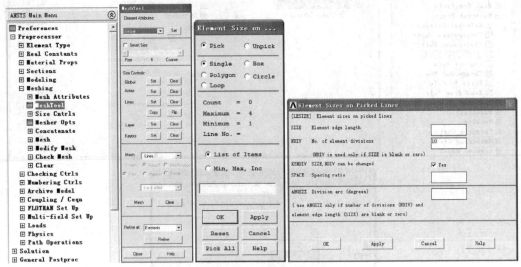

图 6-101　设置单元密度

返回 MeshTool 对话框，在 Shape 选项组中选中 Quad 和 Mapped 单选按钮，单击 Mesh 按钮，弹出 Mesh Areas 对话框，单击 Pick All 按钮，得到四边形单元格，再单击 MeshTool 对话框中的 Close 按钮，如图 6-102 所示。

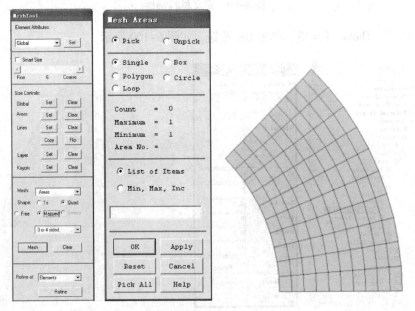

图 6-102　划分网格

4. 求解

（1）施加约束

在轴对称问题中，允许存在沿半径方向的位移，需要约束垂直于斜边和对称轴方向的位移。

在0°线上加Y方向约束。在 ANSYS Main Menu 中选择 Solution→Define Loads→Apply→Structural→Displacement→On Lines，弹出 Apply U,ROT on L... 对话框，在图形编辑窗口选择下边缘，单击 OK 按钮，弹出 Apply U, ROT on Lines 对话框，选择 UY 选项，单击 OK 按钮，如图 6-103 所示。

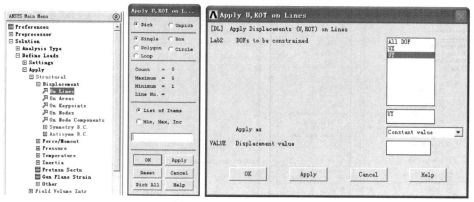

图 6-103　施加 0°线约束

旋转45°线。在 ANSYS Main Menu 中选择 Preprocessor→Modeling→Create→Nodes→Rotate Node CS→By Angles，弹出 Rotate Node by A... 对话框，在图形编辑窗口中选择斜边上的一个节点，单击 OK 按钮，弹出 Rotate Node by Angles 对话框，在 THXY 文本框中输入"45"，单击 Apply 按钮。重复上述过程，设置斜边上的所有节点，如图 6-104 所示。

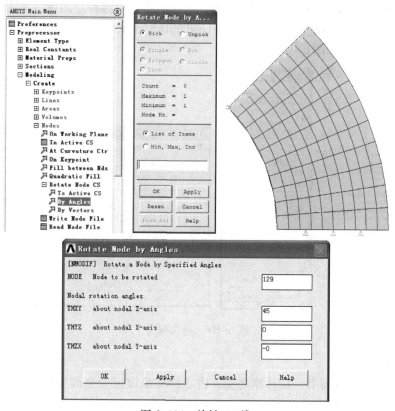

图 6-104　旋转 45°线

在45°线上加 Y 方向约束。在 ANSYS Main Menu 中选择 Solution→Define Loads→Apply→Structural→Displacement→On Nodes，弹出 Apply U,ROT on N... 对话框，在图形编辑窗口选择下边缘，单击 OK 按钮，弹出 Apply U，ROT on Nodes 对话框，选择 UY 选项，单击 OK 按钮，如图 6-105 所示。

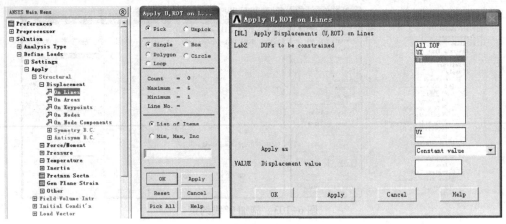

图 6-105　施加 45°线约束

（2）施加载荷

在 ANSYS Main Menu 中选择 Solution→Define Loads→Apply→Structural→Pressure→On Lines，弹出 Apply PRES on Lines 对话框，在图形编辑窗口中选择左边缘，单击 OK 按钮，弹出 Apply PRES on lines 对话框，在 VALUE Load PRES value 文本框中输入"1.0e8"，单击 OK 按钮，如图 6-106 和图 6-107 所示。

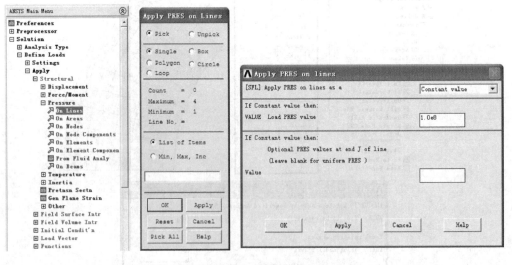

图 6-106　施加载荷

（3）计算求解

为保证正确的求解结果，在计算之前，将求解对象设定为全部实体，在 Utility Menu 中选择 Select→Everything。

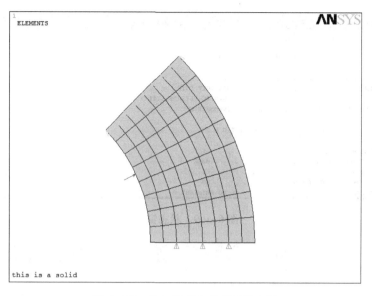

图 6-107　施加约束和载荷后的扇形

在 ANSYS Main Menu 中选择 Solution→Solve→Current LS，弹出/STATUS Command 状态窗口和 Solve Current Load Step 对话框，单击对话框的 OK 按钮，计算结束后单击状态窗口中的"关闭"按钮，如图 6-108 和图 6-109 所示。

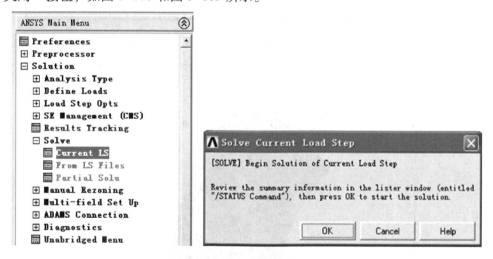

图 6-108　求解对话框

5. 后处理

（1）显示变形图

变形图可以直观地显示结构的变形情况，通过选项可以设置只显示变形、同时显示变形和未变形、同时显示变形和未变边界。

在 ANSYS Main Menu 中选择 General Postproc→Plot Results→Deformed Shape，弹出 Plot Deformed Shape 对话框，选中 Def + Undeformed 单选按钮，单击 OK 按钮，如图 6-110 和图 6-111 所示。

图 6-109 状态窗口

图 6-110 显示变形操作

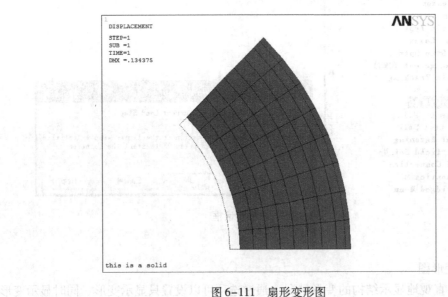

图 6-111 扇形变形图

（2）显示径向变形云图

在 ANSYS Main Menu 中选择 General Postproc→Plot Results→Contour Plot→Nodal Solu，弹出 Contour Nodal Solution Data 对话框，选择 Nodal Solution→DOF Solution→X - Component of displacement，在 Undisplaced shape key 下拉列表框中选择 Deformed shape with undeformed model 选项,单击 OK 按钮,如图 6-112 和图 6-113 所示。

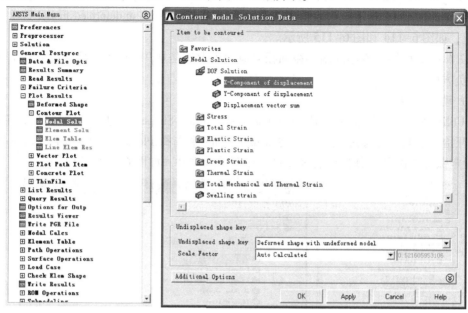

图 6-112 显示径向变形云图

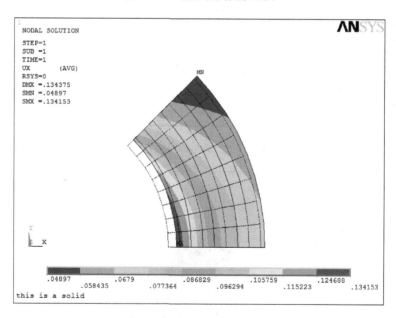

图 6-113 扇形径向变形云图

由图 6-113 可以看出,空心球扇形截面径向变形最大位移位于扇形左下角,达到 0.134 m。
(3) 显示径向应力情况

Nodal Solu 命令中 Stress 可以显示 X、Y、Z 方向上的正应力,XY、YZ、ZX 方向上的切应力,第一、第二、第三主应力和等效 Von Mises 应力等。

在 ANSYS Main Menu 中选择 General Postproc→Plot Results→Contour Plot→Nodal Sol,弹

出 Contour Nodal Solution Data 对话框，选择 Nodal Solution→Stress→X – Component of stress，在 Undisplaced shape key 下拉列表框中选择 Deformed shape with undeformed model 选项，单击 OK 按钮，如图 6-114 和图 6-115 所示。

从图 6-115 可知，空心球扇形截面径向应力最大值是 0.914E8Pa，位于扇形左下角，方向为 X 负方向。

（4）动画演示

在 Utility Menu 中选择 PlotCtrls→Animate→Deformed Shape，打开帧设置窗口，单击 OK 按钮，开始演示变形位移过程。通过在 Utility Menu 中选择 PlotCtrls→Animate→Save Animation，设定保存文件名（其扩展名为 avi），保存动画文件，如图 6-116 所示。

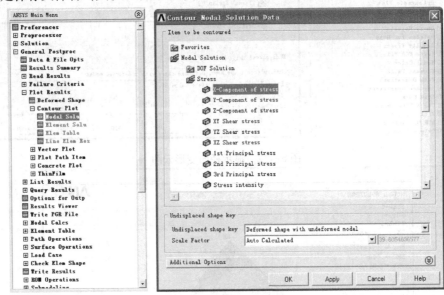

图 6-114　显示径向应力云

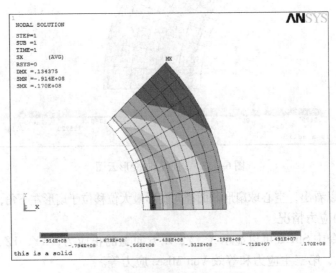

图 6-115　扇形径向应力云图

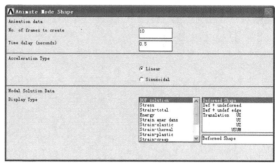

图 6-116 动画显示

6.4 实体结构有限元分析和 ANSYS 分析的一般步骤

6.4.1 实体结构有限元分析的一般步骤

1) 计算用局部坐标表示的形函数对整体坐标的偏导数。
2) 将整体坐标系中的面积积分转换为在局部坐标系中的面积积分。
3) 用数值积分计算出单元刚度矩阵中的元素。
4) 等参单元的载荷移置。

6.4.2 实体结构 ANSYS 分析的一般步骤

1. 启动 ANSYS 与初始设置

（1）启动 ANSYS

（2）初始设置

① 路径；② 文件名；③ 工作标题；④ 图形背景；⑤ 研究类型（Preferences）与计算方法。

2. 前处理（Preprocessor）

① 定义单位；② 单元类型选择；③ 定义材料属性；④ 建立几何模型；⑤ 划分单元网格。

3. 求解模型

① 设置约束条件和施加载荷；② 求解运算。

4. 后处理（General Postproc）

① 读取计算结果；② 图形结果；③ 保存结果；④ 退出 ANSYS。

6.5 习题

习题 6-1 某高速旋转的轮盘结构如图 6-117a 所示，轮盘截面如图 6-117b 所示，试建立轮盘模型。其中，1（-10, 150, 0），2（-10, 140, 0），3（-3, 140, 0），4（-4, 55, 0），5（-15, 40, 0），$R5=5$，$L=10$，单位为 m。

习题6-2 千斤顶的底座结构如图6-118所示，试建立底座模型（提示：将螺纹孔简化为圆柱孔）。

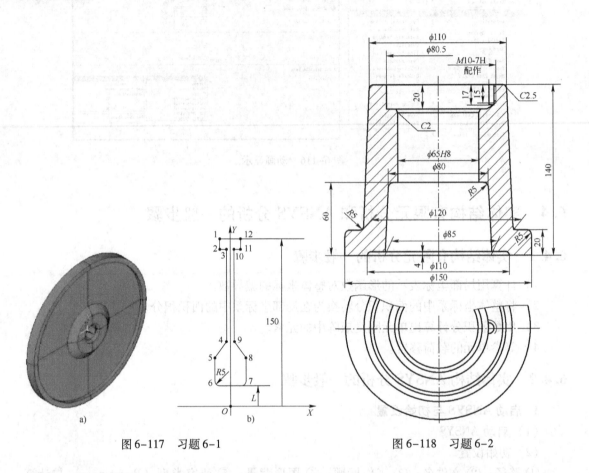

图 6-117 习题 6-1　　　　　　　　　图 6-118 习题 6-2

第7章 结构模态分析

在实际中，任何结构体总是会受到随时间变化的载荷作用，如地震作用、海浪作用、车辆作用、大风作用和碰撞作用等，所以对结构体进行动力学分析是十分必要的。结构动力学问题有两类结构：一类是在运动状态下工作的机械或结构，如高速旋转的电动机、汽轮机及离心压缩机，往复运动的内燃机、冲压机床，以及高速运行时的车辆、飞行器等。在运动时，结构体承受自身惯性及与周围介质或结构相互作用的动力载荷，如图7-1a、b所示；另一类是承受动力载荷作用的工程结构，如建于地面的高层建筑和厂房，石化厂的反应塔和管道，核电站的安全壳和热交换器，近海工程的海洋石油平台等，它们可能承受强风、水流、地震以及波浪等各种动力载荷的作用，如图7-1c、d所示。本章研究结构体动力学分析中的第二类问题，研究机械结构的固有振动特性，每一个模态具有的固有频率、阻尼比和模态振型，也称为模态分析。

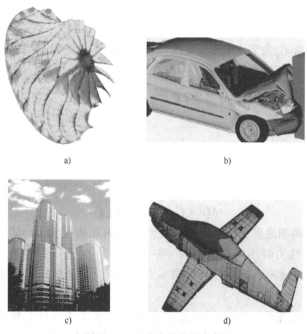

图 7-1 承受动载荷的实例

本章介绍结构动力学分析的一般理论，结构模态分析的一般方法和实体动力分析有限元法的基本步骤，以及通过实例介绍 ANSYS 在结构模态分析中的应用。

7.1 结构模态分析的一般原理

7.1.1 动力学分析的理论基础

用于动力学分析的基础方程和矩阵主要有运动方程、质量矩阵、阻尼矩阵、结构体自振频率与振型、振型叠加法求解结构的受迫振动等。

1. 运动方程

结构体被离散化以后，在运动状态中各节点的动力平衡方程为

$$F_i + F_d + P(t) = F_e \tag{7-1}$$

其中，F_i、F_d、$P(t)$ 分别为惯性力、阻尼力和动力荷载，均为向量；F_e 为弹性力。

弹性力向量可用节点位移 u 和刚度矩阵 K 表示

$$F_e = Ku$$

其中，刚度矩阵 K 的元素 K_{ij} 为节点 j 的单位位移在节点 i 引起的弹性力。

根据达朗贝尔原理，可利用质量矩阵 M 和节点加速度 $\frac{\partial^2 u}{\partial t^2}$ 表示惯性力

$$F_i = -M\frac{\partial^2 u}{\partial t^2}$$

其中，质量矩阵的元素 M_{ij} 为节点 j 的单位加速度在节点 i 引起的惯性力。

设结构体具有黏滞阻尼，可用阻尼矩阵 C 和节点速度 $\frac{\partial u}{\partial t}$ 表示阻尼力

$$F_c = -C\frac{\partial u}{\partial t}$$

其中，阻尼矩阵的元素 C_{ij} 为节点 j 的单位速度在节点 i 引起的阻尼力。

将各力代入式（7-1），得到运动方程为

$$M\frac{\partial^2 u}{\partial t^2} + C\frac{\partial u}{\partial t} + Ku = P(t) \tag{7-2}$$

记

$$\dot{u} = \frac{\partial u}{\partial t} \qquad \ddot{u} = \frac{\partial^2 u}{\partial t^2}$$

则运动方程可写成

$$M\ddot{u} + C\dot{u} + Ku = P(t) \tag{7-3}$$

在地震时，设地面加速度为 a，结构相对于地面的加速度为 $\ddot{u}$，结构各节点的实际加速度为 $a + \ddot{u}$，在计算惯性力时须用它代替式（7-3）中的 $\ddot{u}$。至于弹性力和阻尼力，则分别取决于结构的应变和应变速率，即取决于位移 u 和速度 $\dot{u}$，与地面加速度无关。

2. 质量矩阵

用 m 表示单元质量矩阵，M 表示整体质量矩阵，求出单元质量矩阵后，进行适当的组合即可得到整体质量矩阵，组合方法与由单元刚度矩阵求整体刚度矩阵相似。在动力计算中可采用两种质量矩阵，即协调质量矩阵和集中质量矩阵。

（1）协调质量矩阵

从运动的结构中取出一个微小部分，根据达朗贝尔原理，在单位体积上作用的惯性力为

$$p_i = -\rho\frac{\partial^2 r}{\partial t^2}$$

其中，ρ 为材料的密度。

在对结构进行离散化以后，取出一个单元，并采用位移函数

$$r = Nu^d$$

则

$$p_i = -\rho N \frac{\partial^2 u^d}{\partial t^2}$$

再利用荷载移置的一般公式求得作用于单元节点上的惯性力为

$$F_i^e = \iiint N^T p_i dV = -\iiint N^T \rho N dV \frac{\partial^2 u^e}{\partial t^2}$$

即

$$F_i^e = -m\ddot{u}^e$$

可见，单元质量矩阵为

$$m = \iiint N^T \rho N dV \tag{7-4}$$

如此计算单元质量矩阵，单元的动能和位能是互相协调的，因此叫作协调质量矩阵。

（2）集中质量矩阵

假定单元的质量集中在它的节点上，质量的平移和转动可进行同样处理，这样得到的质量矩阵是对角线矩阵，单元集中质量矩阵定义为

$$m = \iiint \rho \boldsymbol{\varphi}^T \boldsymbol{\varphi} dV \tag{7-5}$$

其中，$\boldsymbol{\varphi}$ 为函数 φ_i 的矩阵，φ_i 在分配给节点 i 的区域内取 1，在域外取 0。

由于分配给各节点的区域不能交错，所以由上式计算的质量矩阵是对角线矩阵。

（3）平面等应变三角形单元的集中质量矩阵与协调质量矩阵

设单元重量为 W，将它 3 等分，分配给每一节点，得到单元集中质量矩阵为

$$m = \frac{W}{3g} \begin{pmatrix} 1 & 0 & 0 & 0 & 0 & 0 \\ 0 & 1 & 0 & 0 & 0 & 0 \\ 0 & 0 & 1 & 0 & 0 & 0 \\ 0 & 0 & 0 & 1 & 0 & 0 \\ 0 & 0 & 0 & 0 & 1 & 0 \\ 0 & 0 & 0 & 0 & 0 & 1 \end{pmatrix} \tag{7-6}$$

单元协调质量矩阵为

$$m = \frac{W}{3g} \begin{pmatrix} \frac{1}{2} & 0 & \frac{1}{4} & 0 & \frac{1}{4} & 0 \\ 0 & \frac{1}{2} & 0 & \frac{1}{4} & 0 & \frac{1}{4} \\ \frac{1}{4} & 0 & \frac{1}{2} & 0 & \frac{1}{4} & 0 \\ 0 & \frac{1}{4} & 0 & \frac{1}{2} & 0 & \frac{1}{4} \\ \frac{1}{4} & 0 & \frac{1}{4} & 0 & \frac{1}{2} & 0 \\ 0 & \frac{1}{4} & 0 & \frac{1}{4} & 0 & \frac{1}{2} \end{pmatrix} \tag{7-7}$$

在单元数目相同的条件下，两种质量矩阵给出的计算精度相差不多，集中质量矩阵不但

本身易于计算，而且由于它是对角线矩阵，使动力计算简化很多。对于有些问题，如梁、板、壳等，可省去转动惯性项，运动方程的自由度数量显著减少。当采用高次单元时，推导集中质量矩阵是困难的。另外，只要离散化时保持了单元之间的连续性，由协调质量矩阵计算得到的频率代表结构真实自振频率的上限。

3. 阻尼矩阵

结构的质量矩阵 M 和刚度矩阵 K 是由单元质量矩阵 m 和单元刚度矩阵 K^e 经过集合而建立起来的。阻尼问题比较复杂，结构的阻尼矩阵 C 不是由单元阻尼矩阵经过集合得到的，而是根据已有的实测资料，由振动过程中结构整体的能量消耗来决定的近似值。

（1）单自由度体系的阻尼

单自由度体系的自由振动方程为

$$m\ddot{u} + c\dot{u} + ku = 0$$

其中，m 为质量；c 为阻尼系数；k 为刚度系数；u 为变位。

上式两边除以 m 后得到

$$\ddot{u} + 2\zeta\omega\dot{u} + \omega^2 u = 0$$

其中，$\omega = \sqrt{k/m}$，$\zeta = c/(2m\omega)$，ζ 称为阻尼比，ω 为体系的自振频率（角频率）。

设初始条件为当 $t = 0$ 时，$u = u_0$，$\dot{u} = v_0$，符合这些初始条件的解为

$$u = \exp(-\zeta\omega t)\left(u_0\cos\omega_d t + \frac{v_0 + \zeta\omega u_0}{\omega_d}\sin\omega_d t\right) \tag{7-8}$$

$$\omega_d = \omega\sqrt{1-\zeta^2}$$

体系的自振频率为 ω_d，其振幅随着时间而逐渐衰减。根据实测资料，大多数结构的阻尼比都是很小的数，较多为 0.01~0.10，一般都小于 0.20。可见，阻尼对自振频率的影响是很小的，通常可取 $\omega_d = \omega$。

（2）多自由度体系的阻尼

如果假定阻尼力与质点运动速度成正比，从运动的结构中取出一个微小部分，在单位体积上作用的阻尼力为

$$\boldsymbol{p}_d = -\alpha\rho\frac{\partial \boldsymbol{r}}{\partial t} = -\alpha\rho \boldsymbol{N}\dot{\boldsymbol{u}}^e$$

其中，α 为比例常数，ρ 为材料密度，N 为形函数。

利用荷载移置的一般公式求得作用于单元 e 的节点上的阻尼力

$$\boldsymbol{F}_d^e = \int \boldsymbol{N}^T\boldsymbol{p}_d \mathrm{d}V = -\alpha\int \boldsymbol{N}^T\rho\boldsymbol{N}\mathrm{d}V\,\dot{\boldsymbol{u}}^e$$

即

$$\boldsymbol{F}_d^e = -\boldsymbol{C}\,\dot{\boldsymbol{u}}^e$$

而

$$\boldsymbol{C} = \alpha\int \boldsymbol{N}^T\rho\boldsymbol{N}\mathrm{d}V = \alpha\boldsymbol{m} \tag{7-9}$$

如果假定阻尼力与应变速度成正比，则阻尼应力为

$$\boldsymbol{\sigma}_d = -\beta\boldsymbol{D}\frac{\partial\boldsymbol{\varepsilon}}{\partial t} = \beta\boldsymbol{DB}\,\dot{\boldsymbol{u}}^e$$

作用于单元 e 节点上的阻尼力为

$$\boldsymbol{F}_d^e = \int \boldsymbol{B}^\mathrm{T} u_d \mathrm{d}V = -\beta \int \boldsymbol{B}^\mathrm{T} \boldsymbol{D} \boldsymbol{B} \mathrm{d}V \dot{u}^e = -\boldsymbol{C}\dot{u}^e$$

其中,

$$\boldsymbol{C} = \beta \int \boldsymbol{B}^\mathrm{T} \boldsymbol{D} \boldsymbol{B} \mathrm{d}V \dot{u}^e = \beta \boldsymbol{K}^e \tag{7-10}$$

说明单元阻尼矩阵正比于单元刚度矩阵 $\boldsymbol{K}^e$。

整体阻尼矩阵 $\boldsymbol{C}$，一般采用如下的线性关系，称为瑞利（Rayleigh）阻尼，即

$$\boldsymbol{C} = \alpha \boldsymbol{M} + \beta \boldsymbol{K} \tag{7-11}$$

其中，系数 α 和 β 根据实测资料决定。

对上式的两边先后乘以 $\boldsymbol{\varphi}_i$，再前乘以 $\boldsymbol{\varphi}_j^\mathrm{T}$ 得到

$$\boldsymbol{\varphi}_j^\mathrm{T} \boldsymbol{C} \boldsymbol{\varphi}_i = \alpha \boldsymbol{\varphi}_j^\mathrm{T} \boldsymbol{M} \boldsymbol{\varphi}_i + \beta \boldsymbol{\varphi}_j^\mathrm{T} \boldsymbol{K} \boldsymbol{\varphi}_i \tag{7-12}$$

根据振型正交性得到

$$\boldsymbol{\varphi}_j^\mathrm{T} \boldsymbol{C} \boldsymbol{\varphi}_i = 0 \quad (i \neq j)$$
$$\boldsymbol{\varphi}_j^\mathrm{T} \boldsymbol{C} \boldsymbol{\varphi}_i = (\alpha + \beta \omega_j^2) m_{pj} \quad (i = j)$$

其中，$m_{pj} = \boldsymbol{\varphi}_j^\mathrm{T} \boldsymbol{M} \boldsymbol{\varphi}_j$，令

$$\alpha + \beta \omega_i^2 = 2\zeta_i \omega_i \tag{7-13}$$

则

$$\boldsymbol{\varphi}_j^\mathrm{T} \boldsymbol{C} \boldsymbol{\varphi}_j = 2\zeta_j \omega_j m_{pj}$$

得到

$$\zeta_j = \frac{\alpha}{2\omega_j} + \frac{\beta \omega_j}{2} \tag{7-14}$$

通过实测两个阻尼比即可求得 α 和 β，进一步计算求解整体阻尼矩阵 $\boldsymbol{C}$。

结构动力学方程主要采用振型叠加法和直接积分法，前者用到振型正交条件，但不同的振型之间不能解耦时（在结构与地基的相互作用问题中，地基的阻尼往往大于结构本身的阻尼，对于结构和地基应分别给以不同的 α 与 β 值），应采用直接积分法求解。

4. 结构自振频率与振型

在式（7-3）中，令 $\boldsymbol{P}(t) = 0$，得到自由振动方程。在实际工程中，阻尼对结构自振频率和振型的影响不大，因此可进一步忽略阻尼力，得到无阻尼自由振动的运动方程

$$\boldsymbol{K}u + \boldsymbol{M}\ddot{u} = 0 \tag{7-15}$$

设结构做简谐运动

$$u = \varphi \cos \omega t$$

把上式代入式（7-15），可得到齐次方程

$$(\boldsymbol{K} - \omega^2 \boldsymbol{M})\boldsymbol{\varphi} = 0 \tag{7-16}$$

在自由振动时，结构中各节点的振幅 $\{\Phi\}$ 不全为零，所以结构自振频率方程为

$$|\boldsymbol{K} - \omega^2 \boldsymbol{M}| = 0 \tag{7-17}$$

结构的刚度矩阵 $\boldsymbol{K}$ 和质量矩阵 $\boldsymbol{M}$ 都是 n 阶方阵，故上式是关于 ω^2 的 n 次代数方程，由此可求出结构的自振频率

$$\omega_1 \leq \omega_2 \leq \omega_3 \leq \cdots \leq \omega_n$$

对于每个自振频率，由奇次方程可确定一组节点的振幅 $\boldsymbol{\varphi}_i = (\phi_{i1} \quad \phi_{i2} \quad \cdots \quad \phi_{in})^\mathrm{T}$，它

们互相之间应保持固定的比值,但绝对值可任意变化,构成一个向量,称为特征向量,在工程上通常称为结构的振型。

因为在每个振型中,各节点的振幅是相对的,其绝对值可取任意数值。在实际工作中,常用以下两种方法之一来决定振型的具体数值。

1) 规准化振型。取 $\boldsymbol{\varphi}_i$ 的某一项,如取第 n 项为 1,即 $\phi_{in}=1$,

$$\boldsymbol{\varphi}_i = (\phi_{i1} \quad \phi_{i2} \quad \cdots \quad 1)^T \tag{7-18}$$

这样的振型称为规准化振型。

2) 正则化振型。选取 ϕ_{ij} 的数值,使

$$\boldsymbol{\varphi}_i^T \boldsymbol{M} \boldsymbol{\varphi}_i = 1 \tag{7-19}$$

这样的振型称为正则化振型。

设一振型 $\overline{\boldsymbol{\varphi}}_i = (\overline{\phi}_{i1} \quad \overline{\phi}_{i2} \quad \cdots \quad \overline{\phi}_{in})^T$,如令

$$\phi_{ji} = \overline{\phi}_{ij} / \overline{\phi}_{in} \tag{7-20}$$

得到 $\overline{\boldsymbol{\varphi}}_i = (\overline{\phi}_{i1} \quad \overline{\phi}_{i2} \quad \cdots \quad \overline{\phi}_{in})^T$ 为规准化振型,如令

$$\phi_{ji} = \overline{\phi}_{ij} / c \tag{7-21}$$

$$c = (\overline{\boldsymbol{\varphi}}_i^T \boldsymbol{M} \overline{\boldsymbol{\varphi}}_i)^{1/2}$$

得到的为正则化振型。令

$$m_{pi} = \boldsymbol{\varphi}_i^T \boldsymbol{M} \boldsymbol{\varphi}_i \tag{7-22}$$

当 $\boldsymbol{M}$ 为集中质量矩阵时,则

$$m_{pi} = (\phi_{i1} \quad \phi_{i2} \quad \cdots \quad \phi_{in}) \begin{pmatrix} m_1 & 0 & \cdots & 0 \\ 0 & m_2 & \cdots & 0 \\ \vdots & \vdots & \vdots & \vdots \\ 0 & 0 & \cdots & m_n \end{pmatrix} \begin{pmatrix} \phi_{i1} \\ \phi_{i2} \\ \vdots \\ \phi_{in} \end{pmatrix} = \sum_{s=1}^{2} m_s \phi_{is}^2$$

当 $\boldsymbol{\varphi}_i$ 为正则化振型时,有

$$|m_{pi}| = 1$$

令

$$k_{pi} = \boldsymbol{\varphi}_i^T \boldsymbol{K} \boldsymbol{\varphi}_i = \boldsymbol{\varphi}_i^T \omega_i^2 \boldsymbol{M} \boldsymbol{\varphi}_i = \omega_i^2 m_{pi}$$

其中,m_{pi} 和 k_{pi} 分别称为第 i 阶振型相应的广义质量和广义刚度。

由上式得

$$\omega_i = \sqrt{k_{pi}/m_{pi}} \tag{7-23}$$

求解 $\boldsymbol{K} = \omega^2 \boldsymbol{M}$ 的振型,其中

$$\boldsymbol{K} = \begin{pmatrix} 2 & -1 & 0 \\ -1 & 4 & -1 \\ 0 & -1 & 2 \end{pmatrix}, \quad \boldsymbol{M} = \begin{pmatrix} 2 & -1 & 0 \\ -1 & 4 & -1 \\ 0 & -1 & 2 \end{pmatrix}$$

求解频率方程为

$$|\boldsymbol{K} - \omega^2 \boldsymbol{M}| = \begin{pmatrix} 2-0.5\omega^2 & -1 & 0 \\ -1 & 4-\omega^2 & -1 \\ 0 & -1 & 2-0.5\omega^2 \end{pmatrix} = 0$$

求得 3 个自振频率为

$$\omega_1^2 = 2, \quad \omega_2^2 = 4, \quad \omega_3^2 = 6$$

将 $\omega_1^2 = 2$ 代入式 $(\boldsymbol{K} - \omega^2 \boldsymbol{M})\boldsymbol{\varphi} = 0$ 中,得到第 1 振型必须满足的方程组

$$\begin{cases} \phi_{11} - \phi_{12} + 0 = 0 \\ -\phi_{11} + 2\phi_{12} - \phi_{13} = 0 \\ \phi_{11} - \phi_{12} + \phi_{13} = 0 \end{cases}$$

联立前两个方程解出

$$\phi_{11} = \phi_{13}, \phi_{12} = \phi_{13}$$

取 $\phi_{13} = 1$,得到规准化的第 1 振型为

$$\boldsymbol{\varphi}_1 = (1 \quad 1 \quad 1)^{\mathrm{T}}$$

用同样方法得到第 2 和第 3 振型为

$$\boldsymbol{\varphi}_2 = (-1 \quad 0 \quad 1)^{\mathrm{T}}$$
$$\boldsymbol{\varphi}_3 = (1 \quad -1 \quad 1)^{\mathrm{T}}$$

由式(7-21)得到正则化振型为

$$\begin{cases} \boldsymbol{\varphi}_1 = (1/\sqrt{2} \quad 1/\sqrt{2} \quad 1/\sqrt{2})^{\mathrm{T}} \\ \boldsymbol{\varphi}_2 = (-1 \quad 0 \quad 1)^{\mathrm{T}} \\ \boldsymbol{\varphi}_3 = (1/\sqrt{2} \quad -1/\sqrt{2} \quad 1/\sqrt{2})^{\mathrm{T}} \end{cases} \tag{7-24}$$

5. 振型叠加法求解结构的受迫振动

目前,常用的求解结构受迫振动的方法有两种,即振型叠加法和直接积分法。用振型 $\boldsymbol{\varphi}_i$ 的线性叠加来表示处于运动状态中的结构位移向量

$$\boldsymbol{\delta} = \boldsymbol{\varphi}_1 \boldsymbol{\eta}_1(t) + \boldsymbol{\varphi}_2 \boldsymbol{\eta}_2(t) + \cdots + \boldsymbol{\varphi}_n \boldsymbol{\eta}_n(t) = \sum_{i=1}^{n} \boldsymbol{\varphi}_i \boldsymbol{\eta}_i(t) \tag{7-25}$$

用 $\boldsymbol{\varphi}_j^{\mathrm{T}} \boldsymbol{M}$ 乘上式的两边,由于振型正交性,等式右边的 n 项中只剩下 $i = j$ 这一项,即

$$\boldsymbol{\varphi}_j^{\mathrm{T}} \boldsymbol{M} \boldsymbol{\delta} = \boldsymbol{\eta}_j(t) \boldsymbol{\varphi}_j^{\mathrm{T}} \boldsymbol{M} \boldsymbol{\varphi}_j = m_{pj} \boldsymbol{\eta}_j(t) \tag{7-26}$$

由此得到

$$\boldsymbol{\eta}_i(t) = \frac{\boldsymbol{\varphi}_i^{\mathrm{T}} \boldsymbol{M} \boldsymbol{\delta}}{m_{pi}}$$

η_i 和 $\dot{\eta}_i$ 的初始值可表示为

$$\boldsymbol{\eta}_i(0) = \frac{\boldsymbol{\varphi}_i^{\mathrm{T}} \boldsymbol{m} \boldsymbol{\delta}(0)}{m_{pi}} \tag{7-27}$$

$$\dot{\boldsymbol{\eta}}_i(0) = \frac{\boldsymbol{\varphi}_i^{\mathrm{T}} \boldsymbol{m} \dot{\boldsymbol{\delta}}(0)}{m_{pi}} \tag{7-28}$$

将式(7-25)代入式(7-3),得到

$$\boldsymbol{M} \sum_{i=1}^{n} \boldsymbol{\varphi}_i \ddot{\boldsymbol{\eta}}_i + \boldsymbol{C} \sum_{i=1}^{n} \boldsymbol{\varphi}_i \dot{\boldsymbol{\eta}}_i + \boldsymbol{K} \sum_{i=1}^{n} \boldsymbol{\varphi}_i \boldsymbol{\eta}_i = \boldsymbol{P}(t)$$

对上式两边前乘以 $\boldsymbol{\varphi}_j^{\mathrm{T}}$,并令 $\boldsymbol{C} = \alpha \boldsymbol{M} + \beta \boldsymbol{K}$,得到

$$\sum_{i=1}^{n} \boldsymbol{\varphi}_j^{\mathrm{T}} \boldsymbol{M} \boldsymbol{\varphi}_i \ddot{\boldsymbol{\eta}}_i + \sum_{i=1}^{n} \boldsymbol{\varphi}_j^{\mathrm{T}} (\alpha \boldsymbol{M} + \beta \boldsymbol{K}) \boldsymbol{\varphi}_i \dot{\boldsymbol{\eta}}_i + \sum_{i=1}^{n} \boldsymbol{\varphi}_j^{\mathrm{T}} \boldsymbol{K} \boldsymbol{\varphi}_i \boldsymbol{\eta}_i = \boldsymbol{\varphi}_j^{\mathrm{T}} \boldsymbol{P}(t)$$

由于振型正交性，得到
$$m_{pi}\ddot{\eta}_i + (\alpha+\beta\omega_i^2)m_{pi}\dot{\eta}_i + \omega_i^2 m_{pi}\eta_i = \boldsymbol{\varphi}_j^T \boldsymbol{P}(t)$$

由于 $\alpha+\beta\omega_i^2 = 2\zeta_i\omega_i$，上式进一步化为

$$\ddot{\eta}_i + 2\zeta_i\omega_i\dot{\eta}_i + \omega_i^2\eta_i = \frac{1}{m_{pi}}\boldsymbol{\varphi}_i^T \boldsymbol{P}(t), \quad i=1,2,3,\cdots,n \qquad (7\text{-}29)$$

这是二阶常微分方程，是互相独立的 n 个方程。上式在形式上与单自由度体系的运动方程相同。其解答可用数值积分方法计算，也可用 Duhamel 积分计算如下。

$$\eta_i(t) = \frac{1}{\omega_{di}m_{pi}}\int_0^t P^*(\tau)e^{-\zeta_i\omega_i(t-\tau)}\sin\omega_{di}(t-\tau)d\tau +$$

$$e^{-\zeta_i\omega_i t}\left\{\eta_i(0)\cos\omega_{di}t + \frac{\dot{\eta}_i(0)+\zeta_i\omega_i\eta_i(0)}{\omega_{di}}\sin\omega_{di}t\right\}$$

其中，$\omega_d = \omega_i\sqrt{1-\zeta_i^2}$，$\boldsymbol{P}^*(t) = \boldsymbol{\varphi}_i^T \boldsymbol{P}(t)$

在用有限元方法进行结构动力分析时，自由度数目 n 可以达到几百甚至几千，但由于高阶振型对结构动力反应的影响一般很小，通常只要计算一部分低阶振型。例如，对于地震荷载，一般只要计算前面 $5\sim20$ 个振型。对于爆炸和冲击荷载，需要取较多的振型，多达 $2n/3$ 个，而对于振动激发的动力反应，有时只有一部分中间的振型起作用。

7.1.2 实体动力分析有限元法的基本步骤

1. 三维弹性动力学的基本方程

平衡方程为

$$\sigma_{ij,j} + b_i - \rho u_{i,tt} - \mu u_{i,t} = 0 \text{（在 } V \text{ 内）} \qquad (7\text{-}30)$$

几何方程为

$$\varepsilon_{ij} = \frac{1}{2}(u_{i,j} + u_{j,i})\text{（在 } V \text{ 内）} \qquad (7\text{-}31)$$

物理方程为

$$\sigma_{ij} = D_{ijkl}\varepsilon_{kl}\text{（在 } V \text{ 内）} \qquad (7\text{-}32)$$

边界条件为

$$u_i = \bar{u}_i\text{（在 } S_u \text{ 上）} \qquad (7\text{-}33)$$

$$\sigma_{ij}n_j = p_i\text{（在 } S_\sigma \text{ 上）} \qquad (7\text{-}34)$$

初始条件为

$$\begin{cases} u_i(x,y,z,0) = \bar{u}_i(x,y,z) \\ u_{i,t}(x,y,z,0) = \bar{u}_{i,t}(x,y,z) \end{cases} \qquad (7\text{-}35)$$

其中，ρ 是质量密度，μ 是阻尼系数，$u_{i,tt}$ 和 $u_{i,t}$ 分别是 u_i 对 t 的二阶导数及一阶导数，即分别表示 i 方向的加速度和速度，$-\rho u_{i,tt}$ 和 $-\mu u_{i,t}$ 分别代表惯性力和阻尼力。

2. 三维实体动力分析的有限元法基本步骤

（1）连续区域的离散化

在动力分析中，引入了时间坐标，处理的是四维问题 (x, y, z, t)，但在有限元分析中，只对空间域进行离散。

(2) 构造插值函数

只对空间域离散，单元内位移表示为

$$\begin{cases} u(x,y,z,t) = \sum_{i=1}^{n} N_i(x,y,z)u_i(t) \\ v(x,y,z,t) = \sum_{i=1}^{n} N_i(x,y,z)v_i(t) \\ w(x,y,z,t) = \sum_{i=1}^{n} N_i(x,y,z)w_i(t) \end{cases}$$

写成矩阵形式为

$$\boldsymbol{u} = \boldsymbol{N}\boldsymbol{u}_e \tag{7-36}$$

(3) 形成系统的求解方程

平衡方程式 (7-30) 及边界条件式 (7-34) 的等效积分形式 Galerkin 法可表示为

$$\int_V \delta u_i(\sigma_{ij,j} + b_i - \rho u_{i,tt} - \mu u_{i,t})\mathrm{d}V - \int_{S_\sigma} \delta u_i(\sigma_{ij}n_j - p_i)\mathrm{d}S = 0 \tag{7-37}$$

对式 (7-37) 的 $\int_V \delta u_i \sigma_{ij,j} \mathrm{d}V$ 第一项进行分部积分，并代入物理方程得到

$$\int_V (\delta\varepsilon_{ij}D_{ijkl}\varepsilon_{kl} + \delta u_i\rho u_{i,tt} + \delta u_i\mu u_{i,t})\mathrm{d}V = \int_V \delta u_i b_i \mathrm{d}V + \int_{S_\sigma} \delta u_i p_i \mathrm{d}S \tag{7-38}$$

将空间离散后的位移表达式 (7-36) 代入式 (7-38)，并注意到节点位移变化 δu 的任意性，最终得到系统的运动方程。

(4) 求解运动方程

与静力分析相比，在动力分析中，由于惯性力和阻尼力出现在平衡方程中，因此引入了质量矩阵和阻尼矩阵，最后求解的方程不是代数方程组，而是常微分方程组。对动力特性方程式的求解，除作为振型叠加法求解运动方程的必要步骤外，自身也是动力学问题的重要组成部分。它的求解在数学上属于矩阵特征值问题，能给出系统的动力特性（固有频率和固有振型）。

(5) 计算结构的应变和应力

从运动方程求解得到节点位移向量 $u(t)$ 后，可利用物理方程和几何方程计算应变和应力。

7.1.3 模态分析的理论基础

模态分析假定运动方程中 $\boldsymbol{P}(t)=0$，$\boldsymbol{C}$ 通常被忽略。

任何物体都有自身的固有频率，用系统方程描述后是矩阵的特征值。如果机械系统所受激励的频率与该系统的某阶固有频率相接近时，就会产生共振。

模态分析的目的之一是计算频率，如果发现这些频率与激振频率相近，则可以修改设计，防止共振现象发生。例如，对汽车上的车架进行模态分析，计算车架的固有频率，如果这些频率与发动机的激振频率相近，说明容易产生共振，需要修改设计。

模态分析目的之二是从振态的形状，得知某个共振频率下结构的变形趋势，如一个高楼的设计，若经过模态分析后会发现，最低频的振态是在整个高楼的扭转方向，则表示这个方向的刚度是需要加强的。

7.2 结构模态的 ANSYS 分析实例

【例 7-1】 如图 7-2 所示，一根长度为 L 的方形等截面直杆，一端固定，一端自由。已知杆材料的弹性模量 $E = 2 \times 10^{11}$ N/m², 密度为 7800 kg/m³, 杆长 $L = 0.1$ m, 方形截面为 0.01×0.01 m²，试求直杆前五阶振动频率和振型。

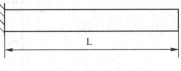

图 7-2 方形等截面直杆

根据振动学理论，假设直杆均匀伸缩，等截面直杆的纵向振动第 i 阶固有频率为

$$f_i = \frac{\omega_i}{2\pi} = \frac{2i-1}{4L}\sqrt{\frac{E}{\rho}} = \frac{2i-1}{4 \times 0.1}\sqrt{\frac{2 \times 10^{11}}{7800}} = (2i-1)12659(\text{Hz})$$

根据公式计算的直杆前五阶频率见表 7-1。

表 7-1 直杆前五阶频率

阶　次	1	2	3	4	5
频率/Hz	12659	37978	63296	88615	113933

1. 题意分析

物体理论上有无穷阶模态，振动是这无穷阶模态的叠加，一般前几阶振动比较大，越往后振动越小，所以一般取前几阶的模态。

2. 初始设置

(1) 设置工作路径

在 Utility Menu 中选择 File→Change Directory，弹出"浏览文件夹"对话框，输入用户的文件保存路径，单击"确定"按钮，如图 7-3 所示。

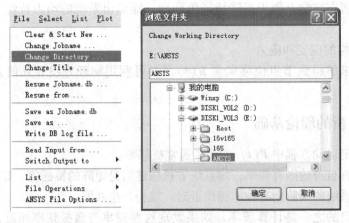

图 7-3 设置工作路径

(2) 设置工作文件名

在 Utility Menu 中选择 File→Change Jobname，弹出 Change Jobname 对话框，输入用户文件名"straight - bar"，单击 OK 按钮，如图 7-4 所示。

(3) 设置工作标题

 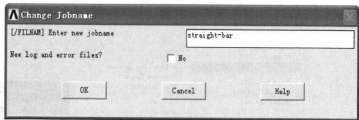

图 7-4　设置工作文件名

在 Utility Menu 中选择 File→Change Title，弹出 Change Title 对话框，输入用户标题"motai"单击 OK 按钮，如图 7-5 所示。

 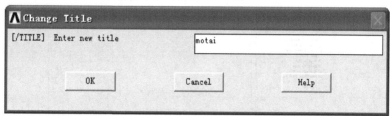

图 7-5　设置标题名

（4）设定分析模块

在 ANSYS Main Menu 中选择 Preferences，弹出 Preferences for GUI Filtering 对话框，勾选 Structural 复选框，单击 OK 按钮，如图 7-6 所示。

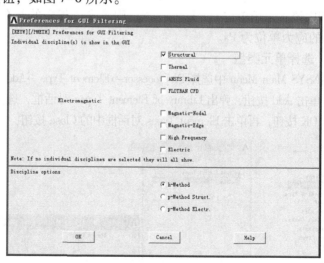

图 7-6　设定分析模块

（5）改变图形编辑窗口的背景颜色

默认图形编辑窗口的背景颜色为黑色，用户可以将其改为白色。在 Utility Menu 中选择 PlotCtrls→Style→Colors→Reverse Video，图形编辑窗口的背景变为白色，如图 7-7 和图 7-8 所示。

3. 前处理

（1）定义单位

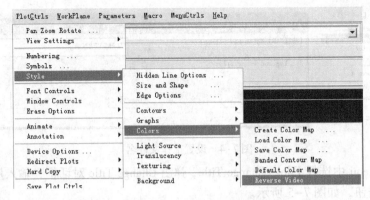

图7-7 改变图形编辑窗口的背景颜色

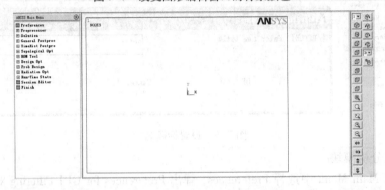

图7-8 白色图形编辑窗口

本例中统一采用单位 m－kg－s－N，则建模过程中的所有参数都选用单位 m－kg－s－N，相应的应力单位为 Pa。

（2）选择单元类型

在 ANSYS Main Menu 中选择 Preprocessor→Element Type→Add/Edit/Delete，弹出 Element Types 对话框，单击 Add 按钮，弹出 Library of Element Types 对话框，选择 Solid 选项和 Brick 8node 45 选项，单击 OK 按钮，再单击 Element Types 对话框中的 Close 按钮，如图7-9所示。

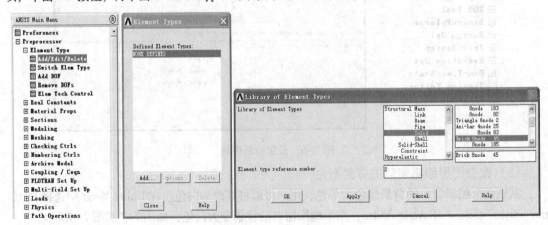

图7-9 定义单元类型

（3）定义材料属性

在 ANSYS Main Menu 中选择 Preprocessor→Material Props→Material Models，弹出 Define

Material Model Behavior 对话框，选择 Structural→Linear→Elastic→Isotopic 选项，在弹出的 Linear Isotopic Properties for Mater...对话框中，设置弹性模量 EX 为 "2E+11"，泊松比 PRXY 为 "0.3"，单击 OK 按钮，如图 7-10 所示。

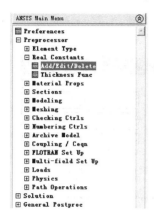
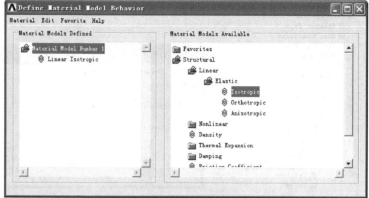
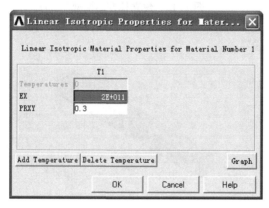

图 7-10 定义材料特性

在 Define Material Model Behavior 对话框中，选择 Density 选项，弹出 Density for Material Number 1 对话框，在 DENS 文本框中输入 "7800"，如图 7-11 所示。

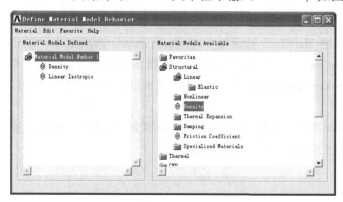
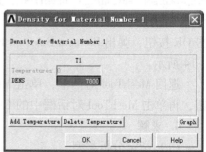

图 7-11 定义材料密度

（4）建立长方体模型

在 ANSYS Main Menu 中选择 Preprocessor→Modeling→Create→Volumes→Block→By Dimen-

213

sions，输入参数（X1，X2）为（0，0.01），（Y1，Y2）为（0，0.01），（Z1，Z2）为（0，0.1），如图7-12和图7-13所示。

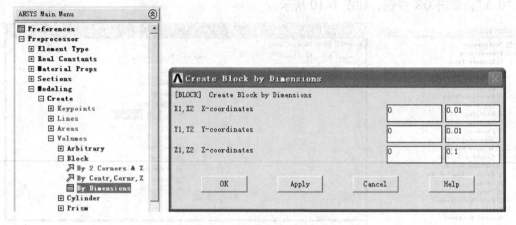

图7-12　建立长方体模型

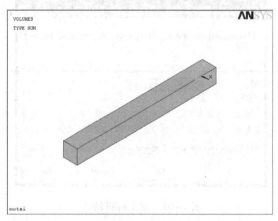

图7-13　长方体模型

（5）划分网格

直杆X，Y向分别设置5个单元边，采用映射方式划分网格。在ANSYS Main Menu→Preprocessor→Meshing→MeshTool，弹出MeshTool对话框，在Size Controls选项组中，单击Lines后的Set按钮，弹出Element Size on...拾取窗口，在图形编辑窗口选择X，Y边，单击OK按钮，弹出Element Sizes on Picked Lines对话框，在NDIV文本框中输入"5"，如图7-14所示。

返回MeshTool对话框，单击Mesh按钮，弹出Mesh Volumes拾取窗口，单击Pick All按钮，再单击MeshTool对话框中的Close按钮，如图7-15所示。

4. 求解

（1）指定分析类型

进入求解器之后，首先要指定分析类型，可以选择开始新的分析或激活一个已经存在的分析，同时对这些分析进行控制。默认状态的分析类型是静态分析，故前几章学习的例题没有指定分析类型；对于模态分析，选择Modal分析类型。

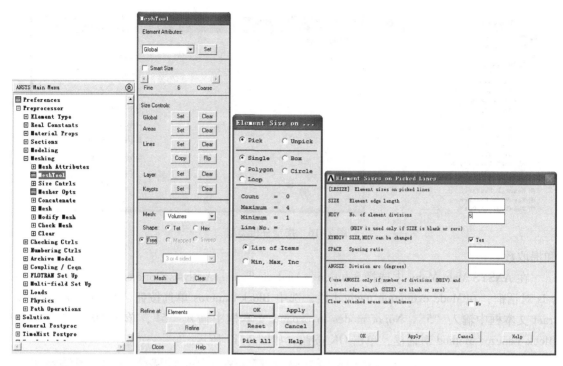

图 7-14　设置单元密度

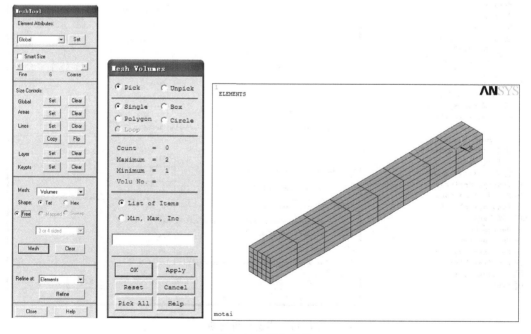

图 7-15　划分网格

在 ANSYS Main Menu 中选择 Solution→Analysis Type→New Analysis，弹出 New Analysis 对话框，勾选 Modal 复选框，单击 OK 按钮，如图 7-16 所示。

（2）指定分析选项

选择模态分析后，会弹出设定对话框或出现不同的菜单选项，用于设置模态的提取方法

215

 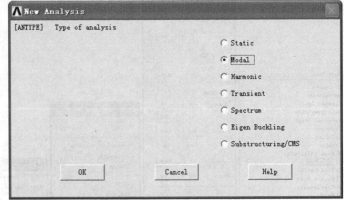

图 7-16 指定分析类型

和提取数。

在 ANSYS Main Menu 中选择 Solution→Analysis Type→Analysis Options，弹出 Modal Analysis 对话框，在 Mode extraction method 栏，选中 Block Lanczos 单选按钮，No. of modes to extract 文本框中输入 "5"，No. of modes to expand 文本框中输入 "5"，单击 OK 按钮，弹出 Block Lanczos Method 对话框，单击 OK 按钮，如图 7-17 所示。

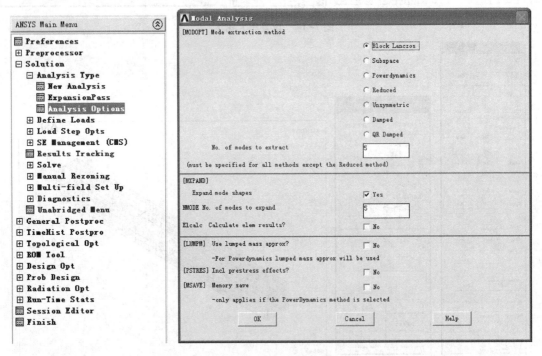

图 7-17 指定分析选项

（3）施加约束

如果不施加约束，前 6 阶为刚体移动模态，频率都为 0，即约束不足时，结构不会产生内部应力载荷，只是发生位移，而对于有约束的结构，则没有刚体模态。

在 ANSYS Main Menu 中选择 Solution→Defined Loads→Apply→Structural→Displacement > On Areas，弹出 Apply U, ROT on A... 拾取窗口，在图形编辑窗口选择左侧表面，单击 OK 按钮，

在弹出的 Apply U, ROT on Areas 对话框中,选择 UZ 选项,单击 Apply 按钮。重复上述过程,分别对上表面约束 Y 向,后表面约束 X 向,单击 OK 按钮,如图 7-18 和图 7-19 所示。

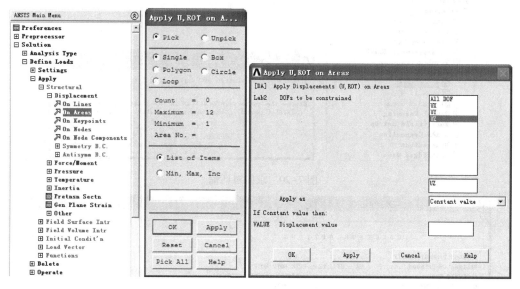

图 7-18 施加约束

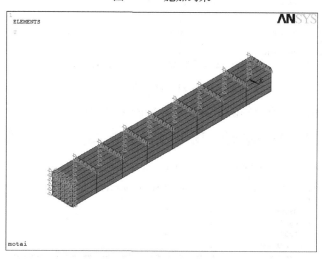

图 7-19 施加约束后的模型

(4) 计算求解

为保证正确求解结果,在计算之前,将求解对象设定为全部实体,在 Utility Menu 中选择 Select→Everything。

在 ANSYS Main Menu 中选择 Solution→Solve→Current LS,弹出/STATUS Command 状态窗口和 Solve Current Load Step 对话框,单击对话框的 OK 按钮,计算结束后单击状态窗口中的"关闭"按钮,如图 7-20 和图 7-21 所示。

5. 后处理

(1) 列表显示固有频率

在 ANSYS Main Menu 中选择 General Postproc→Results Summary,弹出 SET, LIST Com-

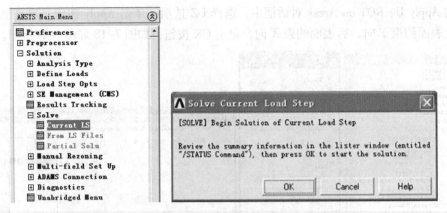

图 7-20 求解对话框

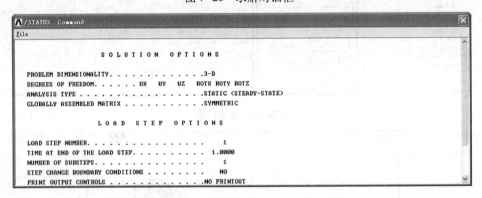

图 7-21 状态窗口

mand 窗口，列表中显示了模型的前 5 阶频率，如图 7-22 所示。

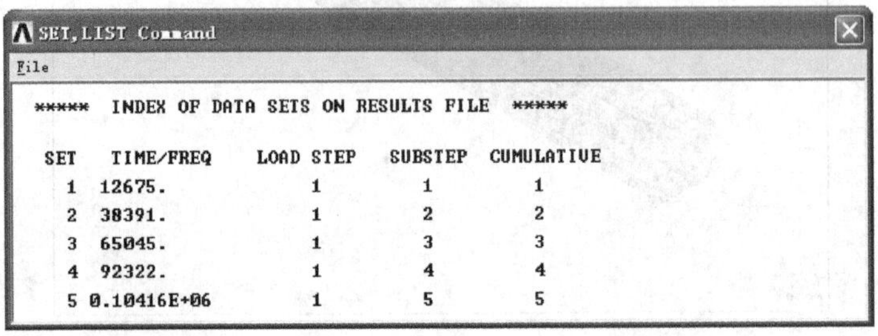

图 7-22 SET, LIST Command 窗口

(2) 观察振型结果

首先读入第 1 载荷子步结果，在 ANSYS Main Menu 中选择 General Postproc→Read Results→First Set，然后选择 General Postproc→Plot Results→Deformed Shape，弹出 Plot Deformed Shape 对话框，选中 Def + Undef edge 单选按钮，单击 OK 按钮，如图 7-23 和图 7-24 所示。

在 ANSYS Main Menu 中选择 General Postproc→Read Results→Next Set，然后选择 General Postproc＞Plot Results→Deformed Shape，弹出 Plot Deformed Shape 对话框，选中 Def + Undef edge 单选按钮，单击 OK 按钮。重复上述过程，读取第三、四、五阶振型。结果如图 7-25 ~ 图 7-28 所示。

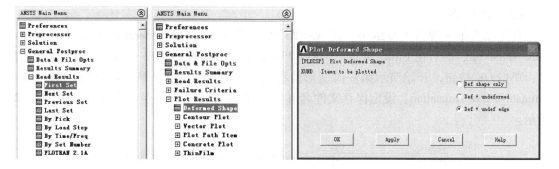

图 7-23　读取第一阶振型

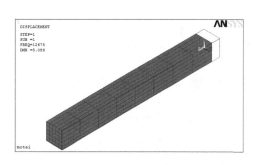

图 7-24　第一阶振型

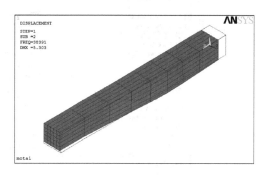

图 7-25　第二阶振型

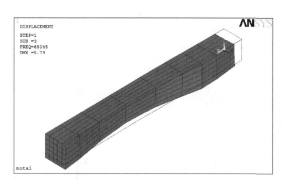

图 7-26　第三阶振型

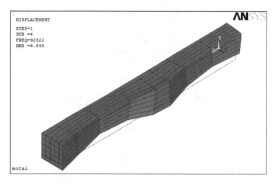

图 7-27　第四阶振型

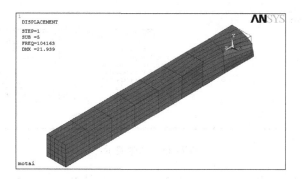

图 7-28　第五阶振型

(3) 动画演示

首先读入第一载荷子步结果,在 ANSYS Main Menu 中选择 General Postproc→Read Results→First Set,然后在 Utility Menu 中选择 PlotCtrls→Animate→Mode Shape,打开帧设置窗口,单击 OK 按钮,开始演示第一阶变形位移过程。通过在 Utility Menu 中选择 PlotCtrls→Animate→Save Animation,设定保存文件名(其扩展名为 avi),保存动画文件,如图 7-29 所示。

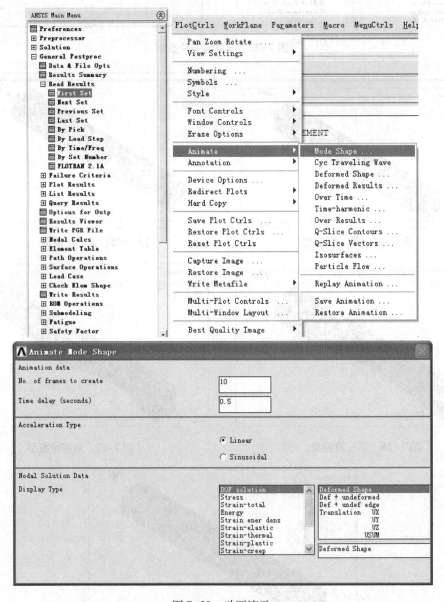

图 7-29 动画演示

在 ANSYS Main Menu 中选择 General Postproc→Read Results→Next Set,然后在 Utility Menu 中选择 PlotCtrls→Animate→Deformed Shape,打开帧设置窗口,单击 OK 按钮,开始演示第二阶变形位移过程。重复上述过程,读取第三、四、五阶变形位移过程并保存。

【例7-2】一根琴弦的结构如图7-30所示。已知该琴弦的横截面为10^{-6} m^2,长度为1 m,琴弦密度为7800 kg/m^3,张紧力为2000 N,弹性横量为2e11Pa,泊松比为0.3。试计算其前10阶固有频率和振型。

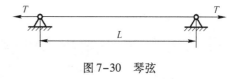

图7-30 琴弦

根据振动学理论,琴弦的固有频率为

$$f_i = \frac{ia}{2L} = \frac{i}{2L}\sqrt{\frac{T}{\rho A}} = \frac{i}{2}\sqrt{\frac{2000}{7.8 \times 10^{-3}}} = 253.2i(Hz)$$

根据公式计算琴弦前十阶频率见表7-2。

表7-2 琴弦前十阶频率

阶次	1	2	3	4	5	6	7	8	9	10
频率/Hz	253.2	506.4	759.6	1012.8	1266.0	1519.2	1772.4	2025.6	2278.8	2532.0

1. 题意分析

由于琴弦仅承受拉力作用,不承受剪切力作用,故选用LINK1杆单元,设置横截面积为实常数。琴弦在外力作用下进行模态分析,是有预应力模态分析。有预应力模态分析分为两步:首先进行结构静应力分析,并把静应力作为预应力施加在模型上,然后进行模态分析。

2. 初始设置

(1) 设置工作路径

在Utility Menu中选择File→Change Directory,弹出"浏览文件夹"对话框,输入用户的文件保存路径,单击"确定"按钮,如图7-31所示。

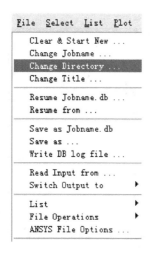

图7-31 设置工作路径

(2) 设置工作文件名

在Utility Menu中选择File→Change Jobname,弹出Change Jobname对话框,输入用户文件名"string",单击OK按钮,如图7-32所示。

221

 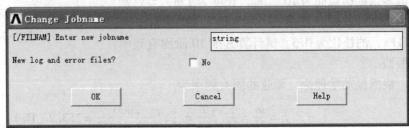

图 7-32　设置工作文件名

（3）设置工作标题

在 Utility Menu 中选择 File→Change Title，弹出 Change Title 对话框，输入用户标题"motai"，单击 OK 按钮，如图 7-33 所示。

 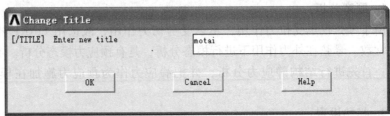

图 7-33　设置标题名

（4）设定分析模块

在 ANSYS Main Menu 中选择 Preferences，弹出 Preferences for GUI Filtering 对话框，勾选 Structural 复选框，单击 OK 按钮，如图 7-34 所示。

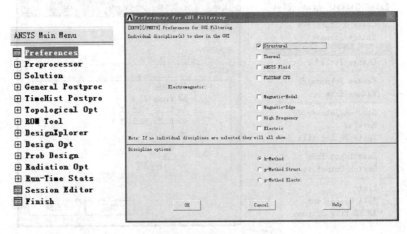

图 7-34　设定分析模块

（5）改变图形编辑窗口的背景颜色

默认图形编辑窗口的背景颜色为黑色，用户可以将其改为白色。在 Utility Menu 中选择 PlotCtrls→Style→Colors→Reverse Video，图形编辑窗口的背景变为白色，如图 7-35 和

图7-36所示。

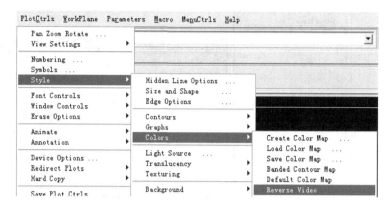

图7-35　改变图形编辑窗口的背景颜色

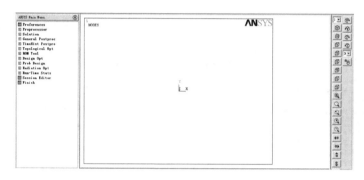

图7-36　白色背景的图形编辑窗口

3. 前处理

（1）定义单位

本例中统一采用单位 m‐kg‐s‐N，则建模过程中的所有参数都选用单位 m‐kg‐s‐N，相应的应力单位为 Pa。

（2）选择单元类型

杆单元的特性见表 3‐3，在 ANSYS Main Menu 中选择 Preprocessor→Element Type→Add/Edit/Delete，弹出 Element Types 对话框，单击 Add 按钮，弹出 Library of Element Types 对话框，选择 Link 选项和 2D spar 1 选项，单击 OK 按钮，再单击 Element Types 对话框中的 Close 按钮，如图 7‐37 所示。

（3）定义材料属性

在 ANSYS Main Menu 中选择 Preprocessor→Material Props→Material Models，弹出 Define Material Model Behavior 对话框，选择 Structural→Linear→Elastic→Isotopic 选项，在弹出的 Linear Isotopic Properties for Mater… 对话框中，设置弹性模量 EX 为"2E+011"，泊松比 PRXY 为"0.3"，单击 OK 按钮，如图 7‐38 所示。

在 Define Material Model Behavior 对话框中，选择 Density 选项，弹出 Density for Material Number1 对话框，在 DENS 文本框中输入"7800"，如图 7‐39 所示。

（4）定义实常数

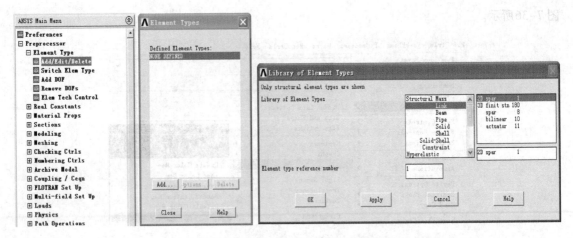

图 7-37 定义单元类型

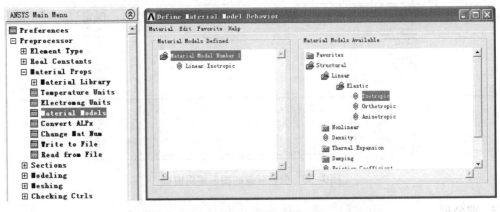

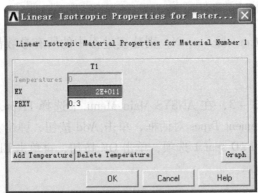

图 7-38 定义材料特性

由材料力学可知，计算拉（压）杆的应力和变形时，需要用到横截面的面积 A。在 ANSYS Main Menu 中选择 Preprocessor→Real Constants→Add/Edit/Delete，弹出 Real Constants 对话框，单击 Add 按钮，随后单击对话框中的 OK 按钮，弹出 Real Constant Set Number 1, for LINK1 对话框，在 AREA 文本框中输入"1e-006"，单击 OK 按钮，然后单击 Close 按钮关闭 Real Constants 对话框，如图 7-40 所示。

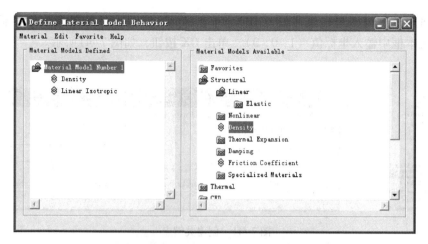

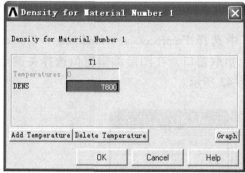

图 7-39 定义材料密度

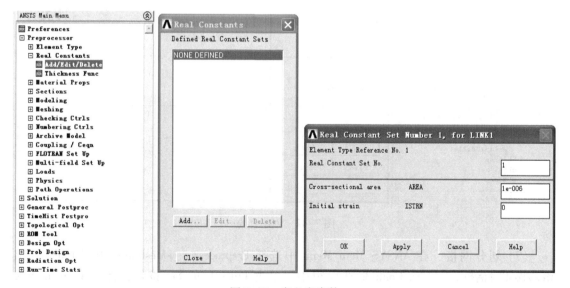

图 7-40 定义实常数

(5) 创建关键点

在 ANSYS Main Menu 中选择 Preprocessor→Modeling→Create→Keypoints→In Active CS，弹出 Create Keypoints in Active Coordinate System 对话框，在 NPT 文本框中输入"1"，在 X，

Y，Z 文本框中分别输入坐标值（0,0,0），单击 Apply 按钮；在 NPT 文本框中输入"2"，X，Y，Z 文本框中输入坐标值（1,0,0），单击 OK 按钮，如图 7-41 所示。

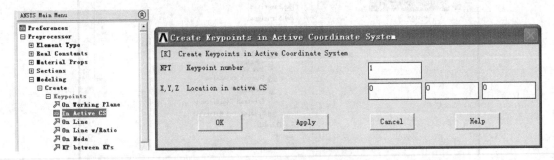

图 7-41　创建关键点

（6）创建直线

在 ANSYS Main Menu 中选择 Preprocessor→Modeling→Create→Lines→Lines→Straight Line，弹出 Create Straight…拾取窗口，在图形编辑窗口选择关键点 1 和 2，生成一条直线，然后单击 OK 按钮，如图 7-42 所示。

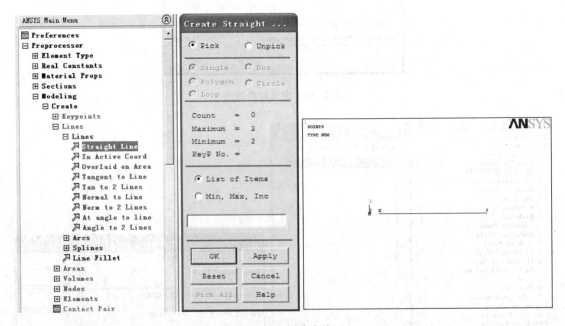

图 7-42　创建直线

（7）划分网格　在 ANSYS Main Menu 中选择 Preprocessor→Meshing→MeshTool，弹出 MeshTool 对话框，在 Size Controls 选项组中，单击 Lines 后的 Set 按钮，弹出 Element Size on… 拾取窗口，单击 Pick All 按钮，弹出 Element Sizes on Picked Lines 对话框，在 NDIV 文本框中输入"50"，单击 OK 按钮，如图 7-43 所示。

返回 MeshTool 对话框中，单击 Mesh 按钮，弹出 Mesh Line 拾取窗口，单击 Pick All 按钮，完成网格划分，再单击 MeshTool 对话框中的 Close 按钮，如图 7-44 所示。

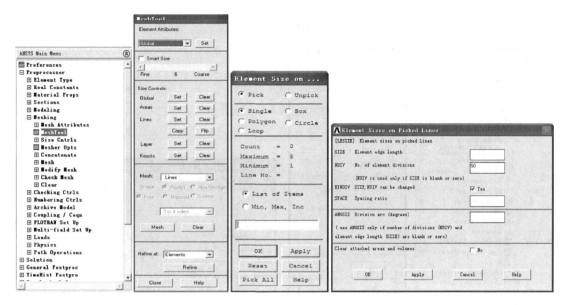

图 7-43 设置线单元长度

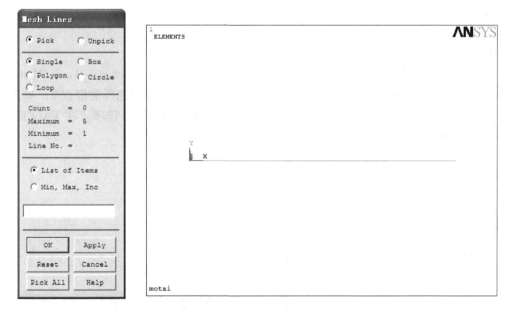

图 7-44 划分网格

4. 求解

(1) 施加约束

在 ANSYS Main Menu 中选择 Solution→Define Loads→Apply→Structural→Displacement→OnKeypoints，弹出 Apply U，ROT on KPs 拾取窗口，在图形编辑窗口选择关键点 1，单击 OK 按钮，在弹出的 Apply U，ROT on KPs 对话框中选择 UX，UY 选项，单击 Apply 按钮，同法，选择关键点 2 并选择 UY 选项，单击 OK 按钮，如图 7-45 所示。

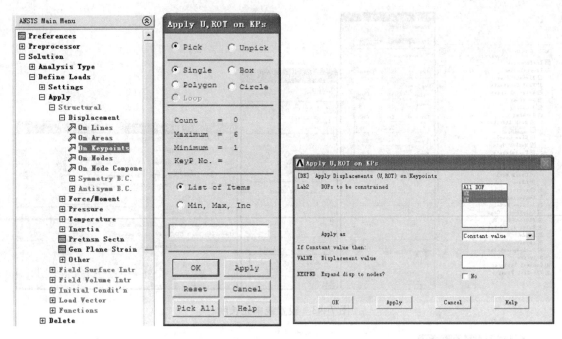

图 7-45 施加约束

（2）施加载荷

在 ANSYS Main Menu 中选择 Solution→Define Loads→Apply→Structural→Force/Moment→OnKeypoints，弹出 Apply F/M on KPs 拾取窗口，在图形编辑窗口中选择关键点 2，单击 OK 按钮，弹出 Apply F/M on KPs 对话框，在 Lab 下拉列表框中选择 FX 选项，在 VALUE 文本框中输入"2000"，单击 OK 按钮，如图 7-46 和图 7-47 所示。

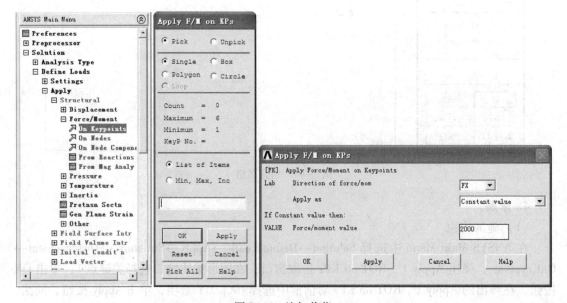

图 7-46 施加载荷

（3）打开预应力效果

在 ANSYS Main Menu 中选择 Solution→Analysis Type→Analysis Options，弹出 Static or

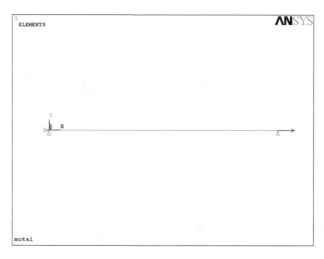

图 7-47　施加约束和载荷后的琴弦

Steady – State Analysis 对话框，在 Stress stiffness or prestress 下拉列表框中选择 Prestress ON 选项。如果该选项未在界面上显示，可以在 ANSYS Main Menu 中选择 Solution→Unabridged Menu，如图 7-48 所示。

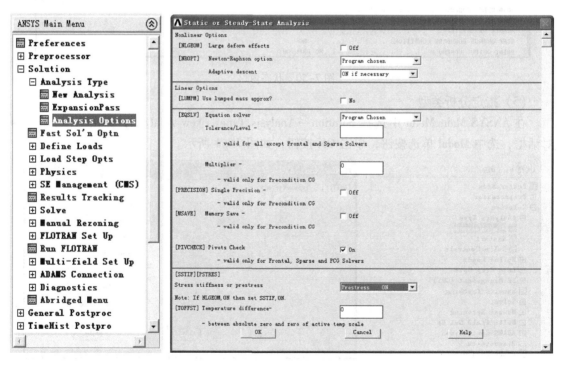

图 7-48　打开预应力效果

（4）计算求解

在 ANSYS Main Menu 中选择 Solution→Solve→Current LS，弹出/STATUS Command 状态窗口和 Solve Current Load Step 对话框，单击对话框 OK 按钮，计算结束后单击状态窗口中的"关闭"按钮，如图 7-49 和图 7-50 所示。

229

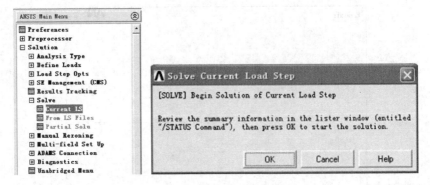

图 7-49 求解对话框

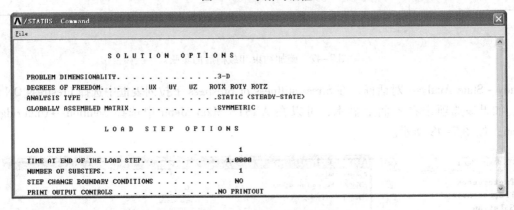

图 7-50 状态窗口

(5) 指定分析类型

在 ANSYS Main Menu 中选择 Solution→Analysis Type→New Analysis，弹出 New Analysis 对话框，选中 Modal 单选按钮，单击 OK 按钮，如图 7-51 所示。

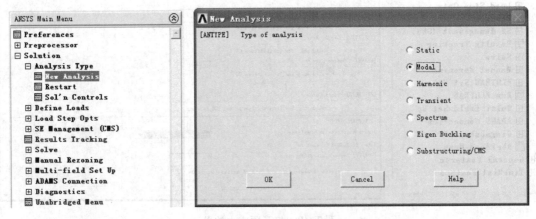

图 7-51 指定分析类型

(6) 指定分析选项

在 ANSYS Main Menu 中选择 Solution→Analysis Type→Analysis Options，弹出 Modal Analysis 对话框，在 Mode extraction method 选项组中，选中 Block Lanczos 单选按钮，No. of modes to extract 文本框中输入"10"，在 NMODE No. of modes to expand 文本框中输入"10"，单击

OK 按钮，弹出 Block Lanczos Method 对话框，单击 OK 按钮，如图 7-52 所示。

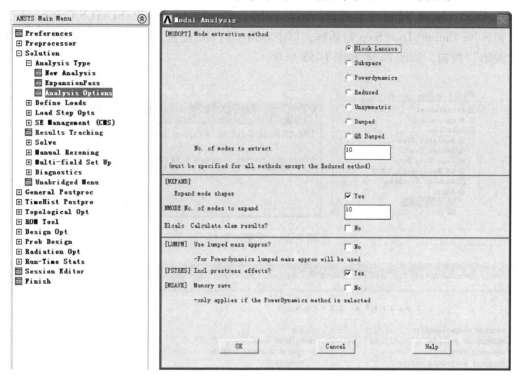

图 7-52　指定分析选项

（7）施加约束

在 ANSYS Main Menu 中选择 Solution→Define Loads→Apply→Structural→Displacement→OnKeypoints，弹出 Apply U, ROT on KPs 拾取窗口，在图形编辑窗口选择关键点 2，单击 OK 按钮，弹出 Apply U, ROT on KPs 对话框，选择 UX 选项，单击 OK 按钮，如图 7-53 所示。

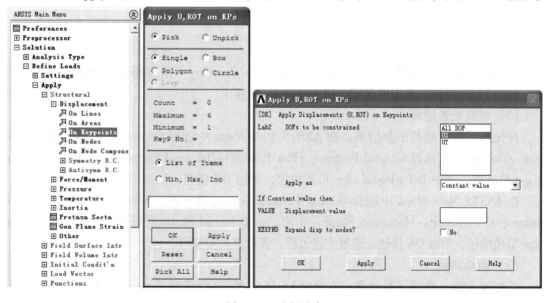

图 7-53　施加约束

231

(8) 计算求解

在 ANSYS Main Menu 中选择 Solution→Solve→Current LS，弹出/STATUS Command 状态窗口和 Solve Current Load Step 对话框，单击对话框的 OK 按钮，计算结束后单击状态窗口中的"关闭"按钮，如图 7-54 和图 7-55 所示。

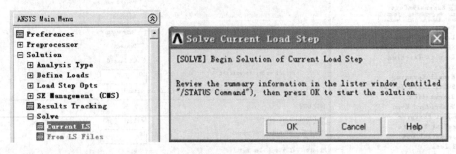

图 7-54 求解对话框

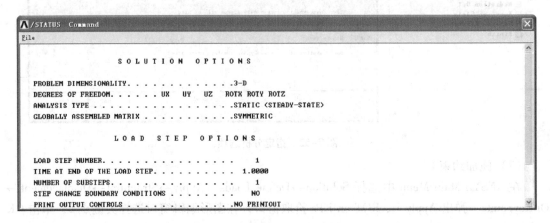

图 7-55 状态窗口

5. 后处理

(1) 列表显示固有频率

在 Main Menu 中选择 General Postproc→Results Summary，弹出 SET, LIST Command 窗口，如图 7-56 所示，列表中显示了模型的前 10 阶频率。

(2) 观察振形结果

首先读入第 1 载荷子步结果，在 ANSYS Main Menu 中选择 General Postproc→Read Results→First Set，再选择 General Postproc→Plot Results→Deformed Shape，弹出 Plot Deformed Shape 对话框，选中 Def + Undef edge 单选按钮，单击 OK 按钮，如图 7-57 所示。

在 ANSYS Main Menu 中选择 General Postproc→Read Results→Next Set，再选择 General Postproc→Plot Results→Deformed Shape，弹出 Plot Deformed Shape 对话框，选中 Def + Undef edge 单选按钮，单击 OK 按钮。重复上述过程，读取其他阶振形。

(3) 动画演示

首先读入第一载荷子步结果，在 ANSYS Main Menu 中选择 General Postproc→Read Results→First Set，然后在 Utility Menu 中选择 PlotCtrls→Animate→Mode Shape，打开帧设置窗

SET, LIST Command

File

***** INDEX OF DATA SETS ON RESULTS FILE *****

SET	TIME/FREQ	LOAD STEP	SUBSTEP	CUMULATIVE
1	253.23	1	1	1
2	506.70	1	2	2
3	760.68	1	3	3
4	1015.4	1	4	4
5	1271.1	1	5	5
6	1528.1	1	6	6
7	1786.6	1	7	7
8	2046.9	1	8	8
9	2309.1	1	9	9
10	2532.3	1	10	10

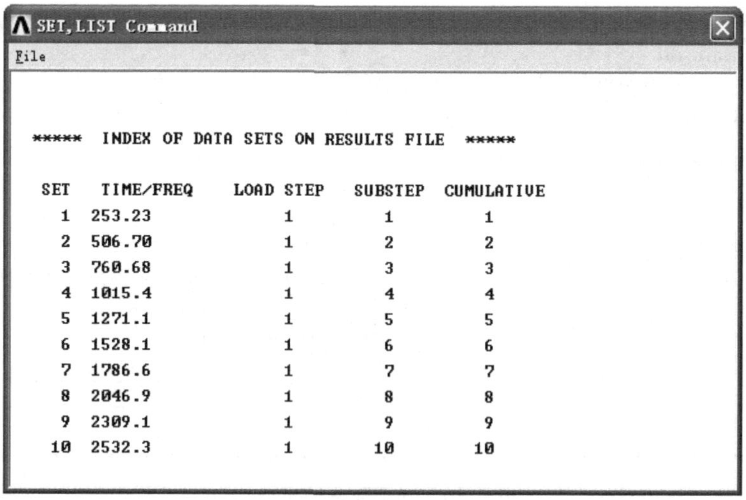

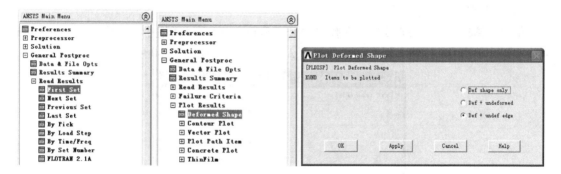

图 7-56 SET，LIST Command 窗口

图 7-57 读取第一阶振形

口，单击 OK 按钮，开始演示第一阶变形位移过程。通过在 Utility Menu 中选择 PlotCtrls→Animate→Save Animation，设定保存文件名（其扩展名为 avi），保存动画文件，如图 7-58 和图 7-59 所示。

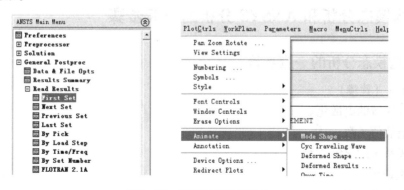

图 7-58 动画演示设定命令

在 ANSYS Main Menu 中选择 General Postproc→Read Results→Next Set，然后在 Utility Menu 中选择 PlotCtrls→Animate→Deformed Shape，打开帧设置窗口，单击 OK 按钮，开始演

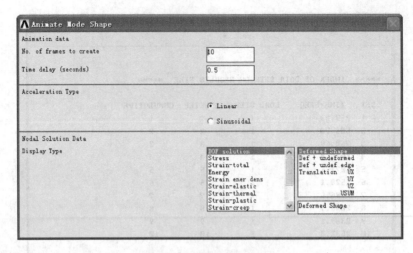

图 7-59 动画演示效果设定

示第二阶变形位移过程。重复上述过程，读取其他阶变形位移过程并保存。

（4）保存结果并退出系统

单击工具栏中的 QUIT 按钮，在弹出的 Exit from ANSYS 对话框中，选中 Save Everything 单选按钮，单击 OK 按钮，保存结果并退出 ANSYS 系统，如图 7-60 所示。

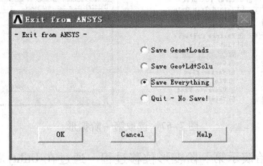

图 7-60 保存结果并退出系统

7.3 结构模态分析和 ANSYS 分析的一般步骤

7.3.1 结构模态分析的一般步骤

1. 前处理（建模）

1）连续区域的离散化。
2）构造插值函数。
3）形成系统的求解方程。

2. 求解模型

1）求解运动方程。
2）计算结构的应变和应力。

3. 后处理

获取相关信息。

7.3.2 结构模态 ANSYS 分析的一般步骤

1. 启动 ANSYS 与初始设置

（1）启动 ANSYS
（2）初始设置
①路径；②文件名；③工作标题；④图形背景；⑤研究类型（Preferences）与计算方法。

2. 前处理（Preprocessor）
①定义单位；②单元类型选择；③定义材料属性；④建立几何模型；⑤划分单元网格。

3. 求解模型
①指定分析类型；②指定分析选项；③施加约束条件和载荷（对于有预应力模态分析，还需要打开预应力效果）；④求解运算。

4. 后处理（General Postproc）
①列表显示固有频率；②观察振形结果；③动画演示；④保存；⑤退出 ANSYS。

7.4 习题

习题 7-1 假设将习题 6-1 所示轮盘安装在某转轴上，以 12000 r/min 的速度高速旋转产生离心力，已知弹性横量为 2.1e11 Pa，泊松比为 0.3，密度为 7800 kg/m³。试对轮盘进行有预应力模态分析，求解其前 5 阶固有频率及相应的模态振形。

习题 7-2 习题 6-2 所示底座直径为 80.5 mm、65 mm 的圆柱面上均匀承受 10000 kN 承载力，试对底座进行有预应力模态分析，求解其前 5 阶固有频率及相应的模态振形。已知弹性横量为 2.1e5 Pa，泊松比为 0.3，密度为 7.8e-9 MPa。

习题 7-3 如图 7-61 所示，$F_1 = 30$ kN，$F_2 = 10$ kN，AC 段的横截面积 $A_{AC} = 500$ mm²，CD 段的横截面 $A_{CD} = 200$ mm²，弹性模量 $E = 200$ GPa。试对该杆进行有预应力模态分析，求解其前 5 阶固有频率及相应的模态振形。

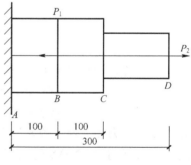

图 7-61 习题 7-3

第8章 接触结构的有限元分析

通常，一台机器或一个复杂部件需要由若干个零件组成。由不同零件通过装配组成一台机器或一个部件，称为装配体。显然装配体具有接触结构，如图8-1a所示的减速器主要由主动轴系、从动轴系、箱体和箱盖等零件构成，其转动的传递是通过主动齿轮轴系与从动齿轮轴系上的轮齿接触来实现；如图8-1b所示，汽车制动器由制动盘、制动钳、制动块和活塞等零部件构成，其工作原理是活塞在液压作用下将两个制动块压紧制动盘，产生摩擦力矩而实现制动，即制动块与制动盘通过压力接触来实现摩擦制动。本章以这类接触结构体为研究对象，介绍接触结构的有限元分析及ANSYS实现方法。

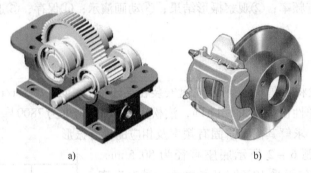

图8-1 接触结构实例

如前所述，进行ANSYS分析的模型既可以从其他三维软件（如SolidWorks、UG和Pro/E等）导入，也可以在ANSYS软件中直接建立。其他三维软件可以通过配合建立装配关系，ANSYS软件可以建立多个看似接触的体，但这种装配关系和看似接触的结构都不能直接传递力和力矩。若要计算装配体中接触结构的受力情况，或通过接触关系分析传递力，只能利用ANSYS建立接触单元。例如，计算图8-1a中两个齿轮的接触应力，必须建立两个齿轮的接触关系；计算图8-1b中制动盘的应力，必须对制动块施加载荷，通过制动盘与制动块之间的接触关系，将载荷传递给制动盘。接触结构有限元分析方法除适用于零件装配外，还可以用来模拟动力冲击、板成形、螺栓联接、紧配合和纯压缩边界条件等问题。

接触结构有限元分析的基本方法是在模型的接触面上建立一层接触单元，即通过建立目标面和接触面，且构成一个接触对，以建立接触问题模型。由于力学中的接触过程可能会涉及多种非线性因素，除大变形接触问题引起的材料非线性和几何非线性以外，还有接触界面间摩擦条件下的非线性等因素，所以接触结构问题具有高度非线性特点。

ANSYS支持三种接触方式：点-点，点-面，面-面。每种接触方式都有其适用范围。点-点接触主要用于模拟点与点的接触行为，以及多个点-点的表面接触行为，适用于相同网格的接触面之间有较小相对滑动或转动的情况，如图8-2a所示的地基和土壤的接触。点

-面接触主要用于点与面的接触行为,以及多个点-面的表面接触行为,适用于线面或接触面之间有较大相对滑动、大应变或大转动的情况,如图 8-2b 所示的棱边与面的接触。面-面接触可用于描述面与面的接触行为,适用于接触面之间有较大相对滑动、大应变或大转动的情况,如图 8-2c 所示的金属成形的轧制过程。

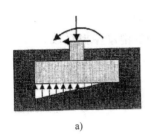 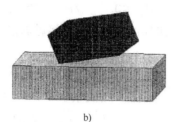 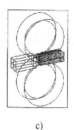

图 8-2 接触方式

考虑材料性质,接触问题可分为两种基本类型:刚体-柔体接触和柔体-柔体接触。刚体-柔体接触的两物体刚度相差较大,如一种软材料和一种硬材料接触;柔体-柔体接触的两物体有近似的刚度,是一种更普遍的接触。接触的两种类型适用于每个接触方式。

本章介绍接触结构有限元分析的一般原理,且以组合圆筒为例讲述 ANSYS 分析基本步骤和面-面接触方式、柔体-柔体接触类型的选择。

8.1 接触结构有限元分析的一般原理

本节从接触结构的基本概念和有限元分析基本思想入手,讲述接触结构有限元分析的一般原理。对于无滑动摩擦的接触问题,先假定接触状态,建立有限元求解的支配方程,然后求出接触面的位移和接触力,最后检验接触条件是否与原来假定的接触状态相符,若结果与假定的接触状态不符,则需重新假定接触状态和迭代计算,直至接触状态与假定状态一致为止。对于具有滑动摩擦的接触问题,由于接触过程的不可逆,需要采用增量方式加载。

8.1.1 接触结构的基本概念

1. 基本假定

假定接触物体的材料是线弹性的,位移和变形是微小的,作用在接触面上的摩擦力服从 Mohr-Coulomb 准则,接触面连续平滑。

2. 接触条件和接触状态

接触条件是指接触面上接触点处的位移和力的条件。利用接触条件,可以判断接触物体之间的接触状态。接触状态可分为三类:连续接触,滑动接触和自由边界。为了更方便地表示接触条件,需要在接触面上建立局部坐标系 $o'x'y'z'$。由于一般情况下,A、B 两个物体在接触点处无公共切面和公共法线,因此,局部坐标系的 z' 轴只能尽可能地接近公法线方向,$o'x'y'$ 平面尽可能地接近公切面。

令 δ_{ji} 和 P_{ji} 分别是第 j 个接触物体($j = A, B$)沿第 i 个局部坐标($i = x', y', z'$)的位移和接触力,则三类接触条件可分别表示如下。

(1) 连续接触条件

$$P_{Ai} = -P_{Bi}, \quad i = x', y', z' \tag{8-1}$$

$$\delta_{Az'} = \delta_{Bz'} + \delta_{0z'} \tag{8-2}$$

$$\delta_{Ai} = \delta_{Bi}, \quad i = x', y' \tag{8-3}$$

同时满足沿接触面的切平面方向不滑动的条件

$$P_{Bz'} \leqslant 0, \quad \sqrt{P_{Bx'}^2 + P_{By'}^2} \leqslant f|P_{Bz'}| \tag{8-4}$$

其中，$\delta_{0z'}$是接触面在z'方向的初始间隙，f是接触面之间的滑动摩擦系数。

（2）滑动接触条件

$$\delta_{Az'} = \delta_{Bz'} + \delta_{0z'} \tag{8-5}$$

$$P_{Ai} = -P_{Bi}, \quad i = x', y', z' \tag{8-6}$$

$$\sqrt{P_{Bx'}^2 + P_{By'}^2} > f|P_{Bz'}| \tag{8-7}$$

其中，$P_{Bx'} = f|P_{Bz'}|\cos\theta$，$P_{By'} = f|P_{Bz'}|\sin\theta$，

$$\cos\theta = \frac{P_{Bx'}}{\sqrt{P_{Bx'}^2 + P_{By'}^2}}, \quad \sin\theta = \frac{P_{By'}}{\sqrt{P_{Bx'}^2 + P_{By'}^2}}$$

（3）自由边界条件

$$P_{Ai} = -P_{Bi} = 0, \quad i = x', y', z' \tag{8-8}$$

$$\delta_{Az'} > \delta_{Bz'} + \delta_{0z'} \tag{8-9}$$

8.1.2 接触结构有限元分析的基本思想

接触结构有限元分析的基本思想是首先假定接触状态，根据假定的接触状态建立有限元求解的支配方程，求出接触面的位移和接触力，检验接触条件是否与原来假定的接触状态相符，若与假定的接触状态不符，则重新假定接触状态，直至迭代计算得到的接触状态与假定状态一致为止。具体做法如下。

对于弹性接触的两个物体，通过有限元离散，建立支配方程

$$K_1\delta_1 = R_1 \tag{8-10}$$

其中，K_1为初始的整体刚度矩阵，通常根据经验和实际情况假定；δ_1是节点位移矩阵，R_1为节点荷载矩阵。

求解式（8-10），得到节点位移δ_1，再计算接触点的接触力P_1，将δ_1和P_1代入与假定接触状态相应的接触条件，如果不满足接触条件，就要修改接触状态。根据新的接触状态，建立新的刚度矩阵K_2和支配方程

$$K_2\delta_2 = R_2 \tag{8-11}$$

再由式（8-11）解得δ_2，进一步计算接触力P_2，将δ_2和P_2代入接触条件，验算接触条件是否满足。这样不断地迭代循环，直至δ_n和P_n满足接触条件为止，此时得到的解答就是真实接触状态下的解答。

在上述过程中，没有考虑接触面的摩擦力。不考虑摩擦力的接触过程是一种可逆的过程，即最终结果与加载途径无关。此时，只需要进行一次加载，就能得到最终稳定的解。如果考虑接触面的摩擦力，接触过程变为不可逆，必须采用增量加载的方法进行接触分析。每一次接触状态的改变，都要重新形成整体刚度矩阵，求解全部的支配方程。当然，接触状态的改变是局部的，只有与接触区域有关的一小部分需要变动。1975年，Francavilla和Zienkiewicz 提出了相对简单的柔度法，如图 8-3 所示两个相互接触的物体 A 和 B，假定 A 上有外力 F 作用，B 有固定边界。接触面作用在 A 上的接触力是 $\boldsymbol{P}_j^A$，作用在 B 上的接触力是 $\boldsymbol{P}_j^B$。

对于二维问题

$$\boldsymbol{P}_j^A = \begin{pmatrix} P_{jx}^A \\ P_{jy}^A \end{pmatrix} \qquad \boldsymbol{P}_j^B = \begin{pmatrix} P_{jx}^B \\ P_{jy}^B \end{pmatrix} \tag{8-12}$$

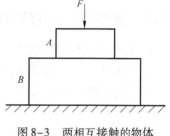

图 8-3 两相互接触的物体

这些接触力是未知的。假定有 m 个接触点对，则增加 $4m$ 个未知量，为此需要补充 $4m$ 个方程。列出的接触点柔度方程为

$$\begin{cases} \boldsymbol{\delta}_{i,B} = \sum_{j=1}^m \boldsymbol{C}_{ij}^B \boldsymbol{P}_j^B \\ \boldsymbol{\delta}_{i,A} = \sum_{j=1}^m \boldsymbol{C}_{ij}^A \boldsymbol{P}_j^A + \sum_{k=1}^{m_1} \boldsymbol{C}_{ik}^A \boldsymbol{R}_k^A \end{cases} \tag{8-13}$$

其中，$\boldsymbol{\delta}_{i,A}$ 和 $\boldsymbol{\delta}_{i,B}$ 分别是物体 A 和 B 在接触点 i 处的位移，$\boldsymbol{C}_{ij}^A$ 和 $\boldsymbol{C}_{ij}^B$ 分别表示物体 A 和 B 因 j 点作用力在 i 点引起的位移（即柔度系数）所组成的柔度子矩阵，m_1 是外荷载作用的点数，$\boldsymbol{R}_k^A$ 为第 k 个荷载作用点上的荷载向量。

如果物体 A 和 B 之间的接触属于连续接触，由式（8-1）和式（8-2）可知

$$\boldsymbol{\delta}_{i,A} = \boldsymbol{\delta}_{i,B} + \boldsymbol{\delta}_{i,0} \tag{8-14}$$

$$\boldsymbol{P}_j^A = -\boldsymbol{P}_j^B \tag{8-15}$$

由式（8-14）和式（8-15）建立 $4m$ 个补充方程，式中，$\boldsymbol{\delta}_{i,0}$ 是第 i 个接触点对的初始间隙向量。令 $\boldsymbol{P}_j^A = -\boldsymbol{P}_j^B = \boldsymbol{P}_j$，未知量数目减少，增加的未知量剩下 $2m$ 个。将式（8-13）和式（8-15）代入式（8-14）得

$$\sum_{j=1}^m (\boldsymbol{C}_{ij}^A + \boldsymbol{C}_{ij}^B) \boldsymbol{P}_j = -\sum_{k=1}^{m_1} \boldsymbol{C}_{ik}^A \boldsymbol{R}_k^A + \boldsymbol{\delta}_{i,0} \tag{8-16}$$

式（8-16）共建立了 $2m$ 个补充方程。

对于滑动接触和不接触的自由边界，同样可根据相应的接触条件列出与式（8-16）类似的补充方程求解。

引入接触条件后，接触状态变化时，计算对象的整体刚度矩阵不再改变，出现的问题是增加了未知量，需要建立补充方程。但式（8-16）的补充方程中，$\boldsymbol{C}_{ij}^A$、$\boldsymbol{C}_{ij}^B$ 和 $\boldsymbol{C}_{ik}^A$ 不随接触状态的改变而变化，而且接触点的数目远小于整体的节点数，因而大大节约计算时间，提高求解接触问题的效率。

1979 年，OKamoto 和 Nakazawa 提出"接触单元"，它是根据接触点对位移与力之间的接触条件建立的。接触单元和普通单元一样，可以直接添加到整体刚度矩阵中，然后对支配方程进行"静力凝聚"，保留接触面各点的自由度，得到在接触点凝聚的支配方程。由于接触点数远小于节点数，凝聚后的方程阶数比未凝聚时的方程阶数低得多。当接触状态改变时，只需对凝聚的支配方程进行修正和求解，因而可节约计算时间。

8.1.3 弹性接触问题的有限元基本方程和柔度法求解

1. 对于无滑动摩擦的接触问题

如图 8-3 所示，假设 A、B 是相互接触的两个物体，为了研究的方便，将它们分开，代之以接触力 P^A 和 P^B，如图 8-4 所示。

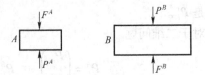

图 8-4 两接触物体的受力

建立各自的有限元支配方程

$$\begin{cases} K_A \delta^A = F^A + P^A \\ K_B \delta^B = F^B + P^B \end{cases} \quad (8-17)$$

其中，K^A、δ^A 和 F^A 分别是物体 A 的整体刚度矩阵、节点位移列阵和外荷载，K^B、δ^B 和 F^B 分别是物体 B 的整体刚度矩阵、节点位移列阵和外荷载。

显然，接触力 P^A 和 P^B 都是增加的未知量，无法由式（8-17）求出，必须根据接触面上接触点对的相容条件来确定。

设 A、B 上的接触点对为 i_A 和 $i_B (i=1,2,\cdots,m)$，假定刚度矩阵 K^A 和 K^B 非奇异，可求逆，则由式（8-17）得到接触点的柔度方程

$$\begin{cases} \delta_i^A = \sum_{j=1}^{m} C_{ij}^A P_j^A + \sum_{k=1}^{n_A} C_{ik}^A F_k^A \\ \delta_i^B = \sum_{j=1}^{m} C_{ij}^B P_j^B + \sum_{k=1}^{n_B} C_{ik}^B F_k^B \end{cases} \quad (8-18)$$

其中，$i,j=1,2,\cdots,m$ 表示节点号，m 是接触点对数目，n_A、n_B 分别为作用在物体 A 和 B 上外荷载的作用点数，δ_i^A 和 δ_i^B 表示物体 A 和 B 上接触点 i 的位移

$$\delta_i^A = (\delta_{ix}^A \quad \delta_{iy}^A \quad \delta_{iz}^A)^T$$

$$\delta_i^B = (\delta_{ix}^B \quad \delta_{iy}^B \quad \delta_{iz}^B)^T$$

P_j^A、P_j^B 是 A 和 B 上接触点 j 的接触力

$$P_j^A = (P_{jx}^A \quad P_{jy}^A \quad P_{jz}^A)^T$$

$$P_j^B = (P_{jx}^B \quad P_{jy}^B \quad P_{jz}^B)^T$$

F_k^A、F_k^B 为 A 和 B 上节点 k 的外荷载

$$F_k^A = (F_{kx}^A \quad F_{ky}^A \quad F_{kz}^A)^T$$

$$F_k^B = (F_{kx}^B \quad F_{ky}^B \quad F_{kz}^B)^T$$

C_{ij}^A、C_{ij}^B 表示物体 A 和 B 上，由 j 点的单位力引起的 i 点在 x、y、z 三个方向的位移，是一个 3×3 阶的柔度矩阵。

在列出相容条件、求解接触问题之前，有两个问题需要解决。

第一个问题是消除刚体位移的问题。得到方程式（8-18）的前提是 K^A 和 K^B 非奇异可求逆，也就是说物体 A 和 B 要有足够的约束，不会发生刚体位移。但有些接触物问题中，物体会由于约束不够产生刚体位移，此时须对刚体位移进行处理。

以图 8-4 中的物体 A 为例，假定它的约束不够，则 K^A 为奇异矩阵，记为 K_A'。引入虚拟

的约束，消除 A 的刚体位移，则式（8-17）的第一式可改写为

$$\begin{pmatrix} I & 0 \\ K_A^c & K_A \end{pmatrix} \begin{pmatrix} \delta^c \\ \delta^A \end{pmatrix} = \begin{pmatrix} 0 \\ F^A \end{pmatrix} + \begin{pmatrix} 0 \\ P^A \end{pmatrix} + \begin{pmatrix} \delta^c \\ 0 \end{pmatrix} \tag{8-19}$$

其中，δ^c 是与虚拟约束相应的位移向量，I 是单位矩阵。由上式得到

$$K_A \delta^A = F^A + P^A - K_A^c \delta^c \tag{8-20}$$

从式（8-20）导出物体 A 上接触点的柔度方程

$$\delta_i^A = \sum_{j=1}^m C_{ij}^A P_j^A + \sum_{k=1}^{n_A} C_{ik}^A F_k^A + D_i \delta^c, \quad i = 1, 2, \cdots, m \tag{8-21}$$

其中，D_i 是与刚体位移相应的柔度矩阵。

第二个问题是要将上述整体坐标系下的量转化到接触面的局部坐标系 $\bar{o}\,\bar{x}\,\bar{y}\,\bar{z}$。接触点位移和接触力在不同坐标系下的表达式有以下的关系：

$$\begin{aligned} P_i^A &= T_i^T \bar{P}_i^A \\ \delta_i^A &= T_i^T \bar{\delta}_i^A \end{aligned} \tag{8-22}$$

其中，T_i 是节点 i 的坐标转换矩阵，$\bar{P}_i^A$，$\bar{\delta}_i^A$ 分别是接触面局部坐标系下，节点 i 的接触力和位移。将式（8-22）代入式（8-21），得

$$\bar{\delta}_i^A = \sum_{j=1}^m \bar{C}_{ij}^A \bar{P}_j^A + \sum_{k=1}^{n_A} \bar{C}_{ik}^A F_k^A + \bar{D}_i \delta^c \tag{8-23}$$

其中，$\bar{C}_{ij}^A = T_i C_{ij}^A T_j^T$，$\bar{C}_{ik}^A = T_i C_{ik}^A$，$\bar{D}_i = T_i D_i$。同样，将式（8-22）代入式（8-18）的第二式，得

$$\bar{\delta}_i^B = \sum_{j=1}^m \bar{C}_{ij}^B \bar{P}_j^B + \sum_{k=1}^{n_B} \bar{C}_{ik}^B F_k^B \tag{8-24}$$

以下将针对三类接触条件建立相应的相容方程。

（1）连续边界

根据前面的连续边界条件式（8-2），可以建立接触点的位移相容方程

$$\bar{\delta}_i^A = \bar{\delta}_i^B + \bar{\delta}_{i0} \tag{8-25}$$

其中，$\bar{\delta}_{i0}$ 是第 i 个接触点对在局部坐标系下的初始间隙。将式（8-23）和式（8-24）代入式（8-25），并注意有 $\bar{P}_j^A = -\bar{P}_j^B = \bar{P}_j$，可得

$$\sum_{j=1}^m \bar{C}_{ij} \bar{P}_j + \bar{D}_i \delta^c = -\Delta \bar{F}_i - \bar{\delta}_{i0} \tag{8-26}$$

式中，

$$\bar{C}_{ij} = \bar{C}_{ij}^A + \bar{C}_{ij}^B \tag{8-27}$$

$$\Delta \bar{F}_i = \sum_{k=1}^{n_B} \bar{C}_{ik}^B F_k^B - \sum_{k=1}^{n_A} \bar{C}_{ik}^A F_k^A \tag{8-28}$$

（2）滑动边界

接触面局部坐标系 $\bar{z}$ 方向的位移仍然满足式（8-25），但在切平面的 $\bar{x}$ 和 $\bar{y}$ 方向，接触力的合力已经达到摩擦极限，按照 Mohr – Coulomb 定律，则有

$$\begin{cases} \overline{P}_{jx} = f | \overline{P}_{jz} | \cos\alpha \\ \overline{P}_{jy} = f | \overline{P}_{jz} | \sin\alpha \end{cases} \tag{8-29}$$

(3) 自由边界

$$\overline{P}_j = 0 \tag{8-30}$$

以上建立的相容方程，为原来的有限元支配方程增加了 $3m$ 个补充方程，用来求解 $3m$ 个增加的未知接触力 $P_j (j = 1, 2, \cdots, m)$。

在建立相容方程时，必须知道接触状态，而接触状态事先也是未知的，因此这是一个迭代求解的过程。一般先假定为连续接触状态，按式（8-26）建立全部接触点的相容方程，求出接触力后，验证接触条件是否满足连续接触，若是，则不做修改；若为滑动状态，就用式（8-29）来代替这个接触点在 $\overline{x}$ 和 $\overline{y}$ 两个方向相应的方程；若是自由状态，就用式（8-30）替换这个接触点的所有相应方程。这样通过反复迭代，就可以求得真正的接触力和相应的相容方程。

2. 对于有滑动摩擦的接触问题

对于具有滑动摩擦的接触问题，由于接触过程的不可逆，需要采用增量方式加载，假定分级加载的次数为 n_p，在进行第 l 级加载前已经施加的载荷为 $F^A_{k,l-1}$ 和 $F^B_{k,l-1}$，本级荷载增量为 $\mathrm{d}F^A_{k,l}$ 和 $\mathrm{d}F^B_{k,l}$，这样式（8-26）就变成

$$\sum_{j=1}^m \overline{C}_{ij} \overline{P}_{j,l} + \overline{F}_i \delta^c_l = -\Delta \overline{F}_{i,l} - \overline{\delta}_{i0} \tag{8-31}$$

其中，各项有

$$\overline{P}_{j,l} = \overline{P}_{j,l-1} + \Delta \overline{P}_{j,l}$$
$$\boldsymbol{\delta}^c_l = \boldsymbol{\delta}^c_{l-1} + \Delta \boldsymbol{\delta}^c_l$$
$$\Delta \overline{F}_{i,l} = \sum_{k=1}^{n_B} \overline{C}^B_{ik} F^B_{k,l} - \sum_{k=1}^{n_A} \overline{C}^A_{ik} F^A_{k,l}$$
$$= \sum_{k=1}^{n_B} \overline{C}^B_{ik} F^B_{k,l-1} - \sum_{k=1}^{n_A} \overline{C}^A_{ik} F^A_{k,l-1} + \sum_{k=1}^{n_B} \overline{C}^B_{ik} \mathrm{d}F^B_{k,l} - \sum_{k=1}^{n_A} \overline{C}^A_{ik} \mathrm{d}F^A_{k,l}$$
$$= \Delta \overline{F}_{i,l-1} + \Delta \mathrm{d} \overline{F}_{i,l}$$

将上述各式代入式（8-31）中，得

$$\sum_{j=1}^m \overline{C}_{ij} \Delta \overline{P}_{j,l} + \overline{D}_i \Delta \delta^c_l = -\Delta \mathrm{d}\overline{F}_{i,l} - \sum_{j=1}^m \overline{C}_{ij} \overline{P}_{j,l-1} - \overline{D}_i \delta^c_{l-1} - \Delta \overline{F}_{i,l-1} - \overline{\delta}_{i0} \tag{8-32}$$

令

$$\overline{\delta}_{i,l-1} = \sum_{j=1}^m \overline{C}_{ij} \overline{P}_{j,l-1} - \overline{D}_i \delta^c_{l-1} - \Delta \overline{F}_{i,l-1} - \overline{\delta}_{i0} \tag{8-33}$$

则式（8-32）成为

$$\sum_{j=1}^m \overline{C}_{ij} \Delta \overline{P}_{j,l} + \overline{D}_i \Delta \delta^c_l = -\Delta \mathrm{d}\overline{F}_{i,l} - \overline{\delta}_{i,l-1} \tag{8-34}$$

式（8-34）为连续接触条件相容方程的增量形式。

对于滑动接触条件，$\overline{z}$ 方向的相容方程与式（8-34）类似，$\overline{x}$ 和 $\overline{y}$ 方向上相容方程的增量形式可表示为

$$\begin{cases} \Delta \overline{P}_{jx,l} = f \mid \Delta \overline{P}_{jz,l} \mid \cos\alpha \\ \Delta \overline{P}_{jy,l} = f \mid \Delta \overline{P}_{jz,l} \mid \sin\alpha \end{cases} \tag{8-35}$$

对于自由接触条件，相容方程的增量形式则为

$$\Delta \overline{P}_{j,l} = 0 \tag{8-36}$$

以上得到的接触点相容方程，由于刚体位移的存在，其未知量数目仍然大于方程数，因此必须补充整体平衡方程。

对于第 1 级加载，整体平衡方程为

$$\sum_{j=1}^{m} \overline{Q}_j \overline{P}_{j,l} = \sum_{k=1}^{n_A} F_{k,l}^A \tag{8-37}$$

其中，

$$\overline{P}_{j,l} = \overline{P}_{j,l-1} + \Delta \overline{P}_{j,l}$$

$$\sum F_{k,l}^A = \sum F_{k,l-1}^A + \sum \mathrm{d} F_{k,l}^A$$

代入式（8-37）得

$$\sum_{j=1}^{m} \overline{Q}_j \overline{P}_{j,l-1} + \sum_{j=1}^{m} \overline{Q}_j \Delta \overline{P}_{j,l} = \sum F_{k,l-1}^A + \sum \mathrm{d} F_{k,l}^A$$

因

$$\sum_{j=1}^{m} \overline{Q}_j \overline{P}_{j,l-1} = \sum_{k=1}^{n_A} F_{k,l-1}^A$$

得到整体平衡方程为

$$\sum_{j=1}^{m} \overline{Q}_j \Delta \overline{P}_{j,l} = \sum \mathrm{d} F_{k,l}^A \tag{8-38}$$

8.2 接触结构的 ANSYS 分析实例

【例 8-1】如图 8-5 所示，由两个钢制厚壁圆筒构成的组合圆筒，内筒半径为 $r_1 = 0.1$ m，$r_2 = 0.1505$ m，外筒半径为 $r_3 = 0.1495$ m，$r_4 = 0.2$ m，两筒长度 $h = 0.3$ m，承受内压 $P = 10$ MPa，已知材料的弹性模量 $E = 2 \times 10^{11}$ Pa，泊松比 $\mu = 0.3$，试分析组合圆筒的应力分布情况。

1. 初始设置

（1）设置工作路径

在 Utility Menu 中选择 File→Change Directory，弹出"浏览文件夹"对话框，输入用户的文件保存路径，单击"确定"按钮，如图 8-6 所示。

（2）设置工作文件名

在 Utility Menu 中选择 File→Change Jobname，弹出 Change Jobname 对话框，输入用户文件名"contact"，单击 OK 按钮，如图 8-7 所示。

（3）设置工作标题

在 Utility Menu 中选择 File→Change Title，弹出 Change Title 对话框，输入用户标题"cylinder"，单击 OK 按钮，如图 8-8 所示。

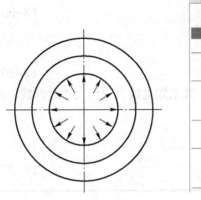

图 8-5 组合圆筒

图 8-6 设置工作路径

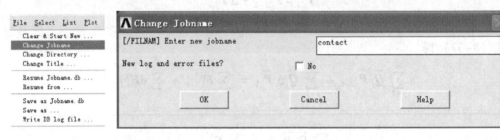

图 8-7 设置工作文件名

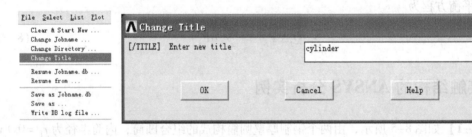

图 8-8 设置标题名

（4）设定分析模块

在 ANSYS Main Menu 中选择 Preferences，弹出 Preferences for GUI Filtering 对话框，勾选 Structural 复选框，单击 OK 按钮，如图 8-9 所示。

（5）改变图形编辑窗口的背景颜色

默认图形编辑窗口的背景颜色为黑色，用户可以将其改为白色。在 Utility Menu 中选择 PlotCtrls→Style→Colors→Reverse Video，图形编辑窗口的背景变为白色，如图 8-10 和图 8-11 所示。

2. 前处理

（1）定义单位

采用国际单位制 m-kg-s-N，即长度单位为 m，力单位为 N，对应的应力单位为 Pa。

（2）选择单元类型

本例根据 3D 实体单元特性，选用 20 个节点数的 SOLID186 单元。在 ANSYS Main Menu

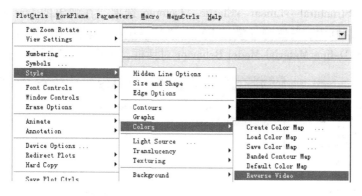

图 8-9　设定分析模块

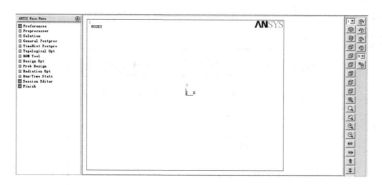

图 8-10　改变图形编辑窗口的背景颜色

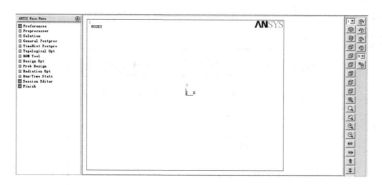

图 8-11　白色背景的图形编辑窗口

中选择 Preprocessor→Element Type→Add/Edit/Delete，弹出 Element Types 对话框，单击 Add 按钮，弹出 Library of Element Types 对话框，选择 Solid 和 20node 186 选项，单击 OK 按钮，再单击 Element Types 对话框中的 Close 按钮，如图 8-12 所示。

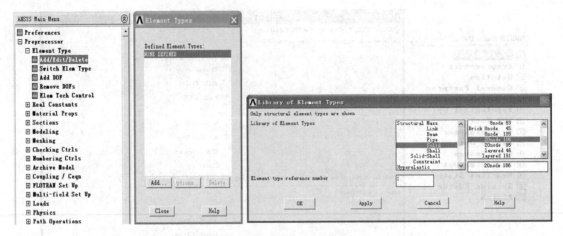

图 8-12 定义单元类型

(3) 定义材料属性

对于本例,只需设定材料的弹性模量为 2×10^{11} Pa 及泊松比为 0.3。在 ANSYS Main Menu 中选择 Preprocessor→Material Props→Material Models,弹出 Define Material Model Behavior 对话框,选择 Structural→Linear→Elastic→Isotropic 选项,在弹出的 Linear Isotropic Properties for Mater... 对话框中,设置弹性模量 EX 为 "2E+011",泊松比 PRXY 为 "0.3",单击 OK 按钮,再关闭 Define Material Model Behavior 对话框,如图 8-13 所示。

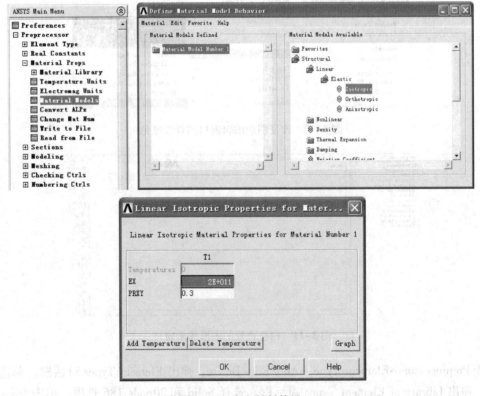

图 8-13 定义材料特性

(4) 创建内外圆筒

在 ANSYS Main Menu 中选择 Preprocessor→Modeling→Create→Volumes→Cylinder→Hollow Cylinder，弹出 Hollow Cylinder 对话框，输入内外圆筒参数。在 WP X 文本框中输入"0"，WP Y 文本框中输入"0"，Rad-1 文本框中输入"0.1"，Rad-2 文本框中输入"0.1505"，Depth 文本框中输入"0.3"，单击 Apply 按钮，创建内圆筒模型。同法，在弹出的对话框文本框中依次输入"0""0""0.1495""0.2""0.3"，创建外圆筒模型，单击 OK 按钮，如图 8-14 所示。建立的内外圆筒接触模型如图 8-15 所示。

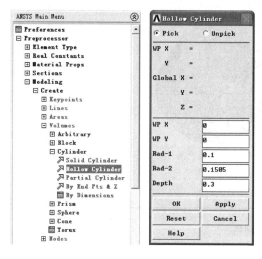

图 8-14 创建内外圆筒

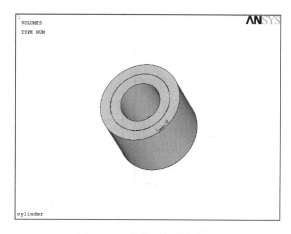

图 8-15 内外圆筒接触模型

(5) 划分网格

在 ANSYS Main Menu 中选择 Preprocessor→Meshing→MeshTool，弹出 MeshTool 对话框，在 Size Controls 选项组中，单击 Global 后的 Set 按钮，弹出 Global Element Sizes 对话框，在 Size Element edge length 文本框中输入"0.03"，单击 OK 按钮，如图 8-16 所示。

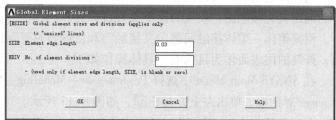

图 8-16 设置单元长度

247

返回 MeshTool 对话框，单击 Mesh 按钮，弹出 Mesh Volumes 拾取窗口，单击 Pick All 按钮，完成网格划分，再单击 MeshTool 对话框中的 Close 按钮，如图 8-17 所示。

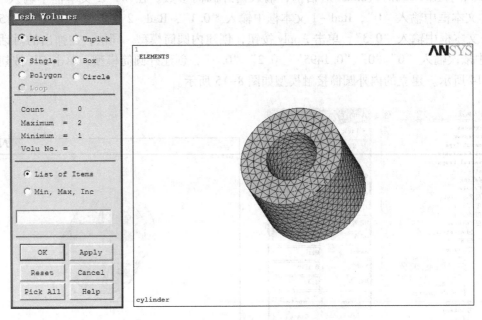

图 8-17 划分网格

（6）创建接触对

在 ANSYS 中通过目标单元和接触单元来识别可能的接触对，一个接触对由一个接触面和一个目标面构成，不同的接触对必须通过不同的实常数号来定义。有时一个接触面的同一区域可能和多个目标面发生接触关系，此时应该定义多个接触对，每个接触对有不同的实常数号。

对于刚体-柔体的接触问题，显然应将刚性面定义为目标面，将柔性面定义为接触面。在二维空间，刚性目标面的形状可以用一系列直线、圆弧和抛物线来描述，或者用它们的任意组合来描述复杂的目标面。在三维空间，目标面的形状可以用三角面、圆柱面、圆锥面和球面来描述，对于复杂、任意形状的目标面，应用三角面来描述。

对于柔体-柔体的接触问题，应按下列原则来定义目标面和接触面。凸面定义为接触面，凹面定义为目标面；细网格面定义为接触面，粗网格面定义为目标面；较软的面定义为接触面，较硬的面定义为目标面；高阶单元面定义为接触面，低阶单元面定义为目标面；较小的面定义为接触面，较大的面定义为目标面。

根据柔体-柔体接触问题定义接触面和目标面的原则，本例选用内筒的外表面作为接触面，外筒的内表面作为目标面。具体操作如下。

在 ANSYS Main Menu 中选择 Preprocessor→Modeling→Create→Contact Pair，弹出 Contact Manager 对话框，单击左上方按钮，如图 8-18 所示。

在弹出的 Contact Wizard 对话框中，选中 Areas 和 Flexible 单选按钮，即设置目标面为平面，接触类型为弹性，如图 8-19 所示。单击 Pick Target 按钮，弹出 Select Areas for Target 对话框，选择外筒内表面（面号为 11，12）作为目标面，单击 OK 按钮。

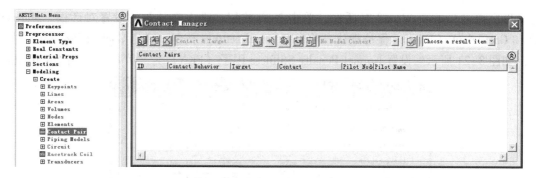

图 8-18 打开接触向导

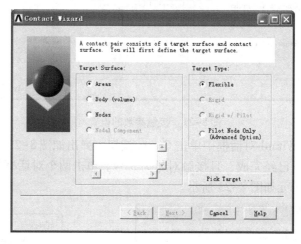

图 8-19 设置目标面

弹出 Contact Wizard 对话框，单击 Next 按钮，进入接触面的设置对话框，选中 Areas 和 Surface－to－Surface 单选按钮，即设置接触面为平面，接触单元类型为柔体－柔体，如图 8-20 所示。单击 Pick Contact 按钮，弹出 Select Areas for Contact 对话框，选择内筒外表面（面号为 3，4）作为接触面，单击 OK 按钮。

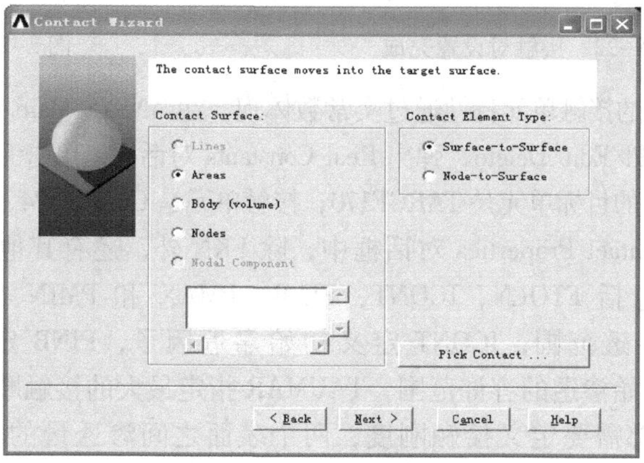

图 8-20 设置接触面

再次弹出 Contact Wizard 对话框，单击 Next 按钮，进入实常数的设置对话框，Material ID 和 Coefficient of Friction 保持默认，单击 Optional settings 按钮，弹出 Contact Properties 对话框，如图 8-21 所示。设置 Normal Penalty Stiffness 因子（FKN）为"0.1"，单击 OK 按钮。

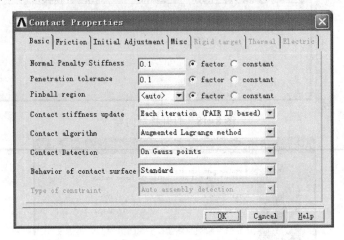

图 8-21 接触参数的设置

在返回的 Contact Wizard 对话框中单击 Create 按钮，弹出如图 8-22 所示对话框，向导中指出，该接触对的设置已经完成，且接触对号为 3 号。单击两个对话框的"关闭"按钮。设置的圆筒接触单元如图 8-23 所示。

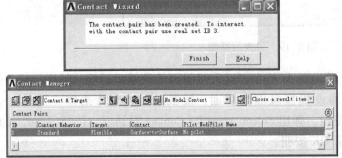

图 8-22 接触对设置完成   图 8-23 圆筒接触单元

根据接触向导建立的接触单元特性通过实常数体现，在 ANSYS Main Menu 中选择 Preprocessor→Real Constants→Add/Edit/Delete，弹出 Real Constants 对话框，单击 Edit 按钮，弹出 Element Type 对话框，显示建立的目标单元是 TARGE170，接触单元是 CONTA174，如图 8-24 所示。

ANSYS 软件的 Contact Properties 对话框中，除 FKN 外，还有其他控制面-面接触单元接触行为的参数，包括 FTOLN、ICONT、PINB、PMAX 和 PMIN、TAUMAR 等。其中，FTOLN 定义最大的渗透范围，ICONT 定义初始靠近因子，PINB 定义"Pinball"区域，PMAX 和 PMIN 定义初始渗透的容许范围，TAUMAR 指定最大的接触摩擦。

所有的接触问题都需要定义接触刚度，两个表面之间渗透量的大小取决于接触刚度（接触刚度×渗透量＝法向接触力），过大的接触刚度可能会引起总刚度矩阵的病态，造成收敛困难。一般来说，应该选取足够大的接触刚度以保证接触渗透量小到可以接受，但同时又应让接触刚度足够小，不引起总刚度矩阵的病态，同时保证收敛性。

图 8-24 接触单元特性

ANSYS 会根据变形体单元的材料特性来估计一个默认的接触刚度值，用 Normal Penalty Stiffness (FKN) 来表示，其值一般为 0.01~10。此例题中，选择 FKN 值为 0.1。为了取得一个较好的接触刚度值，可以按如下步骤进行。

1) 开始时取一个较低的值，因为由一个较低的接触刚度导致的渗透问题相对于过高的接触刚度导致的收敛性困难，要容易解决。

2) 对前几个子步进行计算。

3) 检查渗透量和每一子步中的平衡迭代次数，如果总体收敛困难是由于过大的渗透引起（而不是由不平衡力和位移增量引起）的，那么可能低估了 FKN 的值；如果总体收敛困难是因不平衡力和位移增量达到收敛值需要过多的迭代次数而引起（而不是由于过大的渗透量）的，那么可能 FKN 的值被高估。

4) 按需要调查 FKN 或 FTOLN 的值，重新分析。

3. 求解

本例中，内筒的内表面承受面载荷，外筒的外表面和底面被约束。对外筒的外表面施加约束，需要先切换总体坐标系为柱坐标。根据 2.3.2 节总体坐标系类型可知，柱坐标系中 (X, Y, Z) 分别代表 R, θ 及 Z, 因此本例应该约束圆柱表面 UY 和圆柱底面 UZ。

(1) 更改总体坐标系

在 Utility Menu 中选择 WorkPlane→Change Active CS to→Global Cylindrical，将默认的笛卡儿坐标系更改为柱坐标系，如图 8-25 所示。

(2) 施加约束

在 ANSYS Main Menu 中选择 Solution→Define Loads→Apply→Structural→Dis-

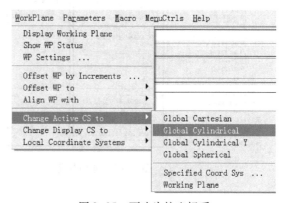

图 8-25 更改为柱坐标系

placement→On Areas，弹出 Apply U，ROT on A... 拾取窗口，在图形编辑窗口选择外圆筒外表面（面号 9，10），单击 OK 按钮，在弹出的 Apply U，ROT on Areas 对话框中选择 UY 选项，单击 Apply 按钮，再选择内外圆筒上底面（面号 8，2），选择 UZ 选项，单击 OK 按钮，完成约束的施加，如图 8-26 所示。

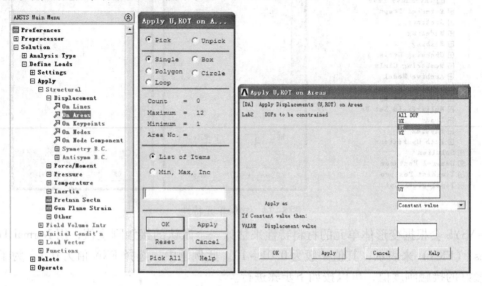

图 8-26 施加约束

（3）施加载荷

在 ANSYS Main Menu 中选择 Solution→Define Loads→Apply→Structural→Pressure→On Areas，弹出 Apply PRES on Areas 拾取窗口，在图形编辑窗口选择内筒内表面（面号 5，6），单击 OK 按钮，弹出 Apply PRES on areas 对话框，在 VALUE Load PRES value 文本框中输入"1e7"，单击 OK 按钮，如图 8-27 和图 8-28 所示。

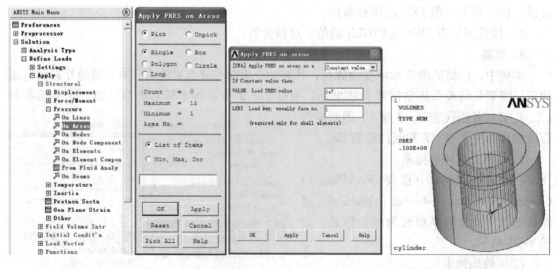

图 8-27 施加载荷　　　　　　图 8-28 施加约束和载荷的圆筒

（4）计算求解

在 ANSYS Main Menu Solution 中选择 Solve→Current LS，弹出/STATUS Command 状态窗口和 Solve Current Load Step 对话框，单击对话框的 OK 按钮，如图 8-29 所示。计算结束后单击状态窗口中的"关闭"按钮，如图 8-30 所示。

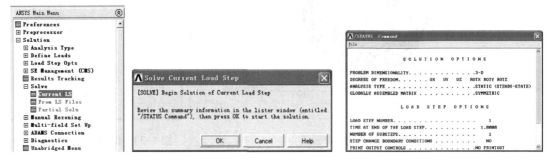

图 8-29　求解对话框　　　　　　　　　　图 8-30　状态窗口

4. 后处理

（1）显示等效应力云图

在 ANSYS Main Menu 中选择 General Postproc→Plot Results→Contour Plot→Nodal Solu，弹出 Contour Nodal Solution Data 对话框，选择 Nodal Solution→Stress→Von Mises stress，单击 OK 按钮。圆筒等效应力云图的选择过程及显示结果如图 8-31 和图 8-32 所示。

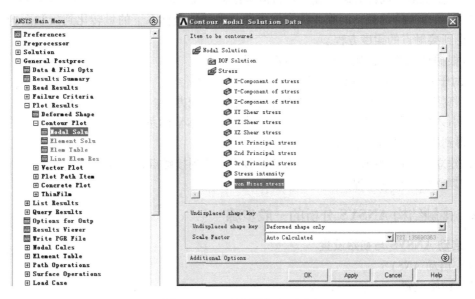

图 8-31　显示等效应力云图

由图 8-32 可知，圆筒等效应力的最大值是 32.7 MPa，位于内圆筒内表面。该组合圆筒从内到外，径向应力逐渐减小。

（2）保存结果并退出系统

单击工具栏中的 QUIT 按钮，在弹出的 Exit from ANSYS 对话框中，选中 Save Everything 单选按钮，单击 OK 按钮，保存结果并退出 ANSYS 系统，如图 8-33 所示。

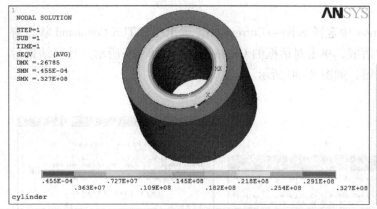

图 8-32　圆筒等效应力云图

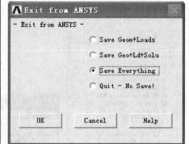

图 8-33　保存结果并退出系统

8.3　接触结构有限元分析和 ANSYS 分析的一般步骤

8.3.1　接触结构有限元分析的一般步骤

1. 对于无滑动摩擦的接触问题

1）将接触的两物体分离，建立各自的有限元支配方程。

2）引入虚拟的约束，消除 A 的刚体位移；将整体坐标系下的量转化到接触面的局部坐标系，得到接触点的柔度方程。

3）根据接触条件，建立相应的相容方程。

2. 对于有滑动摩擦的接触问题

1）将接触的两物体分离，建立各自的有限元支配方程。

2）引入虚拟的约束，消除 A 的刚体位移；将整体坐标系下的量转化到接触面的局部坐标系，得到接触点的柔度方程。

3）建立连续接触条件相容方程的增量形式，得到接触点相容方程。

4）建立整体平衡方程。

8.3.2　接触结构 ANSYS 分析的一般步骤

1. 启动 ANSYS 与初始设置

（1）启动 ANSYS

（2）初始设置

①路径；②文件名；③工作标题；④图形背景；⑤研究类型（Preferences）与计算方法。

2. 前处理（Preprocessor）

①定义单位；②单元类型选择；③定义材料属性；④建立几何模型；⑤划分单元网格；⑥创建接触对（选择接触类型，定义目标面，定义接触面，设置接触特性）。

3. 求解模型

①设置约束条件和施加载荷；②求解运算。

4. 后处理（General Postproc）

①读取计算结果；②图形结果；③保存（保存编程结果、图形、数据和表格）；④退出 ANSYS。

8.4 习题

习题 8-1 两个半径分别为 $r_1 = 0.05\,\text{m}$，$r_2 = 0.1\,\text{m}$，长度均为 $L = 0.1\,\text{m}$ 的 1/4 平行圆柱体发生正碰撞，即接触线为两圆柱体的母线，左圆柱体的左面承受载荷为 $P = 1\,\text{MPa}$，右圆柱体的右面被约束，如图 8-34 所示。已知材料的弹性模量 $E = 2 \times 10^{11}\,\text{Pa}$，泊松比 $\mu = 0.3$，试分析圆筒的应力分布情况。

习题 8-2 由两个长方体构成的装配体左右前后对称，如图 8-35 所示，下长方体长 $a_1 = 0.3\,\text{m}$，宽 $b_1 = 0.15\,\text{m}$，高 $c_1 = 0.05\,\text{m}$，上长方体的长 $a_2 = 0.2\,\text{m}$，宽 $b_2 = 0.15\,\text{m}$，高 $c_2 = 0.05\,\text{m}$。已知上长方体的上表面承受 $P = 1\,\text{MPa}$ 的面载荷，下长方体置于地面，材料的弹性模量 $E = 2 \times 10^{11}\,\text{Pa}$，泊松比 $\mu = 0.3$，试分析该装配体的应力分布情况。

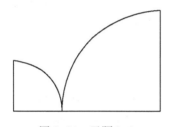

图 8-34 习题 8-1

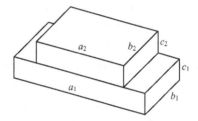

图 8-35 习题 8-2

参 考 文 献

[1] 于亚婷,杜平安,王振伟. 有限元法的应用现状研究 [J]. 机械设计,2005,22 (3):6-8.
[2] 陈锡栋,杨婕,赵晓栋,范细秋. 有限元的发展现状及应用 [J]. 中国制造信息化,2010,39 (11):6-8.
[3] 李冰,王蕴,任连勇. "有限元法"的发展与应用 [J]. 甘肃科技,2014,30 (1):70-71.
[4] 石伟. 有限元分析基础与应用教程 [M]. 北京:机械工业出版社,2010.
[5] 任重. ANSYS 实用分析教程 [M]. 北京:北京大学出版社,2003.
[6] Saeed Moaveni. 有限元分析—ANSYS 理论与应用 [M]. 王崧,刘丽娟,董春敏,译. 北京:电子工业出版社,2008.
[7] 王新荣,初旭宏. ANSYS 有限元基础教程 [M]. 北京:电子工业出版社,2011.
[8] 邓凡平. ANSYS 12 有限元分析自学手册 [M]. 北京:人民邮电出版社,2011.
[9] 王勖成,邵敏. 有限单元法基本原理与数值方法 [M]. 北京:清华大学出版社,1998.
[10] 王能超,易大义. 数值分析 [M]. 北京:清华大学出版社,1999.
[11] 王仁宏. 数值逼近 [M]. 北京:高等教育出版社,2004.
[12] 苟文选. 材料力学 (I) [M]. 北京:科学出版社,2010.
[13] 徐芝纶. 弹性力学简明教程 [M]. 4 版. 北京:高等教育出版社,2013.
[14] 水小平,白若阳,刘海燕. 理论力学基础教程 [M]. 北京:电子工业出版社,2013.
[15] 谢水生. 金属塑性成形的有限元模拟技术及应用 [M]. 北京:科学出版社,2008.
[16] 刘相华. 刚塑性有限元——理论、方法及应用 [M]. 北京:科学出版社,2013.